山東大學中文專刊

曾繁仁学术文集

西方美学范畴研究

第九卷

人民出版社

2019年，出席《文艺研究》创刊40周年研讨会

黑格尔论美、

人类最伟大的思想家之一，
德国古典美学集大成者，
与马克思思想的直接渊源之一。

一、生平、哲学（方法）

1. 生平：（1770—1831），路德斯图加特城。1817年出版《哲学全书》，3版。后于
1818年任柏林大学教授，1830任柏林大学校长，1831年因霍乱逝世。
《美学讲演录》于去世后由学生据笔记出版，1835

2. 美学研究的哲学根据

① 美是绝对理念在艺术阶段的表现　　绝对精神（个人意识）

绝对理念—逻辑—自然—精神：
（自我、纯粹）（自然科学）（客观精神）（绝对精神）
客观精神（社会意识）
绝对精神

　　　　　　　　　　　　　　　　　　　艺术
　　　　　　　　　　　　　　　　　　　宗教
　　　　　　　　　　　　　　　　　　　哲学

② 美学研究的发展的范畴

第一　艺术美的美的动力在其自身及其与现实的对立中。

第二　把美看成是发展运动，及向新范畴的三段式

更　　{ 相同
　　　　相异
　　艺术美 { 美与相同 —— 一般世界状况
　　　　　　艺术形象 —— 动作
　　　　　　艺术美 —— 性格

③ 美　艺术美是内容与形式由抽象到具体的过程于统一

艺术美的发展过程是由抽象到从抽象到具体的过程，它也是时间运动的（中介）。
也即也的内涵与外意，一直是阶段（美）与性格。　现实中间的实现。

3. 美学研究的美学方法　方法

第一　从人类的实践活动中认识美的本性　艺术的规律必然与现实的发展变化
{ 能动性　{ 实践—— 一般　
　　　　　实践　{ 私人的　
　　　　　　　　人们的物质生产 } 艺术的规律必然与现实的发展变化

第二　从普遍的人与对象的关系中 把握美与性格的变化。
艺术创作 { 艺术变化、客观的原型（美）　普遍性格（对象）
　　　　　艺术科学与艺术意识（内在）

作者手稿

本卷编辑说明

本卷收录《西方美学范畴研究》一部著作。

《西方美学范畴研究》，2018 年 10 月由山东人民出版社出版，是作者最新的一部西方美学研究专著，集中体现了作者多年来西方美学研究的成就与心得。该书以美学范畴的生成、发展和内涵的演变论述为主线，体现了以重要美学范畴为纲，把握西方美学发展规律及其重要价值，重构西方美学史的学术目的。

此次收入本文集，以山东人民出版社 2018 年版为原本，根据作者意愿，在原书正文之前增列《本书提要》。编者对作者的原书稿进行了重新校订，整合了相关论述，增补了全书的引文和注释。

目　录

本书提要

第一讲　古代希腊美学：美与和谐

一、关于"美与和谐"

1."美与和谐"范畴的地位

本书从三个方面论述了"美在和谐"的地位：处于人类轴心时代的美学理论成为人类美的艺术及其理论的源头；人类艺术及其理论的典范；在当前具有现实的价值（欣赏的价值、文化自信价值与原创价值）。

2.内涵

其典范表达是温克尔曼"高贵的单纯与静穆的伟大"；黑格尔"内容与形式的独立完整的统一，形成自由的整体"；鲍桑葵"和谐，庄严和恬静"，包括静态、形式与和谐三要素，其呈现的是形式美的和谐说，艺术创作的模仿说，艺术作品的悲剧观，其代表性的艺术形式是雕塑以及由此形成的长期占据西方古代统治地位的雕塑美。

3.诗哲之争

古希腊和谐美包括柏拉图的理念论与亚里士多德的"整一论"，前者是"哲"，后者是"诗"。柏拉图批评诗的模仿，亚里士多德则批评柏拉图理念论的精神性,坚持审美与艺术的物质实体性。诗哲之论,贯穿整个西方美学历史始终。前者发展为大陆理性之人文主义美学,后者发展为英美分析之科学主义美学。

4. 和谐说体现

柏拉图的理念论由理念将杂多导向整一,而《理想国》则通过正义之和谐与反对模仿的诗倡导符合理念的诗(也是一种整一和谐的诗)。亚氏则强调整一论与悲剧论,也是一种和谐之美。

二、西方和谐美与中国中和美

1. 线型与类型之争

西方和谐美与中国中和美的论争涉及文化的评价。对于不同文化有两种评价模式:线型说与类型说。线型说主张文化的发展是线型的,文化即生产力,有先进与落后之分,西方先进,中国落后,胡适力主此说;类型说主张文化的发展是类型的,文化是不同的生活模式,只有类型的区别,没有先进与落后的区别,梁漱溟与钱穆主张此说。陈寅恪坚持两说之执中,笔者基本赞成类型说,但不排斥吸收西方资源。首先,中西方美学是两种不同的类型,两者各有其价值,相互互补。古代希腊之和谐美是一种具体物质的比例对称和谐,即微观世界之美,是一种科学的美;而中国古代中和美是一种宏阔的天人之和,天地交而万物生也,指向一种宏阔的生生美学,是一种人文化成之美。东西两种不同的美反映了两种不同的生活方式、艺术存在方式与审美方式。

2. 东西两种不同审美形态的产生

古代希腊之和谐美产生于古希腊之山地海洋与航海商业以及崇尚几何测绘的地理、经济、科技背景;中国古代之中和美产生于古代中国黄河流域之内陆农业与崇尚天人之际的地理经济科技背景。文化人类学有一种"调适"之说,认为一定的文化是经济地理环境调适的结果,古希腊的地理经济环境调适产生了和谐之美;古代中国之地理经济环境调适产生了中和之美。

3. 和谐美与中和美之不同

从七个方面论述了两者的不同:不同的经济社会环境(环海与内陆);不同的哲学前提(实体性与天人合一);不同的民族情怀(科学与人文);对自然的不同态度(人类中心与万物一体);不同的内涵(形式与生命);不同的侧重点(真与善);不同的艺术范本(雕塑与诗歌音乐)。最后是逐步走向对话交融。

三、柏拉图:审美的效用说

1. 理念论与效用说

理念是最高的准则,是效用说的标准,掌握在哲学王的手中,决定了诗歌的评价与对于诗人的处理。

2. 理想国与效用说

维护理想国之利益是效用说的终极目标。理想国是柏拉图贵族政治的模板,而效用说则是维护理想国的工具。理想国最大的道德规范利益是正义,即哲学王、护卫者、平民三个阶级各在其位,维护了贵族阶级的统治。效用说是"为了造成全国作为一个整体的幸福。它运用说服和强制,使全体公民彼此协调和谐,使他们把各自能向集体提供的利益让大家分享"。这个说服和强制的最重要措施就是著名的"驱逐诗人",即所谓对身体不健全和天赋邪恶的诗人加以驱逐其至是"处之以死"。

3. 效用说与模仿的诗

柏拉图从城邦的利益出发否定模仿的诗,其原因是:第一,政治上。模仿的诗违反了"正义"这一城邦最基本的政治与道德规范。第二,哲学上。模仿与真理隔着两层是没有价值的。第三,教育上。模仿的诗模仿人的心灵中欲望这一最低贱的部分,起到腐蚀的作用。

四、亚里士多德:美在整一与悲剧观

1.美在整一

第一,将美界定为美的事物、活的东西与组成之物,即实际的事物与实体,力主实体之美;第二,这种实体体积与长度适中,即具有整一性;第三,美的整一性是从审美者的感受出发,易于观察与记忆;第四,美的"活的东西"已经包含了有机性与生命性内涵。

2.关于悲剧

第一,悲剧定义。亚氏在《诗学》中提出著名的悲剧定义:悲剧是对"一个严肃、完整、有一定长度的行动的模仿"。因此,悲剧的主要特点是"严肃",与之相反,喜剧的特点是"丑","其中一种是滑稽。滑稽的事物是某种错误或丑陋,不致引起痛苦和伤害"。这就指出悲剧的主要特点是"严肃";悲剧的题材是严肃的事件,包含着痛苦和伤害;悲剧的另一特征是情节具有完整性,有头有身有尾,具有有机性且在长度上要求以太阳的一周为限。

第二,悲剧的特点。悲剧的特点是对于情节的模仿,情节乃悲剧的基础,有似悲剧的灵魂。

第三,悲剧的效果。悲剧的效果是引起"怜悯与恐惧"即卡塔西斯。不应写好人由顺境转入逆境,不应写坏人由逆境转入顺境,更不应写极恶的人由逆境转入顺境。

第四,悲剧的主人公。悲剧要写重大题材与高尚人物,但主人公不是十全十美,而是写"介于这两种人之间的人,这样的人不

十分善良,也不十分公正,而他之所以陷入厄运,不是由于他为非作恶,而是由于他犯了错误",他是极为普通的常人,因此使得作为普通人的观众感同身受,引起怜悯与恐惧的效果。

第五,悲剧的结构。悲剧的六大要素——形象、性格、情节、言词、歌曲与思想;悲剧的简单情节(无突转与发现)与复杂情节(有突转与发现);悲剧的起源是与酒神有关的羊人剧。

第二讲　欧洲中世纪美学:美与神性

一、中世纪及对其美学的争论

中世纪指 476 年西罗马帝国灭亡到文艺复兴的近 1000 年欧洲的社会与文化,是古希腊的延续、文艺复兴的开启,非常重要。

对欧洲中世纪特别是中世纪文化与美学,以前一般的看法是称作黑暗世纪,认为由于基督教的文化专制主义的长期统治、经院哲学的盛行、野蛮的封建割据等,文化艺术得不到发展,是所谓"黑暗时代",美学也毫无建树,总之贬多于褒。但 20 世纪 60 年代之后对于中世纪的评价发生变化。学术界认为中世纪是西方文明的三大根源,即希腊理性精神、希伯来的宗教精神与罗马法制,通过基督教哲学与神学被整合为一个完整的文明传统的历史时期。1932 年,略夫提出神学美学概念,1963 年学术界进一步加以确认。至此学术界对于中世纪特别是神学美学的评价才有所变化。

对于欧洲中世纪美学的价值有三点:产生神学美学并有其特殊价值(西方美学根源之一;对于彼岸的强调包含终极关怀;原罪与救赎模式成为文化原型;象征讽喻手法成为浪漫主义的内涵);

交织着矛盾斗争(和谐与神秘;宗教与民间);具有交融中西的特点。

如何阅读神学美学论著:首先对其定性是神学论著;其次哲学基础是神学存在论;核心理论是神性显现;表现形态是道成肉身;信仰是神学美学的必要前提。

二、奥古斯丁:上帝是至高至美

奥古斯丁在西方思想史上地位很高,与柏拉图、康德齐名,他的《忏悔录》地位也很高,是神学之经典。他的美学思想主要分前后期,前期属于古希腊和谐论美学,后期属于神学美学,后期对前期进行批判忏悔,并划清界限。

1. 论美

上帝是至高至善至美的。主要把握两点:其一是神学本体论即神学存在论,只有从这一角度才能理解上帝的至高至善与至美;其二是关于神学本体论时间观,认为只有在上帝创世之后时间才存在,同时美与艺术才存在,时间与信仰同在。

2. 论审美

凭借永恒的真理来评判万物的美。主要把握奥古斯丁的审美论超越了亚里士多德的认识论美学,将审美界定为信仰即永恒的真理,具有超越性,超越了认识和肉体,只凭借对于上帝的爱。

3. 论艺术

奥古斯丁认为艺术的虚构是一种妨害生活的荒诞不经。主要把握奥古斯丁站在神学立场对于世俗艺术虚构与模仿的批判,认为虚构和模仿是对神的亵渎,是一种犯罪,包括对于悲剧怜悯与恐惧效果的否定。

4. 美的忏悔

奥古斯丁对于早期沉浸于低级美的忏悔。主要把握奥古斯丁否定古代希腊的美在和谐，即美在适宜，认为其问题是只看到低级的实体的美而没有看到美在精神世界、在神性，认为这是一种丧失神性的错误判断。

三、《圣经》中的美学思想：神学存在论美学

1. 神学存在论

这是理解《圣经》美学思想的钥匙，它与传统认识论实体性美学完全不同，是一种神学本体论，超越看得见的存在者，走向看不见的存在，即上帝。德裔美国哲学家蒂利希提出神学存在论，认为上帝本体论与神学存在论特别契合，存在主义描绘的人的普遍的生存境况是奉献给神学的伟大礼物。在神学存在论之中上帝是最高的存在。上帝的逐渐显现，是一种由遮蔽到澄明的过程，由此将神学与美学相联系，这就是"在存在中美看见了自身"，美是最高的存在，而最高的存在是上帝，存在的逐渐显现就是上帝的逐渐显现，上帝（存在）借助存在者（圣经故事与十字架）逐渐显现自己。

2. "因道同在"之超越美

因道同在是基督教神学存在论的美学基点，包含极为丰富的内容，其最基本的主张是上帝是最高的存在，是创造万有的主宰，也是最高的美，这就使神学之美具有了最基本的超越性。而基督教文化特别是《圣经》的最重要内容就是上帝创世，即为创世纪，上帝十日创世，所谓"那看得见的是由那看不见的造出来的"，强调了看得见的背后的那看不见的内涵，因此强调了神学（包括神学审美）之超越性。并以著名的"羊的门"（《马太福音》）为喻，以

盗贼比喻物欲,圣灵比喻耶稣,进入羊的门即意味着对于肉体和物欲的超越。

3."藉道救赎"之悲剧美

救赎论是基督教文化的核心内容,构成了基督教文化包括《圣经》最富特色并震撼人心的悲壮美的基调。包括原罪论、苦难论、救赎论与悲剧美四个相关内容。原罪论强调了原罪的本源性,与古希腊悲剧的命运论相区别,对于当今人类反思现代化之问题具有重要意义价值。苦难论由人类违约造成,上帝降灾于人类,大洪水、旱灾、虫灾等,惊心动魄。救赎论是上帝与耶稣对于人类苦难的拯救,表现了上帝的仁爱与慈悲,是一种对于人类前途命运的终极关怀。这是一种借助超越感性的理性精神(宗教精神)对于感性的苦难的拯救,表现一种崇高之美,完全符合康德对于崇高美的论述。

4."因信称义"的内在美

因信称义即是对于人的信仰的突显与强调,是基督教文化与神学美学的重要组成部分,是神学存在论美学达到真理敞开的必由之途,是一种区别于通常认识论美学的信仰决定论美学。因信称义及其与之相关的属灵的修养过程实际上是一种神学现象学,即通过因信称义的祈祷与忏悔的过程,人们将外在的物质和内在的私欲加以悬搁,进入一种内在的神性的生活和审美的状态。

5."新天新地"的理想美

这是基督教文化与《圣经》对于神学美学之理想美的论述,《圣经》描绘人类不仅失去了伊甸园这一美地,而且还要追求创造新的美地,《圣经》具体描绘了人类不断创造新的美地的过程。表现了神学美学对于天、地、神、人统一的美好物质家园与精神家园的追求。

四、20 世纪的神学美学与巴尔塔萨

这里需要把握略夫与巴尔塔萨的区别,前者是由神学到美学,后者是由美学到神学,但两者一样都是神学。巴尔塔萨的《上主的荣耀:神学美学》(1982—1991)是 20 世纪最重要的神学论著,也是 20 世纪最重要的神学美学论著。

要理解该书,需要把握这样几个要点:其一,这是一本神学论著;其二,哲学基础是神学存在论;其三,核心理论是美是上帝的神性显现;其四,美的表现形态是神性之道成肉身与《圣经》及各种神学活动与基督教艺术;其五,信仰是神学美学的必要前提;其六,本书是巴氏思考资本主义社会现代危机的产物,试图通过基督教解决社会危机,也是他对基督教危机的思考,试图通过神学美学走出基督教困境,给予其新的生机。

1. 论启示与美的关系——神学美学的核心命题

巴氏认为,审美只有从"上帝启示的荣耀中"获得。所谓"启示"之原意是揭开,指神借助创造活动、历史与《圣经》,通过活动与文献向人类揭示自己,启示人类。所谓启示就是道成肉身,揭示了神性与世俗的关系。

本书从历史、客观与神学自身等不同角度论述了这一问题,主要解决的问题是:被卑微而痛苦地钉在十字架上的丑陋的耶稣怎么会成为美的形象?这里提出了一个古希腊美学即已提出的"化丑为美"的问题。亚里士多德在《诗学》中以"求知是最快乐的事"回答了何以尸体和可鄙的动物形象能够引起快感,巴氏则以信仰回答了这个问题。所谓"在信仰中领悟到爱,把一个被现实判定为丑的形象转变为美的征象",也就是回答了启示的核心是"信仰"。

2. 神学美学的基本理论形态

对于其性质,巴氏认为,神学美学就是审美的神学,不是主要运用世俗哲学美学范畴,而是主要运用神学的方法从启示自身的宝库中建立起来的美学。需要将审美的神学与审美神学区别开来,前者是神学,后者是审美学,后者背离了超越性走向世俗性,是应该否定的。

对于其代表性论著,巴氏认为《圣经》是神学美学最重要的论著,不应将之作为普通的诗歌集来阅读。

对于神学美学的内容,巴氏认为神学美学就是通过圣子显现上帝。具体就是通过圣子的形象、圣子拯救人类的故事,在类比与隐喻中显现上帝的神性。神学美学包括圣经、圣歌、圣仪、圣象、神学建筑与神学艺术等。神学美学的基本特性是一种特有的基于信仰的迷狂与陶醉,也是一种将表象世界抛在脑后的震惊。神学美学分直观与陶醉两个阶段。

3. 关于神学与戏剧

关于神学美学为什么必然包含戏剧学,巴氏认为上帝的启示不是观照的对象,只有在行动中才得以显现,从这样的戏剧学出发才开启了通往启示的最后的道路,这就是一种"启示戏剧"。他认为,神人立约之后神的绝对自由与人的相对自由必然产生矛盾,人神冲突、惩罚与拯救的交替出现就成为"启示戏剧"的基本内容,表现为神学仪式中各种对话、表演与活动。巴氏认为神学美学悲剧的特点是信仰,其悲剧与救赎均以信仰为重要前提;对于神学悲剧与古希腊悲剧之区别,巴氏认为原罪与救赎是神学美学之悲剧区别于古希腊悲剧之处;对于神学戏剧之核心内容,巴氏认为是耶稣代替所有的人去受难并最后拯救所有的人;关于神学戏剧的实践性特征,巴氏认为神学美学发展到戏剧阶段就是强调了当代神学救赎人类的实践性特征。

需要特别注意的是要准确把握神学美学,要了解其极端的唯心主义哲学基础与迷信色彩。

第三讲　德国古典美学:美与自由

什么是德国古典美学呢? 就是 18 世纪末到 19 世纪初以康德与黑格尔为代表的美学流派,是德国古典哲学的组成部分。具体就是以 1750 年康德《判断力批判》发表到 1831 年黑格尔逝世,也有说到 1872 年费尔巴哈逝世为止的德国美学形态。理解德国古典美学首先要理解它是以 18 世纪欧洲启蒙运动为其历史准备的,特别是鲍姆加登首倡美学即感性学的理论。

一、德国古典美学的基本特点

德国古典美学的基本特点就是对整个西方美学的综合总结和美在自由说的提出。

1.产生西方美学最重要的成就——康德美学与黑格尔美学。

2.具有极为重要的批判精神。这是极为重要的反思精神,所谓"反思"就是思想的思想,对于思想的批判与质疑,就是批判的批判,康德将自己的哲学定义为"批判哲学"。这种精神非常重要,没有反思就没有德国古典美学,也就没有人类思想的进步。德国古典哲学与美学就是对于占据压倒力量的理性的反思与批判,康德美学的反思就是对于"个别事物是否具有美的普遍性"的反思。

3.产生二律背反与辩证方法。所谓二律背反就是将两个表面上对立而各自合理的方法整合到一个范式之中。二律背反就是对于美在理性的反思,首先发问如果美是理性(概念)的话,那么美就是论辩的而不是审美的;但如果审美丢弃理性(概念)走向所谓无概念的审美的话,那么审美就没有共通性。这就是二律背反。康德认为这个二律背反只有借助于先天的先验原理才能得到统一,这就是康德反思的过程。而唯心的辩证方法则是黑格尔的发现,通过著名的正、反、合(否定之否定)将审美的感性与理性加以统一。方法的革命就是哲学的革命,也是美学的革命。

二、美在自由说

1. 德国古典美学最重要的成就

美在自由说的地位:西方美学的光辉结晶,可与古希腊美学媲美。

2. 美在自由说的内涵

其一,理想的美:感性与理性的直接统一,融为一体,是西方古典美的典型表述。其二,美在自由说的审美要旨:想象力、知性力、理性力与情感力的统一。

3. 美在自由说的价值意义

首先,揭示了美的规律。黑格尔说"康德说出了关于美的第一句合理的话",这句话就是无目的性与合目的性在反思判断中的自由统一;而黑格尔则提出"理想的美",感性与理性的自由统一,完全摆脱了束缚,呈现自由状态。

其次,美在自由对于现当代美学也具有阐释力量。自由既包含认识自由,也包含人生与主体的自由,从而对于现当代美学具有阐释力量。

最后,美在自由说直接开启了马克思主义美学。马克思的"人也按照美的规律建造"即是人道主义与自然主义的自由统一。

其局限性是唯心主义与脱离社会实践的空想性。

三、鲍姆加登的感性论美学思想

鲍氏于 1735 年在《关于诗的哲学默想录》中,并进一步于 1750 年在《美学》中提出"感性学"(Aesthetica)的概念,给予美学区别于哲学与伦理学的独立范围,被公认为美学之父。但有些学者认为后来的发展有些背离鲍氏的原意,鲍氏原本强调感性,但后来更加强调理性。直到 20 世纪 80 年代以后才被德国理论家韦尔施重新论证,重新恢复鲍氏感性认识的完善这一"原始意图"。

1. 感性认识的独立性——独立于理性认识

首先是关于"Aesthetica"这个词。该词在希腊词的基础上创造,是不同于逻辑学与伦理学的具有独立领域的独立词汇。

其次是关于感性这一低级认识能力的独立性。该词是对沃尔夫"低级认识能力的"的改造与补充。沃尔夫认为低级认识能力是低于高级的理性认识能力的。而鲍氏则对其进行改造,在其感觉、虚构与记忆力之外又增加判断力、洞察力与预见力等,成为独立的低级认识能力,具有了独立地位,从而成为对传统理性独断论的反思与批判,是对于人的感性生命力的恢复,也是对"美学即艺术哲学"的批判。直接面对鲜活的感性生活,并拓展了美学是自由的艺术的内涵,美学不仅包含艺术而且包含一切非自然的生活方式。

2. "感性认识的完善"——模糊性与明晰性共存,模糊性占据主导地位,成为其基本特征

鲍氏关于感性认识的完善是感性与理性,模糊性与明晰性共存,而更加倾向于前者。

鲍氏将"感性认识的完善"之内涵表述为感性与理性以及模糊性与明晰性的共存,这其实是一种二律背反。

　　鲍氏认为感性这种低级的认识能力可以与理性这种高级认识能力共存并立,而且"后者(感性认识能力)还是前者(理性认识能力)的必要前提",甚至比前者(理性认识能力)更加重要。

　　鲍氏认为两者构成一种"整体美",但在这种"整体美"之中感性与模糊性占据了主导地位,我们甚至可以将这种美学的品格概括为"模糊性",这是其区别于哲学之处。

　　康德在此基础上将之发展为"无目的的合目的性的形式"之先验原则,比较鲍氏在理论上更加周延;将这种二律背反调整到理性与道德,提出判断先于快感,恢复了理性派"理性第一"原则;在两者统一的根据上鲍氏归结为"类似理性思维",而康德归结为"先验的先天原则",走向神秘性。

　　3. 类似理性思维(准理性)

　　鲍氏提出"类似理性思维"不同于沃尔夫的"近似理性思维",后者是相同,前者是好像,强调了类似理性思维的独立性,成为审美的基础与根基。

　　同时鲍氏阐述了类似理性思维凭借人的身体的整个感官,而不是传统的仅仅凭借视听觉。

　　他还进一步提出"自然美学"重要概念,包括人的身体"外在感官"与想象幻想等"内在感官",成为 20 世纪身体美学的滥觞。

　　我们认为美学与诗学的类似理性思维是人类原始诗性思维(维科)的一种唤醒,直抵人性深处,具有很强的人类学意义与价值。

　　四、康德的美学思想

　　1. 康德美学的地位

　　关于康德的美学地位我们引用三位重要理论家的话,首先是黑格尔。他说,康德哲学处于欧洲哲学由形而上学到辩证法的

"转折点"，康德说出了关于美的第一句合理的话。

其次是朱光潜。他说，康德是德国古典美学的开山鼻祖。

最后是苏联的阿斯穆斯。他说，康德是美学的创始者、继承者与完成者。

康德美学的贡献是他为美学开辟了完全崭新的情感领域；其著名的二律背反是辩证方法的萌芽；康德美学具有承上启下的地位，它是西方古代美学汇聚之所，也是现代美学发展之流，古代美学流入康德美学，现代美学又从康德美学流出。

2.康德美学的核心

其核心是美是真与善的桥梁，形式的无功利与合乎主观目的的桥梁，体现在关于美的基本定义上："美是无目的的合目的的形式"，即通过美沟通了合目的的善与无目的的真，成为沟通两者的桥梁，说出了关于美的第一个合理的字眼。美是真与善的桥梁，这也是整个《判断力批判》的中心线索。

康德的目的是在纯粹理性批判与实践理性批判之间通过判断力批判将之加以沟通。

康德在《判断力批判》中的桥梁、沟通或过渡，总体上是由纯粹美向依存美的过渡，但其过程是美、崇高、艺术，这三者之间的过渡。首先是美，即形式美，美是无目的的合目的的形式，这种形式美无实质性内容，真的东西偏多，善的东西偏少，因此需要过渡到崇高；崇高是主观的心意，仍然是内在的，没有外化；只有艺术才是审美意象包含理性的道德力量。由此实现了自然客体—主体—精神客体的转换，由真到善的过渡才完成。这是一个由自然，经过人的主体精神到人的生成过程，即自然向人的生成；也是由形式美到精神美再到艺术美的过渡，是想象力与知性力到想象力与理性力，再到创造的想象力（即天才的想象力——想象力、知性力、理性力与鉴赏力的协调)的不同的心理过程。最后是想象力的自由。

3.康德美学的内容

(1)范畴

美——无目的的合目的的形式,是对传统感性派与理性派的综合。

崇高——对象压倒主体,主体借助理性压倒对象,崇高是理性的伟大胜利,是道德的象征。崇高的对象是无形式,以不愉快为其中介,是一种消极的愉快,其过程是主体的理性通过偷换过渡到对象。

艺术——审美观念,在有限的表象中包含无限的理性内容,不涉及任何概念却包含无尽的理性精神。

天才——天才是天生的心理禀赋,通过它,自然给艺术制定法规,具有独创性、规范性,自然赋予其法规,将规律赋予美的艺术。天才是通过先天心理禀赋将范例性与独创性加以统一,天才的作品是范例,而不是确立规则。

(2)体系

质:实在性与非实在性的统一,无利害的快感,判断先于快感,坚持了审美的个别性特点。

量:个别性与普遍性的统一,不是概念伦理的普遍性,而是心理感受的普遍性,坚持了审美的判断高于快感的特点。

关系:因果性与目的性的统一,主观的合目的性。

方式:主体与客体的联系方式,偶然性与必然性的统一,不是概念的必然,是范例的必然。

(3)方法

主观先验的二元综合方法。

本体论:二分法,物自体与现象界的二元论,现象界等于先天形式加后天经验。

认识论：三分法，感性、知性与理性。

二律背反：原本是运用自然领域的知性范畴去规定理性领域的精神世界便会陷入不可解决的二律背反，也就是悖论之中，康德以反思着的审美判断力这一先验原理对于无目的与合目的两者加以调和。涉及审美与艺术的内在规律，彰显其张力与魅力所在，所有感人的艺术往往都是在悖论中展开，形成不可解的"结"。《红楼梦》就是一种情与理的不可解的结。这就是所谓"说出了关于美的第一句合理的话"。

心理学方法：美是想象力与知性力的自由协调；崇高是想象力与理性力的对立；艺术是创造的想象力即多种心理功能的综合，即想象力、知性力、理性力与鉴赏力的自由协调。

五、谢林的浪漫主义美学思想

谢林（1775—1854），康德过渡到黑格尔的另一位重要理论家，客观唯心论美学的代表，也是浪漫主义美学的重要代表。他的《艺术哲学》写于其学术活动中期，是其哲学由先验哲学到同一哲学的转折时期。

1. 论美

谢林认为美乃是实在中自然与自由的不可区分。这是浪漫主义美学观：认为自然是可见的精神，精神是不可见的自然；赋予客观自然以精神与生命。

美乃实在中自然与自由的不可区分，其内涵如下：首先是"实在"就是上帝；"自由"是人，"自然"是自然界；"不可区分"则是两者的无差别的均衡。谢林试图走出康德的二律背反，实际上导向客观唯心主义，启发了黑格尔的美是理念的感性显现的观点。同时对于自然是"实在"的呈现的观念赋予自然以精神,成为浪漫主义美学的标志。同时也呼唤出黑格尔的美是理念的感性显现这一重要美学观念的产生。

谢林还认为,美与艺术本身是绝对者的流溢。谢林提出,光是美的正极以及自然中永恒美的流溢。又说"犹如上帝——原型在映像中成为美"。明确将上帝说成美之根源。

关于崇高与美。谢林认为"有限者同宇宙的对立,在第一种情势下应呈现为抗衡,在第二种情势下则呈现为对宇宙的无条件的奉献,前者可视为崇高,后者可视为狭义的美"。又说崇高是"精神个体在自然之力下筋疲力尽,同时又凭借其心灵居于上风"。

关于丑。谢林认为"艺术家的最高之智和内在的美,可呈现为他所描绘者之荒诞或丑陋",而且可以通过理念将丑陋转化为美,这一转化实际就是喜剧的本质。

2.论艺术

谢林认为,艺术呈现为自成一体的有机的整体。

谢林从浪漫主义艺术观出发,将艺术看成犹如自然一样的有机整体。他说,"艺术呈现为自成一体的、有机的整体;这一整体就其所有的范畴说来是必然的,犹如自然"。

这里的有机性最能体现作为艺术本源的绝对者的理性,是被绝对者即上帝所观照的,成为浪漫主义艺术最重要的特征。

谢林认为艺术高于哲学是整个哲学大厦的拱顶石。他说,艺术是"自然与自由相结合的最高形态"。

他以艺术对于绝对体现的多少来划分艺术门类,提出"构拟"(construo)艺术的概念,即创造一种将艺术纳入其中的图式,直达宇宙与上帝。

　　这幅图式就是按照实在世界与理念世界的统一来划分,进行"实在序列与理念序列对立之中诸艺术形态的构拟",其中实在序列(精神需要诉诸于物质)之音乐、绘画与建筑艺术,表现为正、反、合的三段式;而理念序列(即为语言艺术中理念的存在向现实存在的转化中)则为抒情诗、叙事诗与戏剧,也是正、反、合之三段式。这是一种由精神与物质相统一的运动过程。其次级恰与黑格尔相反,黑格尔是以"理念的感性显现"之理念之多寡分为雕塑、绘画与音乐,以及史诗、抒情诗与戏剧诗。而谢林则是以精神与物质之统一程度划分,但也是正、反、合三段论。在此前提下谢林阐述了各种艺术门类的特点。这一理论明显地影响了黑格尔的艺术理论。

　　他还提出"艺术美建基于有意识活动与无意识活动的同一之上"。将无意识活动提到突出位置,影响很大,意义深远。

　　3.论神话

　　神话乃是自然的诗歌和永恒的质料。

　　第一,神话是绝对的诗歌,自然的诗歌,永恒的质料。在这里给神话定了性,神话是神的歌唱,也是自然的歌唱,是艺术永恒不及的源泉。

　　第二,神话是哲学的基础。他认为神话是哲学之根,也是文化之根,即使是希腊哲学的整个方向亦为希腊神话所确定。

　　第三,神话的主要形态是象征。他认为,象征是艺术之魂、艺术之灵,其来源是神话。

　　第四,古希腊神话与基督教神话之区别并呼唤新的神话,成为艺术之历史构拟。古希腊神话是实在主义或现实主义神话,其质料是自然;基督教神话是理性主义或理想主义神话,其质料是历史。同时他呼唤新的神话:他说,"新的神话并不是个别诗人的构想,而是仿佛仅仅扮演一位诗人的一代新人的构想,这种神话的产生倒是一个问题,它的解决唯有寄希望于世界的未来命运和历史的进一步发展"。

关于谢林的影响:恩格斯说:"我乐意接受谢林从基督教方面触及到神话的重要成果而得出的结论。"黑格尔说,只有到了谢林,艺术才达到它的绝对观点。

谢林最重要的影响是由康德的主观论美学发展到客观论美学,直接影响到黑格尔美学的形成,并为黑格尔美学输送了基本的理论元素,这彰显了其重要的历史地位。

六、黑格尔:美是理念的感性显现

1. 黑格尔美学的地位

(1)西方古典美学发展的顶峰。美在自由的提出与展开,是西方古典美学发展的最高级形态,也意味着它的终结,走向新的现代的美学。其一,美在自由说包含感性与理性的直接统一、融为一体、自由和谐;其二,矛盾对立统一后包含极为丰富的内涵;其三,主体处于自由想象的自由状态;其四,要有独立自由的土壤;其五,启动了现代追求主体的绝对自由。

(2)西方古典美学的集大成。从概念、方法、历史形态与学术争论的不同角度看都具有集大成意义,特别是较好地回答了柏拉图之问:美是难的。

(3)对后世的深刻影响。与马克思主义美学的直接继承关系;对当代美学有着极为重要的影响。

(4)提供了辩证的美学研究方法。黑格尔审美辩证法包含:艺术发展的动力在内部对立统一;艺术发展的途径是正、反、合三段式;艺术美的发展过程是抽象到具体的逐步深化。

2.黑格尔的美学体系

首先是其逻辑起点，"理念的感性显现"。其理念是一种逐步发展的过程，显现是互相渗透、融为一体。

其次是美的史前期——自然美:朦胧预感。

再次是美的横的逻辑发展:一般世界情况、情境、性格。

最后是美的纵的逻辑发展:

(1)象征型:理念找不到感性;

(2)古典型:理念与感性的协调(理想的美);

(3)浪漫型:理念溢出感性。

3.黑格尔美学的局限

首先，客观唯心主义的哲学基础——头足倒置的哲学及其对于自然美的完全漠视;

其次，以其理念论体系阉割历史(对于自然美、东方艺术与心理学美学的忽视);

最后是艺术悲观论。

第四讲　西方现代生命论美学:美与生命

一、现代西方美学的转型

1.历史主义立场

美学的转型也是一种文化转型，其必然性应从历史主义的立场观察之。恩格斯在 1866 年所写的《费尔巴哈与德国古典哲学的终结》一文中论述了历史主义的立场，批判了黑格尔现实的都是合理的观点,认为一切历史阶段都是必然的也是暂时的,都必然会被更高的历史阶段所代替,一切事物都是过程,没有绝对的事物与东西。后面的事物取代前面的事物,但不是抛弃,而是扬弃,即是既保留又抛弃。此文论证了历史主义的立场与历史辩证法的方法。如此看来,迄今人类历史经历了古代—现代—后现代的历史发展进程。1831年西方文化逐步进入现代阶段,古代的文化哲学与美学逐步被现代的文化哲学与美学取代。20世纪中期之后又逐步进入对于现代性反思的后现代。哲学与美学领域由认识论到存在论,由理性到理性与非理性共存,由人类中心到生态整体。这都是历史发展的必然。

2.生命论哲学美学的出场

生命论又称生命直觉论哲学美学,着力于个体生命力,突破传统的主客、身心二元对立的唯理论与经验论哲学美学,以生命直觉论的方法,对审美与艺术进行深度探索,随着二分对立思维模式的退场,生命论哲学美学也必然走上历史舞台。但由于其极为浓厚的非理性主义,导致不可避免的内在矛盾,从而很快被现象学哲学美学取代。

3.潜意识理论进入哲学美学视野

古典时期整个西方哲学美学都被理性论统治,所有的美学概念都是理性论的。但1831年之后,理性论逐渐被颠覆代之以非理性论特别是潜意识论。叔本华、尼采的生命意志论哲学美学主要强调非理性的生命意志,非理性逐步占据上风,到20世纪初期,弗洛伊德的精神分析心理学及其哲学美学,更加鲜明地将潜意识带到哲学美学领域,认为潜意识是人类行动更为本源的部分,意识只是冰山之一角,对于人类审美与文化行为的阐释具有较强的科学性,意义重大。

4.人道主义与人类中心论的退场

人道主义与人类中心论曾经在历史上有过巨大贡献,但进入后现代之后,人道主义与人类中心论逐步完成历史使命,退出历史。正如一切事物都是过程一样,人道主义与人类中心论也是一种过程,在历史中产生,同样要在历史中退出。人道主义与人类中心是现代工业革命的产物,随着后工业革命的到来,其必然退出历史舞台,被新的生态整体论与生态人文主义取代。

5.生命论哲学美学在中国

生命论哲学与美学在中国影响深远,涉及诸多重要理论大家与大作家,我们主要要了解王国维受叔本华之影响,用以阐释红楼梦,他的《红楼梦评论》成为吸收西方理论的范本,成为当代理论经典。

6.中西生命论之差别

其一,本源不同。西方生命论本源是身体欲望,中国古代生命论则是“气”,所谓气本论。其二,人与自然之关系不同。西方则是人是生命之最高级形态,而中国古代则是万物一体。其三,哲学根基不同。西方立足于现代科学,中国古代则立足于天人之说,天地之大德曰生。

二、叔本华:生命意志美学

1.叔本华的生命意志论哲学思想

叔本华的哲学思想可以用四句话概括:世界为我的表象——哲学出发点;世界是我的意志——反理性哲学之核心;“自在之物—理念(意志直接客体化,是一种非规律性)—事物”为其哲学框架;“世界是无”为其哲学终点。

其特点是:第一,混杂性:古典的现代的、理性的非理性的、西方的东方的混杂一起;第二,二元论:表象与意志二元共存;第三,性质是主体的非理性的生命意志论哲学。

2.艺术与审美补偿论

审美补偿论根源于生命意志论哲学,认为审美与艺术是通过超越对于生命意志欲求的一种补偿,也就是说,他认为审美起源于对于意志欲求的补偿。他认为人的欲求起源于现实无法满足人的欲求需要,意志本身就是痛苦,生存就是不息的痛苦,要摆脱痛苦之重要途径就是艺术与审美,使人进入一种物我两忘的审美境地,这是对痛苦的暂时的摆脱。所以审美与艺术是人生的光明与希望,是人生的花朵。进而叔本华认为,审美与艺术是人生痛苦的唯一补偿。

3.审美观审论

这是叔本华美学的核心观点,认为审美的核心是对于合规律性与欲望的超越,这是审美与艺术能够进行审美补偿的根本原因。他提出审美超越论,即认为审美客体是对于根据律的超越(理念),主体对于欲求的超越,这种超越使得审美主体进入一种物我两忘的自失状态,从而起到审美补偿作用。这种超越具有后来现象学的"悬搁"之意。他继承了康德,但不同于康德,超越了康德的合规律性。

4.美的形态——三美说

审美观审中对象与主体的不同状态决定了美的不同形态,优美是对象与主体的协调,无须主体特别努力即可进入纯粹直观的状态;壮美是对象与主体的敌对关系,需要主体的强制性的努力才能进入审美观审状态,直观因素占据主导位置;媚美则是对于意志的直接自荐与迎合,主体无法摆脱欲求,因而已经超出纯粹审美关系,其积极者为绘画中的食物与人体,借以引起食欲与肉欲;消极者则为令人作呕的"意志深恶的对象"。

5.天才论

第一,叔本华认为,天才即是超人。超人即是不凭借根据律认识事物而沉浸于审美观审的人。

第二,他认为普通人只能成为"照亮生活道路的提灯",而天才则能成为"普照世界的太阳"。

第三,普通人凭借的是幻想的想象力,天才则凭借完全摆脱意志和欲念干扰的艺术的想象力,这是一种创造的想象力。

第四,叔本华超越了康德关于天才是先天的心理禀赋的观点,而将天才的想象力具体化为超越根据律的创造的想象力,是一种发展。

总之,叔本华以非理性的唯意志论美学全面地批判了黑格尔的古典主义美学,用意志取代认识,抬高直观,贬低理性,赋予审美以非理性的生命的生存意义,为西方现代人文主义美学与现象学美学的人生美学奠定了基础。但叔本华还是借助了古典哲学理念的概念,并没有完全超越主客二分,因此他是古代到现代的过渡性人物。

三、尼采:强力意志美学

西方现代真正意义上的人生美学是从尼采开始的。尼采终生关心生命的意义与文化批判两大主题。

1.强力意志论

尼采主张强力意志反抗生活的痛苦,创造新的价值,这是他与叔本华之区别;

他彻底否定一切价值,包括古希腊理性传统、基督教文化、启蒙主义理性精神与传统生活,宣称上帝死了,价值重估,成为其整个哲学贯穿始终的主题;价值重估成为尼采最基本的哲学立场;

他写于 1872 年的《悲剧的诞生》是其价值重估的最初尝试,从而也是其整个哲学的诞生地。

2. 审美本体论

尼采将审美与艺术提到本体的高度,代替理性与科学,是其《悲剧的诞生》一书的主旨;

他认为,艺术是"生命的伟大兴奋剂","本质上是对存在的肯定","艺术是人类最高的使命","只有作为一种审美现象,人生和世界才显得有充足的理由";

他认为,只有借助于审美才能进行人生的补偿和自救。他认为人生是悲剧,只有借助艺术和审美才能"诱使人继续生活下去的补偿和生存的完成"。

3. 酒神精神论

尼采认为,酒神精神与日神精神是宇宙人生的两种生命本能与原始力量,是尼采哲学中具有核心意义的范畴,特别是酒神精神,是对于悲剧人生进行补偿的唯一手段;

在这里,酒神精神与日神精神都是非理性精神,而最根本的是酒神精神,这是一种以惊骇与狂喜为其特点的生命力量,是一种强力意志;

这是尼采对于古希腊美学精神的新的阐发,是对于传统以苏格拉底为代表的古希腊和谐论美学与理性美学的有力批判,认为它们是对悲剧与一切艺术原则的扼杀。

4. 艺术的生命本能论

尼采认为,艺术的起源与本真是生命本能的二元性论,即日神与酒神两种生命本能的交互作用,犹如生育之依靠两性,艺术起源于酒神与日神两种生命本能的冲突与和解,而其基本特征是以酒神精神为主导。

这里，酒神与日神之特性是，日神是适度、素朴、梦、幻想与外观，酒神是放纵、癫狂、醉与情感奔放，其中酒神精神更为重要。艺术的本源与动力就在酒神精神，但日神也不可缺少，它具有缓和酒神的泛溢和过度的作用；这是在肯定与否定的交互作用中对审美与艺术的阐释，是一种新的二律背反。

尼采的这种艺术本源论区别于古代希腊苏格拉底的理性原则与科学精神，区分了未知与已知、音乐与语言（图解）的界限。

5. 形而上慰藉论

尼采关于悲剧效果，是在亚里士多德的"陶冶说"、黑格尔的"永恒正义说"与叔本华的否定因果律的悲观主义之外，提出形而上慰藉说。

其前提是认为悲剧的起源是半神、半人与半羊的"萨提尔合唱队"与"秘仪学说"，起源于酒神精神。

在以上前提下提出"形而上慰藉说"的悲剧效果论。他说："每部真正的悲剧都用一种形而上的慰藉来解脱我们，不管现象如何变化，事物基础中的生命仍然是坚不可摧的和充满快乐的。"这是一种相异于叔本华的对个体化原理的否定引向意志的肯定，引向乐观主义，是现象不断毁灭中生命的永生，成为人类生存的核心。

形而上慰藉的内涵是，认为《俄狄浦斯王》是典型范例，将一个新世界建立在被推翻的废墟上。从哲学的角度看是个人的无限痛苦和神的困境两个痛苦的和解达到形而上的统一，是一种更高层次的统一和慰藉；从深层心理学看是非理性的酒神精神移向形象的"升华"，是本能的酒神精神智慧向形象世界的移置；从审美的角度看这种统一不是现象世界的统一与慰藉，也不是道德世界的统一与慰藉，而是审美世界的统一与慰藉，是一种具有本体意义的生命力的酒神精神的慰藉与胜利,是一种审美世界观的确立。

6.小结

第一,尼采的以酒神精神为核心的悲剧美学成为一种新型的美学理论与世界观,完成了由传统到现代的过渡,成为新世纪哲学—美学的真正先驱。

第二,对于强力意志的盲目推崇与对博爱、同情弱者的全面否定,包含了明显的种族主义偏见,这是错误与危险的。

第三,某些人将《权力意志》这部伪书强加到尼采头上,认为尼采的思想被法西斯利用,这是违背历史的、不全面的。

四、弗洛伊德:精神分析生命原欲论美学

1.弗洛伊德:精神分析理论

第一,心理结构:潜意识、前意识、意识。

第二,人格结构:本我、自我、超我。

第三,心理动力:泛性本论的"力比多"作为一切活动(包括文化艺术)的能量源泉。

2.艺术创作的源泉在生命的原欲

艺术源于生命的原欲,即"力比多"的激荡;表现为恋母与恋父情结的呈现,所谓"情结"是力比多的沉淀物、童年的心理创伤、未实现的欲望等,如《俄狄浦斯王》与《哈姆雷特》等。

3.艺术产生于力比多发泄与反发泄的生命过程,是原欲的升华

生命表现为力比多发泄与反发泄、本我与超我冲突的动力过程。可以是生命力即力比多的受阻,也可以是在更加高级文化艺术中的升华,艺术就是原欲的升华,1908年写作《作家与白日梦》:

"艺术创作就是作家自己的白日梦";1900 年《释梦》将文学作品视为改装的梦,是儿时被压抑的欲望的改装,有显意与隐意两个部分;手法有凝缩、移置、再现与润饰等。

4.心理分析艺术批评方法

上面说到的《俄狄浦斯王》与《哈姆雷特》的分析。

1910 年在《达芬奇,一个童年的记忆》一文中谈到达芬奇的恋母情结对其创作的巨大影响。通过达芬奇的日记探索达芬奇童年在摇篮里被秃鹰撞击嘴巴的记忆,秃鹰象征雌性,说明达芬奇从小失去父亲,父亲的缺席使之认同母亲,与女性一样爱男性,从而有同性恋倾向,父亲的遗弃又使他的作品创作很慢,造成他对作品的遗弃;权威的丧失也使他蔑视权威在科学上有成就;如此等等。

5.精神分析的影响

产生荣格的集体无意识与拉康的镜像理论。

五、柏格森:生命论哲学与美学

柏格森(1859—1941)是法国生命哲学代表人物,1928 年获诺贝尔文学奖,他提出的"直觉""生存""生命"等概念成为 20 世纪以来西方哲学与美学的重要概念,他尽量避免理论化,尽可能以描述的方式呈现哲学与美学内涵,被称为"形式的现象主义者"。

1.超越形而上学走向经验的描述

首先是反机械论和目的论。柏格森超越传统形而上学,批判了形而上学机械论的计算、静止与目的,阐述了生命的有机、绵延与流动性,生命意识不同于传统认识论的所谓智能,生命意识是不可分割的、崭新的。对于生命意识只能局限于经验的描述而不能论证。

2. 生命论哲学美学的核心范畴——绵延

他认为生命的根本特点是绵延，一股我们无法逆它而行的水流。这是我们存在的基础，"生存的根本实质"。明确提出生存概念，是一种动态流动中的生命样态，相异于本体论性质的存在，影响深远，开创了从传统本体论到现代生存论的转化。他还认为，生命绵延的根本特点是"直觉"。直觉即生命冲动，具有不确定性与自由性的特点与无比强大的力量。总之，绵延、生存与直觉是生命的基本特征。

3. 艺术是生命直觉的个性因素

他认为艺术是生命直觉的个性因素，是生命之流中的直觉，生命之流中感悟到的"永远不能复来的事情"，艺术是个人的生命活动。他认为，艺术是个体性与整体性的抗衡与联合最后走向生命自身，走向生存，生存能够揭开人与自然、人与意识之间的帷幕，但生存只是行动，不会静止。

4. 生命直觉论喜剧观

（1）滑稽是区别于行为的心不在焉的姿态。

柏格森超越传统认识论的喜剧观提出生命直觉论喜剧观，他认为自己不完全是给喜剧确定某种公式而是决定滑稽的制造法，说明他开始突破理性主义喜剧观由艺术论走向作品论。传统认识论喜剧观将喜剧划定在认识范围，亚里士多德认为喜剧是模仿比我们坏的人，将喜剧确定为模仿；康德认为喜剧是对于期待的失望，将喜剧确定为失望，均与认识有关；而柏格森则将喜剧（滑稽）确定为"姿态"，是一种有别于理性行为的、无意识的、心不在焉的身体动作。

（2）滑稽是身体、精神和性格的某种僵硬。

以上是柏格森给滑稽确定的公式，这种僵硬就是对于正常生命直觉的流畅、灵活与不可逆的特性一种偏离,这种偏离除了僵硬,还表现为倒置、刻板、机械、不合社会、不合时宜等。

(3)滑稽是一种类型或者说与某一类人相似就是滑稽。

如果说悲剧是表现个性,那么喜剧(滑稽)就表现类型,滑稽是一种群性,诸如悭吝人、独裁者、说谎者等。

(4)滑稽表现的是一种要求我们加以纠正的集体的缺陷,笑就是一种纠正。

(5)柏格森的喜剧观具有重要的价值意义。

第一,开创了生命论喜剧的新时代,出现包括意识流、荒诞剧等新的艺术形式。

第二,提出了新的喜剧观与仿拟等艺术理念。

关于喜剧,柏格森认为只有在别人不再感动我们的时候,喜剧才能开始。喜剧是随着我们不妨称为对社会生活的僵化(不适应)而开始的。机械地独自行动而不注意和别人接触的人物是滑稽的。这时候我们为了纠正他的心不在焉,为了使他从迷梦中觉醒过来而笑他。

关于仿拟。他认为仿拟是庄严和亲昵笔调的移置,"如把庄严的笔调改为亲昵的笔调,就可以取得被称为仿拟的游戏文章",如"天空由黑转红好像 一只在烹烧中的龙虾",即是"当一个本来受到尊重的事物被表现为平庸卑劣时"即产生滑稽。

六、克罗齐:艺术即直觉,直觉即表现

克罗齐(1866—1952)于 20 世纪初建立了美是非理性的情感显现的表现论美学体系,成为 20 世纪西方美学的旗帜。

1.特殊的精神哲学理论

提出"意识即实在"的命题,将心灵世界分为知与行即认识与实践两个度,认识又分为直觉与概念两个阶段,实践分为经济与道德两个阶段;直觉是心灵活动的起点,产品是个别意识,正价值是美,负价值是丑,学科门类是美学;直觉为此后的概念、经济、道德等活动提供了基础,后者包括前者,但前者却不可离开后者而独立。

2.美学是直觉的科学

克罗齐认为美学只有一种就是直觉(或表现的知识)的科学,是不同于德国古典美学的"美是理念的感性显现"的非理性主义美学。

他认为直觉包含物质与形式,物质是直觉线以下无形式的部分,是被动的兽性;形式是心理的主动性赋予感受于形式,可克服物质的被动性与兽性,使之成为具体的形象,这里的克服不是消灭而是统辖。

他认为艺术与审美具有意象性,意象中刚一产生思考与判断,艺术就消散和死去。

3.艺术即直觉的表现

他说:"直觉是表现,而且只是表现(没有多于表现的,却也没有少于表现的)。"

他将艺术完全等同于表现即艺术的想象活动,同赋予其物质形式的创作活动无关。

这是其最基本的美学思想,决定了其他一系列美学思想。

4.艺术独立论

他提出,"如果没有艺术的独立性,艺术的内在价值就无从说起,美学的科学也无从思议",有学者将这一理论看作犹如人类发现海王星的独立存在。其根据是其精神哲学,精神哲学的后阶段包括前阶段,但前阶段不包括后阶段,直觉是精神哲学的开始,与后面所有阶段无关,是绝对独立的。首先是艺术与逻辑无关,一旦开始逻辑的思考就不复作审美的观照;其次是艺术与效用无关,他认为寻找艺术的目的是可笑的;最后是艺术与道德无关,应采取纯粹美学的观点。

他于 1912 年出版的《美学纲要》与 1901 年的《美学原理》已经有所区别,强调直觉与人的灵魂相遇,包含了文化意味。

5. 语言的哲学其实就是艺术的哲学

因为两者都是表现的科学。

第五讲　美国实用主义经验论
美学:美与经验

20 世纪西方美学面临一个经验论转向问题,由本质主义研究走向人生美学研究,经验论分为两支,一支是欧陆现象学经验美学,一支是美国实用主义经验论美学。本讲讲美国经验论美学。

一、詹姆士(1842—1910)的实用主义哲学思想

1. 实用主义的基本品格:突破与调和

第一,突破理性主义。

这是克服美国文化危机的需要。20 世纪初期美国处于经济发展的关键时期,特别需要一种新的哲学为其文化支撑,突破工业革命理性主义之主客二分思维模式,突破理性主义成为实用主义哲学诞生的契机。

在本体论上突破理性主义实在是现成的理论,提倡实在是创造中的过程;

在宇宙论上突破理性主义的静止论,提倡宇宙是变化的理论。

第二,调和感性和理性的对立。

突破实证主义对于感性现象的诉求,提倡感性与理性的调和;

这里实用主义的突破是通过调和的路线进行的,调和同样是实用主义的基本品格;调和唯物与唯心、主体与客体、理性与感性、自然与人文等一切二分对立。

2. 实用主义的方法:行动、实效、科学、合算

行动:实用主义是行动的哲学,不是认识的哲学,来自希腊词:πραγμα(行动)。

实效:"效果首位"原理。

科学:吸收生物学与心理学成果,提出"大胆假设小心求证"命题。

合算:吸收美国商业社会的价值观念——合算。

3. 实用主义真理观:工具、适用、过程

工具:芝加哥学派创始人杜威提出著名命题"真理是工具"这一基本真理观;

适用:实用主义真理观不是指对于客体的符合,而是指使用过程的适用;

过程:实用主义真理观不是指向某种实体,而是指一种使用的过程,因为是否有效是一种过程。

4. 实用主义的经验:彻底的经验主义与期望的满足

彻底的经验主义:詹姆士认为,实用主义就是彻底的经验主义。

第一,哲学的对象是经验;第二,事物本身及其关系都是直接的经验;第三,经验是连续不断的一条河流。

经验主义导向期望的满足,从效用说的角度一个真的经验就

是期望的满足;既有心理的满足也有身体的满足。

5.实用主义宗教观:运用调和的方法处理宗教的真与假

首先,从价值论角度,神学对于具体的生活是否确有价值;其次,从效用说的角度,关于上帝的假设是否有用,是否令人满意;最后,从纯感觉的角度,关于上帝的假设是否令人感到舒服,是否包含着希望。

二、杜威实用主义经验论美学

1.实用主义美学观

杜威(1859—1952)是实用主义最著名的代表,创立芝加哥学派,1934年出版的《艺术即经验》是最具美国特点的美学与艺术理论,该书将美国民主观念与商业观念灌注于经验论美学,将艺术从高高的象牙塔拉向现实生活,该理论经历了由20世纪30年代兴盛后的沉寂到20世纪后期的逐步重新兴盛。

2.经验自然主义美学研究方法

其背景是产生于拓荒时代,实业第一原则,效率首位的教育,利益取向的政治,达尔文进化论。

该理论倡导一种经验自然主义方法。第一,主观唯心主义经验论,消解主客二分,走向调和;第二,与自然主义实践观紧密相连,经验是有机体与环境相互影响的结果;第三,生物进化论作为重要理论基础,将生命放在重要位置;第四,工具主义的方法,将真理即效用加以发展为控制环境的工具,即大胆假设,小心求证;第五,反本质主义的直观的回到事实描述的方法。

3.艺术即经验论(五个关键词的解读)

第一,艺术与经验的连续性。恢复两者的关系成为本书的主旨,将艺术与生活经验及实践紧密相连,艺术哲学的任务就是恢复审美经验的直接性,不是直接的东西就不是审美的,杜威认为联想违背审美的直接性,五官感觉都具有审美素质。

第二,活的生物(live creature)。杜威经验论美学的另一个关键词。批判了传统的灵肉对立观点,打破人与动物界限,求助于人的水平之下的感性,强调了五官在审美中的参与作用,提出人在自然之中而不是在自然之外,指出人住进(in-habit)世界,世界成为人的家园,我们经验的一部分,审美经验是活的生物与环境互动的结果。

第三,一个完整的经验。为了划清审美经验与普通的日常经验的界限,杜威提出一个完整的经验,成为理解杜威美学的一把钥匙。首先是强调了审美经验所包含的令人满意的情感的质,由此构成理想的美。其次,完整的经验是将过去的记忆与对将来的期望加入经验之中。具体表现为内在统一与完善的艺术结构。最后是有机体与环境达到水乳交融的境界。总之,杜威对于艺术即经验的中心界说是艺术即活生生的人完整的经验与理想的美。

第四,美的一刹那。绝对的静止与动作都不能产生美,只有变动与终止、分与合、发展与和谐的结合才能产生美的经验,美即是阻力与平衡如此反复不已地从失调转向协调的一刹那,正是生命最剧烈的一刹那。

第五,受(undergo)与做(do)。受,环境给予人的刺激;做,人对环境的作用,两者统一于人的行动之中。这是一种相互主体性的关系即间性的关系,具有可逆性,是西方现代身体意识的重要部分。

4. 形式与内容不可分

杜威力主形式与内容不可分,两者直接混合,这由自然经验主义哲学立场决定,一切都是实践,都是行动,在实践与行动中形式与内容是不可分的。但杜威更加倾向于形式论,经验论之中起关键作用的是主体,是形式。

小结:杜威突破传统哲学与美学中艺术与生活、内容与形式、灵与肉之二分对立,以经验为纽带将其紧密联系成为哲学与美学的精彩之点;但其抹杀审美的社会性,理论自身的内在矛盾,都是其理论的缺陷所在。但杜威仍然是美国最有影响力的美学家,是改变了美国艺术思维方式的重要理论家。

三、罗蒂:新实用主义

罗蒂(1931—2007),美国著名哲学家,新实用主义代表,试图沟通英美分析哲学与欧陆现象学。罗蒂出身于自由主义者家庭,父母均为托洛斯基信仰者,从小参与左翼工会活动等。这使之追求理想文化,向往乌托邦。

1.解构性后哲学文化

彻底的反本质主义,突破杜威美是经验理论,不对美进行任何定义,认为美是教化过程,是谈话,是协同,认为一旦给美下任何定义必然走向本质主义之路。而他是反对这样做的,他的哲学就是不下定义,不做任何确定。

2.反对镜式本质

第一,摆脱镜式本质——针对传统的反映论认识论。

首先,从反映的对象来看,反映的对象并非感性形式,而是包含各种理性形式,物质性的镜子无法反映如此复杂的对象;其次,从反映器官来看,人对外界接触的器官是大脑与复杂的机体,不可能如镜子般的反映外界;其结论是反对一切本质主义,这是其哲学基本立场。

第二,批判传统认识论。

　　他认为不存在反映本质的认识活动;认识论赖以建立的身心二分是难以成立的;实用主义的贡献就在于指出了一条非认识论之路并作出示范。

　　第三,批判唯科学主义。

　　罗蒂与分析哲学之科学主义立场划清界限,认为分析哲学之科学主义仍然是笛卡尔与康德的理论体系,没有赋予哲学一种新的自我形象;而新实用主义则与传统分析哲学之准则性、客观性与超历史划清界限,力主非准则性、协同性与历史性。

　　3.后现代相对主义的实用主义

　　关于后现代相对主义的实用主义含义。它兴起于20世纪后期,继承了传统实用主义的效果至上与调和论(实用主义),但却摒弃其科学主义立场与经验论,标志着对于解构理论的吸收(后现代)和对于稳定性的摒弃,走向更大的模糊性(相对主义)。

　　解构性特点是否定权威,否定神圣性,否定对真理的垄断,否定文化独裁,否定对第一原理的探寻,否定对精神活动的等级划分,否定宣传和劝谏,否定学术权威,强调对话交流,试图建立一种新生活方式。

　　它具有兼容并包的特点。罗蒂提出著名的"走廊理论",阐释这种兼容并包特点,主要是兼容并调和科学与宗教。

　　这种理论对于协同性(调和性)的强调。罗蒂以协同性清洗传统实用主义的科学色彩,加强新实用主义的人文色彩。

　　用希望取代知识。用希望取代知识,明显具有乌托邦色彩。

　　4.教化哲学(Edification)是启迪、教诲与修养之意

　　第一,教化哲学是非主流哲学。

　　非主流性:新颖性、有趣性、成效性、反常性、谈话性、塑造新人等特点,异于常规哲学。

谈话性：使哲学成为一种保持谈话进行下去的开放性的文化批评。

治疗性：教化哲学具有非学科性与质疑性，通过谈话中的质疑与阐释（解构）治疗本质主义弊病。

第二，教化哲学沟通欧美哲学之桥梁。

它吸收伽达默尔哲学教化概念，即吸收伽达默尔的"Bildung"，即自我教育与自我形成，即为教育过程比教育结果更加重要；将之嫁接到实用主义哲学，成为沟通美欧之桥梁。

第三，教化哲学是一种文化哲学。

后现代解构论立场决定其对于学科边界的打破与对文化的重视；罗蒂自称其新实用主义是一种"后哲学文化"，反对核心学科及与之有关的制度，崇尚文化活动，诸如画展、书展、电影、音乐会、博物馆等。

他甚至主张另一种文学样本，使哲学和科学都涵盖在文学之下，文学成为新文化的主导学科，其突出作用是文学的隐喻成为改变信念的重要手段，其移情作用极好地处理了人我之间的关系。

他认为文学是美学升华的理想。他认为文学不是认识，而是美学升华的理想。艺术与科学成为自由自在的生命花朵。

这也是对哲学语言分析的继承。认为语言的描述可以发现一个前人认为不可能的自我。

小结：罗蒂的新实用主义吸收了实用主义之效果至上与调和论观点，但却从后现代解构论出发对之进行改造，他突破分析哲学之唯科学主义立场但却吸收其语言分析特点；他批判了传统西方哲学镜式本质之认识论，彻底颠覆了传统哲学；他的重要价值并不在于提供了什么新的理论，而是为我们拓展了学术的想象力与批判力,开拓了我们的视野。罗蒂被称为"实用主义的先知和诗人",对于生活满怀希望,临终前借助英国诗人瓦尔特·兰德的诗言志"我热爱自然,次是艺术,我在生命的火光中温暖双手,它缓缓退去,我也即将离去"。但其无所不在的解构立场与模糊性相对主义方法则使其在哲学与美学之中难以留下有价值的成果。

四、舒斯特曼:身体美学

舒斯特曼(1948—),犹太裔美国哲学家,先后在以色列、英国完成学位,任职美国天普大学,现任职美国佛罗里达亚特兰大大学。

1.实用主义方法的新突破

他运用新实用主义有机统一的调和方法,搭建分析与解构、美国与欧洲、东方与西方、精英与大众之间的桥梁;其具体例证即是运用有机统一方法调和分析美学单子论与解构论美学之延异;他还将欧陆现象学之阐释方法吸收进新实用主义之中。

2.对"审美经验终结论"的回应

首先是审美经验终结论的出现,在当代的审美经验终结论出现在分析美学、西方马克思主义、存在论美学、阐释学美学等各种理论之中。

舒斯特曼的回应是认为审美经验不是对于艺术与审美的定义与证明,而是一种指导与提醒,是一种非介入性的。

3.论通俗艺术

第一,运用实用主义的中间的改良的立场对通俗艺术的合法性进行辩护。

对通俗艺术审美短促性的反驳与辩护,认为在当代不存在永久满足的艺术;对通俗艺术反智性的反驳和辩护,认为通俗艺术能够通过智性努力使人受益和高兴；对通俗艺术肤浅的反驳和辩护，以摇滚乐队对时局的关怀为例说明通俗艺术是有价值的政治和人道主义目标的来源之一；对通俗艺术非原创的反驳和辩护，认为通俗艺术已经创造了电影、电视连续剧、摇滚录像片等新的艺术形式；对通俗艺术缺乏形式复杂性的反驳和辩护，认为通俗艺术已经创造了一些复杂的形式结构；对通俗艺术缺乏审美的自律性的反驳和辩护，他以美国通俗艺术的兴盛给予反驳；最后他认为，我所挑战的不是高级艺术而是高级艺术对于通俗艺术的排斥性要求。

第二，对通俗艺术娱乐性的辩护。

他认为这种对娱乐性的排斥来源于古代希腊柏拉图对于艺术的贬斥。首先，从词源学上，娱乐是一个保养自己的好方法；其次，他从实用主义美学两个基本概念入手，分析快乐与生活是亚里士多德和进化论中重要的关于快乐因素对于生活和生命的重要价值；最后，对于拉普的充分肯定。

认为拉普是审美能量的汇聚之所；认为拉普并非仅仅挑战了审美惯例而是满足了审美惯例的最重要的标准。

4. 首创身体美学

身体美学（Somasthetic），soma 为古希腊语"身体"一词，不同于 body 即"肉体"一词，强调了主观性与感知。所谓身体美学乃"对一个人的身体——作为感觉与审美欣赏及创造性的自我塑造的场所——经验和作用的批判的、改善的研究"。这是杜威"活的生物"理论的继承发展。

关于身体美学的界定：他将身体作为感性审美欣赏与创造性自我塑造的核心场所，并研究人的身体经验与应用；将身体与肉体区分；身体是最初的乐器；身体是最重要的中介，具有建构性与真实场所性等基本媒介地位。

小结:舒斯特曼的身体美学所包含的对于包括身体在内的美好生活的期许具有创新价值,但分析哲学、实用主义与实践执行三个向度的内在统一性则需要进一步论证。

第六讲　欧陆审美经验现象学美学:美与间性

一、现象学方法的提出及其重要意义

1.现象学方法的提出

19世纪与20世纪之交传统主客二分的思维模式的弊端充分暴露,科学与文化出现危机。在这种情况下,胡塞尔于1900年出版《逻辑研究》第一卷,提出现象学方法。现象学哲学分三个阶段:第一阶段,1900年现象学及其描述方法的提出;第二阶段,1910年开始提出"现象学还原""先验自我"与"主体间性"等重要概念;第三阶段,1936年出版的《欧洲科学的危机与先验现象学》提出"生活世界"概念。

关于现象学的两个基本概念:

首先是"走向事情本身"的现象学基本原理。即通过将一切实体加以"悬搁"的途径,回到认识活动最原初的"意向性",使现象在意向性中显现其本质,从而达到"本质直观"即"现象学还原"。

其次是"主体间性"(Intersubjectivity,又译相互主体性)。"主体间性"是胡氏于1931年在《笛卡尔式的沉思》的第五沉思中提出,即指意向性活动中"自我"与自我构造的一切"现象"都是同

格的,是"主体间的关系",是一种相互依存、须臾难离、相互可逆
的关系,从胡塞尔的认识论的主体间性到海德格尔的生存论主体
间性,再到伽达默尔的语言论主体间性。现象学的主体间性导致
现象学的循环,即对象与知觉的间性关系,两者互为主体性,你中
有我,我中有你,须臾难离,呈循环状态。

2.现象学的存在论转向

1927 年,海德格尔出版《存在与时间》一书,将胡氏的"现
象"代之以"存在","走向事情本身"即回到存在,而加以"悬搁"
的是"存在者",而"人"只是存在者的一种"此在"。对存在的领
悟是"此在"的存在规定,而只有人这种存在者具有自我认识
能力。

3.现象学方法所具有的划时代的突破意义

突破了古希腊以来到近代以实证科学为代表的主客对立的
认识论知识体系,开创了由认识论到存在论、由机械论到整体论、
由人类中心到非人类中心的哲学与美学新阶段。

4.现象学经验论美学的基本内涵

(1)审美对象

否定了传统美学将审美对象界定为一种实体的理论,而是将
审美对象作为意向性审美活动中的一种意识现象,通过意向性还
原在主观构成性中显现出来。审美对象成为意向性活动中的一
个过程,起关键作用的是审美知觉。审美知觉不仅具有主观构成
力,而且可以对于"不定点"加以"填补"。审美对象=审美知
觉+作品,审美对象成为一种非实体性的经验。

(2)艺术本质

否定了传统美学关于艺术本质的反映论与模仿说理论,解构
了艺术与审美的实体性本质论,从现象学的角度,将审美界定为

通过主体的欣赏与阐释,真理(即存在)由遮蔽到解蔽与澄明的显现过程,强调了主体对存在的体验与感悟,即艺术的审美经验,欣赏者在阐释中存在(真理)显现的过程即经验。

(3)艺术想象

否定了传统美学将艺术想象看作艺术与审美的最重要途径的观点,而认为想象必须建立在知觉的基础上,是审美知觉在再现阶段出现的一种意向性活动,杜夫海纳认为审美知觉分呈现(肉体)、表象(包含想象)与反思(理解)三个阶段,想象只是第二阶段的组成部分。最后导向反思和情感阶段。

(4)审美阐释学

从海氏开始将阐释学引入现象学,成为阐释学现象学,作为当代现象学美学与存在论美学的重要资源并经迦达默尔形成阐释学美学。提出"阐释本体"的重要概念,克服传统美学重文本轻接受、重作者轻读者的倾向。

二、海德格尔的存在论美学思想

1.几个基本概念

第一,存在者与存在。存在者指实体之物,存在为动词,指真理呈现的过程。传统哲学将两者混淆。

第二,此在。即存在于此,也就是指人,它是存在论的出发点,因为只有人是以对存在有所领会的方式存在,追问存在的意义,而且也只有人才生存着,生存即是人的存在,此在之生存是海氏哲学的开始之处。

第三,世界。是生存论概念,不是普通的空间概念,是依寓、逗留之意,不是空间的"在之中"。是人的存在方式,人与其他事物在时间中的在世结构,人是在世之在,是一种"此在与世界"的关系,不是主客二分,是人在世界中追寻存在之意义。

第四,时间性。是普遍的更加深刻的显示存在意义的方式,人的存在是此在在时间中对之揭示的,海氏《存在与时间》的主题即是存在的意义在于时间。时间性分为三部分:过去、现在与将来,分别对应存在的三种方式:沉沦态、抛置态与生存态。时间是此在对存在领会的视域,只有通过时间性存在才可以理解。

2.艺术是自行置入作品的真理

1935年海氏在著名的《艺术作品的本源》中提出"艺术是自行置入作品的真理"。这里的"自行置入"即是人在欣赏过程中真理逐步由遮蔽到解蔽,是一种"此在"的阐释过程;而"作品"则是欣赏者知觉构成的作品,"真理"即是存在。这里的艺术与审美都是过程,都是时间中的历史,不是任何实体,这里不是论述的物之美,而是此在的阐释过程,是人之美,人性之美,是对于工业革命本质主义与技术主义的批判与超越。

3.对于"艺术何为"的回答:人诗意地栖居在大地上

海氏认为,艺术的作用就是在"神祇"(存在)与民众(现实)之间,面对茫茫黑暗中迷失存在的大众将存在的意义传达给大众,使神性的光辉照耀大地,从而营造一个美好的精神家园。这就是一种"诗意地栖居",是对工业革命"技术地栖居"的批判与抛弃。

4.生态整体论——四方游戏说

1950年与1959年海氏明确提出"天地神人四方游戏",这里的"天"指覆盖于大地之上的日月星辰茫茫宇宙;"地"原指地球与自然,但有更加广泛的内涵;"神"指存在;"人"指此在,拓展到民族;"四方"非实数,而是指无限之关系形成的统一之形态;"游戏"

指无限自由。正是在这种四方游戏中真理得以澄明,达致美的境界。这正是生态整体论的审美境界。

5.语言观——语言是存在之家

海氏认为语言不是言说,而是道说;是"此在"之特点,其他物种没有语言,只有人有语言,通过语言去阐释世界;语言就是诗,此在通过语言即诗在神思,即自由的创造中给予存在与存在物以第一次命名。语言是存在之家。

6.时间观——美是在时间视域中对存在的领悟

时间成为《存在与时间》的重要主题;海氏认为美不是静态的,而是欣赏者阐释中逐步展开的过程,存在论必然导向阐释学;这里涉及美的永恒性问题,在海氏的时间性存在论美学中美都是在时间中展开的,不存在永恒的美。

7.海德格尔后期哲学转向的时间

(1)1930年,《论真理的本质》提出"真理的本质是自由",通过"此在"走向存在由遮蔽到澄明的解蔽;提出真理通过艺术与语言等自由地绽放。

(2)1936年,《哲学论稿》将世界与大地的争执引向神人一体。

(3)1959年,《荷尔德林的大地与天空》提出"美就是自然的解蔽";四种声音的鸣响,亦即四方游戏说。

(4)转向的标志是研究方法的改变,放弃基础存在论的哲学建构,通过语言和艺术(诗歌)得到存在的敞开。

8.后期转向的代表作《荷尔德林诗的阐释》

这是海氏试图通过"诗人的诗人"荷尔德林诗的解读阐释存在与真理的一种努力,作品是1943—1963年之间的讲演,其最重要的篇章是1959年的讲演《荷尔德林的大地与天空》一文,说明其研究方法和理论表达的转变。在这些讲演中海氏提出一系列新的论点:家园;唯有语言才有世界(语言是存在之家);诗意地栖居;美是对自然的解蔽;四方游戏;对于技术霸权的批判(技术的促逼);订造的暴力;技术的本质是集置等。

9.《荷尔德林的大地与天空》的内涵

(1)生态美学的提出——美是自然的解蔽。

(2)生态审美呈现的境域——天地神人四种声音聚集。

(3)生态审美的自由形态——"四方"不是数字,而是一种亲密性,犹如婚礼的自由游戏状态。

(4)生态美学产生的背景——现实状况是欧洲的技术和工具已经统治世界,诗歌的大地与天空已经消失;现代技术促逼人类,四种声音不再鸣响。

(5)生态美学的内涵——人类需要重新学会倾听古老的道说(希腊),重新调校人类的想法,将美重新召唤回来,找回对人性和生命的信赖。

三、伽达默尔的解释学美学(主要解决阐释与对象的视界融合即间性关系)

1.方法:现代本体论解释学(解释本体),这是一种本体论解释学,非狄尔泰的认识论解释学,是对海德格尔存在论解释学的继承发展,是一种阐释论的真理观,反符合论真理观。

2.艺术:游戏是艺术作品的存在方式及艺术的本质是由观者的再创造而存在,由此导向观者本体;象征成为艺术作品显现的方式。

3.欣赏:是一种历史性的维度,包含时间间距、视界融合与效果历史(即历史与理解相互作用的效果)。

4.美育:教化(Bildung)主体通过阐释与对话的自我塑造。同时也是对审美的国度与文化社会的教化。

四、梅洛-庞蒂的身体现象学美学

1.身体本体论

梅洛-庞蒂在海氏"此在本体论"的基础上将之发展为"身体本体论","此在"成为"身体"。身体是意向性身体即意向性所达到的身体,间性的身体;身体是人与世界的媒介物,是人的存在的基础;并由"身体现象学"推向"生命现象学"。

2.肉身间性

"肉"之概念的阐发主要在梅氏晚年在《可见与不可见》等著作中,自认为在所有的哲学著作中都没有其名,肉既不是精神,也不是实体,而是一种元素,是存在的具体象征。在身体现象学之中身体与自然的关系是一种间性的可逆的关系,也是一种整体的关系,这就是著名的触摸与被触摸双重的感觉;梅洛-庞蒂还提出著名的"身体图式",即身体某一部分在运动中其他各个部分受到影响的位置变化,是一种整一性的关系,整体性的感觉能力。而且身体与世界也是一种整体的关系,我们的身体寓于空间与时间之中;这是一种"现象身体"与"意向身体",即意向所达到的整体的身体与意向所达到的世界,这是对现象学的新发展。

3.身体语言学

在1945年的《知觉现象学》中将语言与身体紧密相连,提出言语是身体通过动作在说话,这里的身体是现象学的身体,他还揭示了言语与地域、文化及生存的关系。

4.中西哲学的融通

1960年在《符号》一书中提出西方哲学应当向印度和中国哲

学学习,并在灵感论中论述了艺术创作中的呼吸问题,它已经与中国古代阴阳相生的生命论艺术理论相融通。中西哲学—美学在生命论之中相遇。

5.身体—生命美学

梅洛-庞蒂在晚年写出非常重要的《塞尚的疑惑》,指出著名画家塞尚的疑惑是对外界评价的疑惑,也是对于自己创作选择的疑惑。梅洛-庞蒂指出塞尚的画作是根据师法自然与原初体验的原则,所谓师法自然即是师法现象学的自然,师法身体与世界可逆的自然;所谓原初体验即是未经知识与环境影响的体验。最后提出"地球根基"的重要思想,这里的地球按照身体现象学也是身体,地球根基成为身体根基,自然之外无他物,成为真正的生态哲学与生态美学。

6.《塞尚的疑惑》解读

1945年,几乎与《知觉现象学》同时,梅洛-庞蒂写作了著名的《塞尚的疑惑》这篇论文。

(1)这是一篇画论,还是一篇哲学论文? 应该说首先是一篇哲学论文,以解读塞尚之画来阐释其知觉现象学哲学思想。

(2)塞尚怀疑什么。文中写到塞尚的怀疑包含这样几个方面:第一,个人的自我怀疑。认为自己视觉有障碍,是一种病态的体质,患有神经衰弱,似乎有一种"类精神分裂症",自己的整个人生只不过是一个偶然事件。第二,外界的怀疑。外界有人否定其作品,认为其作品只不过是"烂醉的洁厕员的画"。第三,友人的怀疑。左拉认为他是"夭折的天才"。第四,在艺术史上塞尚离开了古典主义,也离开了印象派,同行画家也不能认识其作品的意义。但同时他的画作却传遍世界。这样的矛盾如何理解。

(3)该文的主要思想。

第一,艺术是一种生存的生命的表达活动。首先,梅洛-庞蒂认为艺术是一种表达活动,正如运用言语进行命名,将那些模糊显现的本质作为可认知的对象置于我们面前,海氏在《荷尔德林诗的阐释》中也将诗人的"道说"称作"命名",说明两者共同借助艺术阐释哲学思想的理论诉求;其次,关于表达的内容,他认为就是那些显现的对象,是"完整的绝对完满的风景",是画家与风景一起"萌生"的结果,这种"萌生"是一种知觉与对象的"间性";再次,表达的方式,他认为这是一种在统觉中以知觉的方式作画,既不是模仿,也不是制作,而是以画家的方式书写尚未被画出的东西,印证了知觉现象学在艺术创作中的作用;最后,关于表达的地位,他认为表达之前别无一物,也就是所谓审美知觉先行,表达就是说出第一句话,是生命自由的阐释自身,是不断重新开始的生存的诗。

第二,画家想要画的是原初世界给予人的初始自然。他说,我们尝试一片自然,我们靠它而生存。首先,他认为这里的初始自然突破了传统的透视法,悬搁了一切现实景象,悬搁了一切人造环境中形成的习惯,几乎是回到洪荒时代的世界景象,所谓"风景里没有风,阿奈西湖水波浪不兴,冻结的诸物仿佛鸿蒙之初犹豫未定";其次,他试图将自然与艺术结合起来,追求两者之间的"间性",一种"人化的统觉",是"被感知的事物的自发秩序与人类的种种观念与科学秩序之间"的世界,也是一种"间性的世界";最后,他认为这是一种现存人性之下的自然,有别于只有猴子才能创作的写实画自然风景,因为动物不懂得真正地注视事物(真理),只有人才能创作一种为求得真理而沉浸于其中的自然风景。总之,这里的初始自然是一种经

过悬搁的由现象学知觉所构建的呈现存在（真理）的准主体的
自然，是自然与人的间性，所以梅洛-庞蒂说，艺术是"被添加
到自然之上的人"。

第三，画家凭借的是原初知觉。首先，他认为这种原初知觉
不是各种感官的区分，而是各种感官的结合，是统一的整体，是作
为感官材料辐射的中心一下子呈现出来；其次，我们看见物体的
深度、光滑、柔软、坚硬，甚至是气味，每一笔都要包含空气、光线、
物体、平面、特征、构图和风格，在这里灵魂和身体、思想和视觉是
无法区分的，是身体各种感官（即肉身）的整体介入，具有准客体
性质，也是一种"间性"关系；最后，他认为只要坚持这种"原初的
知觉"就能保证事物的完满性（即美），再现巴尔扎克《驴皮记》中
所描写的景象："桌上洁白得像一层新落下的雪，桌上对称地摆着
餐具，餐具上堆放着金黄色的小面包。"

总之，《塞尚的疑惑》是梅洛-庞蒂对于表达自己的知觉现象
学思想的一种新的尝试，是一种类似于海德格尔《荷尔德林诗的
阐释》的作品。

五、杜夫海纳的审美经验现象学

杜氏 1953 年出版的《审美经验现象学》是现象学美学领域出
现的唯一最全面、最完善的著作。

（1）现象学美学方法——从对象与知觉的"相互主体间性"的
关系中研究审美，是一种意识的构成性的方法，成为美学研究的
基本方法，一切都是间性的、可逆的。

（2）审美对象是审美知觉加作品。

（3）审美对象的准主体性质——包含构成它的主体的主体
性，对象与主体互为主体。

(4)审美知觉是审美对象的存在方式,具有一种构成性,同时又具有对象性(即准客体性)。还是知觉与对象的间性关系,知觉具有主导的构成作用,例如只有受过训练的知觉器官(耳朵)才具有欣赏艺术的能力。

(5)审美情感是沟通对象与知觉的最基本的途径,是主体与审美中最深的东西。

(6)对象与知觉最终统一于存在。这就赋予审美经验以本体的意义。

第七讲　后现代解构论美学:
美与解构

一、背景

1.后现代状况

20世纪中期以后以信息技术、知识经济与大众文化为标志的经济文化状况,是对于现代性的反思与超越,是对统一性的否定,对歧见与差异的开发。

2.反本质主义

对于西方现代本质主义哲学观的反拨。在本体论上,反对认识本体论,走向多元本体与本体的滑动;在真理观上,反对符合论真理观,主张揭示论真理观;在价值论上,反对核心价值,力主价值多元;在方法论上,反对科学实证方法,力主阐释的方法。此外,还包含去中心、文学的扩界,以及大众文化、消费文化、视觉文化与网络文化等丰富内涵。

3. 知识考古学

福柯倡导的一种解构论方法,即从人们不注意的知识缝隙中发掘历史新内涵的方法,是一种对于正统知识与历史的解构。

二、德里达的解构哲学与美学

德里达(1930—2004)出生于法属阿尔及利亚犹太家庭。1942 年法国曾经宣布停止法属阿尔及利亚犹太人公民资格,德里达为此辍学两年,德里达一直有着外来人与边缘人的感受,并伴随终生。他深受犹太文化影响,保留犹太人名字(爱利)。他的导师是阿尔都塞,他的研究方向是哲学史,深受胡塞尔影响。

1. 德里达的解构三部曲与耶鲁四人帮的形成

德里达于 1966 年在美国霍普金斯大学召开的"批评语言和人文科学国际座谈会"上发表《人文科学话语中的结构、符号和游戏》的重要学术演讲,一举成名,该演讲被称为当代解构理论的奠基之作。1967 年出版了《论文字学》《书写与差异》与《言语与现象》,被称为"解构三部曲"。他从 20 世纪 70 年代起定期赴美讲学,特别是耶鲁大学每年都邀请德里达访学和主持学术研讨会,逐步形成"耶鲁四人帮",即保尔·德曼、希利斯·米勒、哈罗德·布鲁姆、杰弗里·哈特曼。

2. 结构主义和后结构主义

结构主义的出现是试图通过人类学中"亲属结构"的发现摆脱传统形而上学的"种族中心"与"欧洲中心",重新认识所谓"野蛮人"的智慧与边缘社会的价值,但仍然没有摆脱对于中心的诉求,仍然需要进一步解构,所以德里达的解构论是结构主义的新发展,或者说是一种后结构主义。

3. 解构

解构是相对于结构的二元对立的稳定性而言的,但不是颠覆,而是反对一切形式的中心,消解一切本质主义的思维方式;是对一切本体论的批判,对一切在场的形而上学的超越;也是对一切逻各斯中心主义的反对。解构的方法是从传统中寻找自身解构的因素,将之扩展,达到拆解这一理论体系的目的,亦即以子之矛攻子之盾。如《论文字学》中,在语音与文字之中,将作为替补的文字扩展,代替语音。

4. 延异

延异(ladifférance),德里达自造的词,是区分与推迟的结合。他认为,一个词的意义不仅像索绪尔所言取决于它与其他词的差别,而且取决于这个词在时间的延异中与其他词的交叉、贯穿,使其意义的出现推迟并具有模糊性、多义性、边缘性,这就是"能指的滑动",就是延异。

所谓撒播则是延异的一种方向,是解构后语言摆脱了控制的自由游戏的状态,犹如在自然中撒播种子,也指意义的消解,所指的自由滑动。

5. 作为解构的批评方法——替补

作为一种新的解构逻辑(文字替补语音),这里的替补是一种以子之矛攻子之盾的内部拆解的方法。

例一,《爱弥儿》以文化替补并解构自然;

例二,《斐德若篇》以毒药替补并解构良药;

例三,《给予时间:假币》(波德莱尔《恶之花·假币》)以假币解构并替补真币(无赠予但却可帮助);

例四,《忏悔录》中以情欲替补并解构母爱。

6.关于美学与文学的思想

第一,反对一切文学本质。

反对文学本质论,但不反对探寻文学是什么,将文学归为经验。

第二,《论文字学》是解构哲学与文学的经典。

在这里,文字成为一切语言现象的基础,方法是通过寻找文本内部的替补,取代语音,成为正宗。该书成为德里达哲学与文学思想之范本,其经典途径则为"替补"。

第三,阅读理论。

德里达认为,阅读即辨认言语的延异,就是对痕迹的追寻,也就是解构。要求从文本的细读入手,分析其内部存在的内部矛盾,然后通过替补的途径加以解构。

7.德里达与中国

解构论哲学与中国文化有诸多相似之处:中国汉字对于德里达以文字解构语音理论有助力,汉字是靠字而不是靠音发挥功能,证明了文字的优越性,而且中国汉字不仅表意而且表音,两者融为一体;中国文化的"言意之辩",所谓"立像尽意""言外之意""只可意会不可言传"等,与德里达的"延异"相通;文心雕龙的"通变"也与"延异"相通。1999年德里达访问中国,更加促进了他与中国文化学术的交流互动。

三、福柯的生存论美学

福柯(1926—1984)是法国最具影响力的哲学家,学问独特,前期主要研究疯狂、疾病、犯罪与性,后期主要研究生存美学。

1.知识考古学(传统知识之外的一种知识本源的探索)

分析局部话语的方法,通过对于片段性、断裂性、边缘性话语的分析,以微小叙事反抗现代性宏大叙事,以局部性与边缘性对总体性与中心性进行颠覆。也就是对理性、主体性等传统知识结构本原进行更加深入的知识探寻,在合理性中发掘不合理性,在必然性中发掘偶然性,在历史发展中发掘断裂。可见,福柯的知识考古学就是在传统知识论之外对于不合理性、偶然性与断裂性进行探讨。

2. 系谱学

一般系谱学是对于价值源头的探寻,如尼采的《道德系谱学》。福柯的系谱学则是在前期知识考古学的基础上发展起来的话语理论,主要考察道德的非形而上学起源,是对话语背后的社会机制和权力关系的更加深入的发掘。福柯在《力量/知识》一书中提出所谓系谱学即是"微观物理学","政治解剖学的结果和工具","它的参照点不是语言和符号的模式,而是战争、战役的模式",这里的战争是指身体的强力与外在的政治力量的权力的较量,这种身体内的微观战争是宏观社会组织与经济关系的基础。系谱学正是在身体内微观战争的基础上,从微观的角度,从人的身体内部看待现代惩罚制度的影响,如何由前资本主义对身体的直接奴役到现代资本主义经济从身体内部进行抽取而为生产性服务,通过规训从内部控制身体,把一切力量灌注到身体之内。虽然这是通过语言进行的纪律与规训的约束、技术培训和知识教育,但其结果不亚于战争对于身体的摧残。这里涉及福柯对于话语与权力的特殊理解。他认为所谓话语不是什么文本,而是人的实践活动,影响话语的根本因素是权力,统治者通过话语与权力两者的结合来控制社会。福柯通过对知识和权力的分析和发掘来剖析资本主义社会及其知识体系的弊端,进行其对社会文化的大规模解构,影响到文化和社会生活的方方面面。

3.人的终结

其一,人其实是工业革命的产物。18世纪之前人并不存在。文艺复兴时期,词与物未分;古典时期,人不包括在自然科学知识之中;只在19世纪的现代,人才成为知识的对象,人是19世纪的产物。他认为文艺复兴时期是1500—1600年,哲学形式为神学;古典时期为1600—1800年,哲学形式为理性主义;现代时期为1800—1950年,哲学形式为人类中心主义;当代为1950年至今,知识形式为反人类中心,哲学形式为解构论。

其二,人的终结,人类中心主义的终结。人是近期的发明并接近其终点。从结构主义开始运用人类学摆脱人类中心,其后福柯运用知识考古学的解构的方法将人类中心这个词颠覆,代之以非人类中心,将人从人类中心论中解放出来。这是一种后现代的人文思想。人的概念是人自己创造的,也必将由人自己使之退出历史舞台,人在历史上出现,也必从历史上消失。

4.生存美学

其一,福柯借助系谱学方法,在古代对于性快感的质疑中,在权力与强力的斗争中提出生存美学。这是一种个体的美学、身体的美学、自我的美学。有作者认为,这也是一种贵族美学。

其二,生存艺术。生存美学的必有之意,要求自觉设定人的行为准则,改变自身,变换单一的存在模式,使自己的生活变成一个具有美学价值、符合某种风格准则的艺术品。

其三,关注自我,这是性经验史与生存美学的核心命题,是一种哲学律令。人的存在被界定为是一种负有关注自我使命的存在,这是人与其他生物的根本区别。关注自我不是泛泛的态度和零散的注意力而是指整套的事务,包括艰苦的劳动、训练、养生、社会实践、医学的思想与实践,特别是认识自我。

5.身体美学

这是性经验史的重要内容之一,是人用以解决对于不朽的追求与可朽的肉体的矛盾的途径中得到启示,即获得快感的器官、快感自身与欲望三要素,成为福柯身体美学的三要素。

6.构成性的作者理论

福柯在作者理论中在客观论(反映论)与主观论(意向性)之外提出构成性理论,认为作者是话语的一种功能,是法律与惯例体系的产物,是一种复杂的、建构出我们称之为作者的理性存在与一个真实的个体形象。

第八讲　20 世纪英美分析美学:美与分析

一、导论

1.分析哲学

要了解分析美学,首先要了解分析哲学。分析哲学是 20 世纪哲学危机背景下为寻求哲学的新出路而产生的以语言分析作为哲学方法的当代哲学流派,是一场反对语言蛊惑的战斗,成为一种治疗性的哲学,通过对于语言误解的纠正来消除哲学问题、匡正思维模式,把形式分析或逻辑分析作为哲学固有的方法。其特点是重视语言在哲学中的作用,忽视哲学的世界观与价值观意义;重视分析方法,忽视综合方法;重视哲学研究的科学性与精确性,忽视哲学研究的基础性与社会性。

2.分析美学

分析美学是分析哲学的组成部分,旨在分析、解构传统美学的基本命题,并在分析的过程中阐释美、审美与艺术。有学者认为,分析美学不是以传统美学学科的美、审美与艺术为研究对象,而是以研究传统美学学科中对于美、审美与艺术的界定之用语正确与否为研究对象,因而是一种"后美学",或是研究美学的美学。这种"后美学"是一种开放的美学,在这种"后美学"之中,美、审美与艺术都不是稳定的,而是在一定语境中变动不居的。分析美学将科学认知作为其学术追求,它尽管是一个缺乏综合的美学,但其实还将审美的共同性归为科学认知主义,因而一般将之归结为科学主义美学。分析美学的一个特点是,它是一种反本质主义的美学,反对一切美的实体,只看到审美的美学与活动,所以也是一种只强调过程与活动的美学。当然,它也是一种描述的美学,只有描述,没有论证。它还是科学认知主义的美学,最后归结为某种知识,并以此为依托。分析美学的方法是分析,以知识为依据分析审美的艺术的过程与活动,我们目前总结为初期的语言分析、中期的符号分析和后期的环境模式分析。

二、维特根斯坦

维特根斯坦(1889—1951)出生于奥地利维也纳,本科专业是空气动力学,并开始反思数学的哲学基础问题,"一战"被俘期间完成哲学名著《逻辑哲学论》。1945—1959年完成《哲学研究》,从逻辑哲学论的"语言界限"(图像学)转向晚期的"语言使用"(语言游戏)。其主要美学思想被辑录在《美学、心理学和宗教信仰的演讲与对话集》(1938—1946),是维氏在剑桥住所向其六位学生口授的成果,俗称"剑桥演讲录"。维氏是当代英美分析哲学之根(海氏是欧陆思辨哲学之根)。李泽厚认为,当代最时髦的后现代主义理论一部分是由维氏衍生出来的。

1. 方法

由对于本质分析的批判到语言分析,不是探寻某种本质,而是在语言游戏(使用)中探寻把握美学、审美与艺术的某种途径或方法。维氏认为,语言游戏是语言与行动交织在一起的整体,呈现为语言的活动性、言语行为。他认为,哲学不是一种理论,而是一种活动。维氏的美学不是理论的美学而是活动的美学,是类似法庭辩论的对于事件情景的厘清,这就是分析美学著名的"语境"论。

2. 美学

维氏否定美学作为名词与美的科学,"美的"与"好的"是形容词;他认为,美学与伦理学是不可言传的、超验的,包含某种神秘主义色彩;他还认为,美学所要做的就是找出艺术中语言使用的理由及美学研究的描述方法。描述是人文学科的方法,是回到事情本身(即回到语言分析本身),是对于特定语境中某种审美反应的具体描述,"美在哪里"就像"好吃在哪里"一样只能描述,难以给出某种科学化的规则。他认为在具体艺术欣赏中使用最多的不是"美的"与"可爱的",而是与具体艺术有关的"对的"和"正确的",诸如音乐的过渡与协调准确与否等,美学所要做的事情就是给出具体艺术处理的理由,就是描述它们的用法,描述一种文化。

3. 审美

不同文化背景下的语言游戏及语言使用的自由状态,是差异性与规则性(不会和声就没有好的耳朵)的统一。一种审美经验的具体性。他认为,审美还是描述,为了说清审美,就必须得运用语词描述生活方式,诸如手势、行为与整个的情景等。

4. 艺术

家族类似(family resemblances):由语言游戏形成的一种十

分模糊的艺术共同性,即家族类似与工具箱。他说,尽管不能看
到对于所有一切而言的共同的东西,但是却可以看到一些类似关
系,亲缘关系以及诸如此类的关系,以此解构传统形而上学种属
方法对于抽象共相的信赖。维氏认为"我不能想出较之家族相式
这种相似性更好的表现","游戏形成了一个家族";与此同时,他
还用了工具箱这样的比喻,他说在工具箱之中"所有的东西都不
是偶然地被装在一起的——但是在不同的工具之间却有着重要
区分"。

三、古德曼

古德曼(1906—1998),当代美国著名的美学家、哲学家、艺术
鉴赏家、收藏家与创作家。1906年出生于美国马萨诸塞州,哈佛
大学毕业,1929年至1940年经营波士顿古德曼美术馆。他还在
哈佛创建著名的"零点计划",从事艺术教育的跨学科研究,培养
了多元智能教育的倡导者,如霍华德·加德纳这样的教育家。他
积极参与艺术实践,创造了新的媒体艺术。他属于典型的后现代
哲学家与美学家。他的《艺术的语言》被誉为同杜威《艺术即经
验》齐名的两部20世纪美国最重要的美学论著。古德曼认为世
界是一个符号的世界,《艺术的语言》的副标题就是"通往符号理
论的道路",这里的语言即是"符号"。他将世界分为记谱系
统——最精确的符号系统;一般日常语言系统——语义上具有密
度,给解释留下空间;艺术语言系统——在句法与语义上均有密
度,留下最大解释空间,其基本特征就是审美征候。

1. 方法

符号分析的指谓分析即是意义分析方法。卡西尔认为,所有
能为知觉揭示出意义的一切现象都是符号。古德曼认为,《艺术

的语言》一书就是一本符号分析的书，不是艺术定义的书，不是艺术本体的书，而是艺术作品本体的书，是 20 世纪分析美学中的重要话题，是建立在反对传统美学理论立场上的。他认为，审美不是传统的直觉、愉快、想象与移情，而是对于艺术符号表达方式的识别，是一种对于何种情况下成为艺术品的分析，这是一种科学认识的领域。

第一，对于符号感情色彩的分析。通过隐喻使符号带上感情色彩，是一种格式塔的异质同构，例如彼得·基维的情感认知主义。

第二，对于真品与赝品的分析。从知识、训练、经验与审美感知的不同角度分析两者的关系与优劣。

2. 艺术

艺术即符号分析。无论是再现、描述或表现、例示都包含意义，前者是直接指向事物，意义是直接的；后者的意义是间接的，属于隐喻；对于图像（符号）的分析和解读最关键的是文化与训练，而不是欧洲古典的透视法。关于风格，否定了传统的风格即人的定义，认为风格是符号功能言说、例示与表现的特征，仍然包含意义。风格的分析即是符号的分析，也就是意义的分析。

3. 艺术品的审美征候

这不是一种艺术本体论的研究方法，而是艺术品本体论研究方法，是对于何种情况下成为艺术品的研究。也不是本质的探寻，而是符号作用的征候探寻，而征候是一种氛围、创造与过程。包含五种征候：句法密度、语义密度、饱满度、例示、多元复杂指标，包含以上五种或两种以上的即可成为艺术品。这里涉及密度即模糊性，成为审美性的标志，而非密度与清晰度是非审美性的标志。在后来的《何为艺术？》一文中，古德曼又增加多重和复杂的指称这一征候。当然，征候只是作品在使用时作为符号呈现的氛围与过程,没有实体性。例如,一幅画家的画像在用作遮挡窗户时起不到符号作用,就不是艺术,不具有审美价值;这幅画如果仅仅是逼真的画像,再现了某人或画家,也不具有符号作用,不是艺术品;只有这幅画具有颜色、构图与笔触的特性,呈现了某种意义,起到符号隐喻的例示作用,才具有了审美征候,从而成为艺术品。

4.审美认知

科学与认知的联系,情感与认知的联系(隐喻是中介)。这里古德曼重视艺术作品本身作为符号的审美征候的呈现,而忽视了真正的艺术感受,这是一种对于真正审美的脱离,将科学性代替了审美性。

四、卡尔松

卡尔松(1943—),加拿大阿尔伯塔大学哲学系教授,环境美学的创立者与主要代表人物之一,是英美从分析哲学立场进行环境审美分析的最重要理论家。他最具代表性的论著是1979年发表的《欣赏与自然环境》一文,标志着其环境美学的正式成立,在本文中卡尔松否定了传统的从艺术美学出发的自然环境欣赏模式——对象模式与景观模式,认为这仍然是艺术的欣赏模式,是传统自然美学的特点与弊端所在。为此,他提出"环境是自然的,自然是环境的"以及自然环境是"居所"的欣赏原则,并建立环境欣赏模式,标志着新自然美学即环境美学的建立。这解决了自然审美中欣赏什么与如何欣赏的问题,同时也确立了"知识促成了欣赏的恰当界线"的科学认知主义基础。需要说明的是,目前世界美学格局中包括艺术哲学的美学、生态环境的美学与日常生活的美学,生态环境的美学已经占据三分之一的位置。而说到环境美学，必须说到英国美学家赫伯恩，他于 1966 年发表著名的《当代美学及其对自然美的遗忘》一文，指出艺术美学的分离式审美隔离了自然环境美学的融入式审美，使分析美学之中第一次出现自然环境审美这样一种新的审美形态，催生了环境美学的诞生。但真正的环境美学的出现还是卡尔松于 1979 年发表的《欣赏与自然环境》一文，成为环境美学成熟的标志。目前我国对于环境美学与卡尔松的研究已经比较多，但从美学史的角度将之作为分析美学之第三阶段进行分析还没有，我们就是从这样的视角研究卡尔松的环境美学。他的环境美学的主要特点就是分析（即区分），在区分中把握其根本特点。而他的环境美学最后归结为科学认知论美学，所以总体上学术界将之看作认识论美学，与我国老一代美学家蔡仪的所谓"客观论美学"有相似之处。

1. 环境分析模式的理论原则

卡尔松提出著名的环境美学原则：环境是自然的，自然是环境的。这里"环境是自然的"，是指如何欣赏环境，要求对于环境不能像对于艺术那样保持距离的欣赏，而是应该如自然那样全身心融入的欣赏。"自然是环境的"，是指欣赏什么，认为环境模式所欣赏的既非形式主义的对象，亦非如画的风景，而是边界模糊的环境。关于环境，卡尔松认为环境是居所，也是周遭物。

2. 自然环境欣赏模式分析

三种自然环境审美模式分析。对象模式、景观模式和环境模式（自然是环境，是居所），卡尔松取环境模式，认为环境模式是最恰当的模式。

3. 分离与联系两种模式的分析

卡尔松认为有传统美学的艺术与自然分离模式与环境美学的环境与自然联系的模式。他赞成自然联系模式。

4.认知与参与两种模式的分析

前者是分析美学出发点,后者则是欧陆现象学美学出发点,以柏林特为代表,也是环境美学的重要一支。卡尔松是持认知模式的。但最后走向两者的结合。

5.日常美学模式分析

卡尔松认为,日常生活模式是环境模式之一。环境模式包含自然环境模式、人类影响环境模式与人类环境模式。前两种为纯自然环境与人类影响过的自然环境,后者则为人类建造的环境,谓之人类环境模式,包括建筑、园林、农业、工业与城市等。在这些人类环境中,卡尔松以其特有的环境美学视野给予审美的评价。

第一,建筑。他反对将建筑称作凝固的音乐,反对以区分性的艺术品的眼光来审视建筑,而应以"生态学方法"将建筑看作人类的居所,以栖息地与生活空间的视角来对建筑进行审美。而建筑又有居住者与观光者的差异,前者是内在地居住于生存之地,后者则是景观的欣赏。

第二,农业。卡尔松改变传统社会对于农业的田园风光式的欣赏,而是从"形式服从功能"的角度,肯定了现代农业经济的生产功能及与之相关的外观整洁、清晰、整齐、精巧与效率等。

第三,园林。他指出了园林的"艺术作为自然"的法国模式,"自然作为艺术"的英国模式,而特别肯定了"自然与艺术统一"的日本模式。

6.理论根基:科学认知主义

他的立场是,对特定认知资源的依赖至为关键(使之成为恰当的审美欣赏),这些资源既源于自然科学使之成为恰当的审美欣赏,也源于社会科学,特别是历史学、地理学与人类学。

科学认知主义与环境审美的客观性。客观性成为其环境美学的理论基石之一。他认为科学知识是"独立的真理",因而环境审美能够"如其本然"地客观欣赏。

科学认知主义与"自然全美之肯定美学"。他认为,科学知识的正确性能够使人发现自然之善,科学的进步能够使人进一步了解自然的美丽与奥妙。但他又认为肯定美学(自然全美)的合理性没有完全解决,其准确性并不很清楚。

走向科学认知主义与非认知主义的综合。他认为这是环境美学最成功的发展道路。

7. 争论

第一,分析美学与现象学美学之争:环境美学是审美的还是认知的。第二,中西之争:生态与环境之争。

8. 局限

第一,作为认识论美学将复杂的感情活动简单化;第二,导致对于科学的盲目崇拜;第三,科学进步论必将导致对于东方美学特别是中国古代美学的轻视甚至忽略,按照卡尔松的观点,中国古代艺术与美学成为不恰当的审美,这显然是错误的,从而走向欧洲中心论。

导　言

　　本书是在"西方美学范畴研究"课程讲稿的基础上整理而成的。该课程是继本科、硕士课程之后的博士课程,是在学习西方美学史之后对于西方美学认识、研究的进一步提高。如果说历史基本上是一种史实的呈现,那么,范畴就是对于这种呈现的各个阶段的一种思想的总结。列宁说,范畴是思想之网上的"纽结"。黑格尔说:"纯化这些范畴,从而在它们中把精神提高到自由与真理乃是更高的逻辑事业。"①本书就是一种"纯化"的工作,试图在历史的视域中提升、总结每个大的历史阶段西方美学的理论范畴,借此进一步把握西方美学的发展规律及其重要价值。有学者曾指出,美学理论的学习实际上就是美学史的学习。因为,任何理论都不是孤立而抽象的,都是在历史中出现、发展和转型。本书试图在历史的发展中阐述西方美学的八个重要理论范畴,并以有关理论家的原著作为理论产生的根据。

一、教　学　要　求

　　1. 在原有基础上对西方美学的范畴与体系有更深入的了解
　　第一,在广度上,从中西、古今比较的不同角度对西方美学进

①[德]黑格尔:《逻辑学》上,杨一之译,商务印书馆1977年版,第15页。

行深入探讨；

第二,在深度上,从学术史的角度对西方美学的难点与发展线索进行更加深入的研究；

第三,在新的视角上,对西方美学进行社会的、审美的、生态的等多视角的解读,着重对西方美学的现代转型与若干热点难点进行重点研究；

第四,在当代视域中,着重发掘西方美学在中国当代美学建设中的现实意义与价值。

2.要求尽可能地多读一些书

包括对原著的补读与深读,对各种西方美学史与文论史的研读,对各种研究论文的研读,对有关文化史的研读,等等。特别要求认真深读经典。

3.教学方式

以自学为主,写读书笔记与学习体会,然后以讨论为主,适当总结。作业有六七次。教学进度大约每两周一次课,包括讨论与讲授。

二、关于西方美学的分期

1.古典美学的分期

对于西方古典美学,学术界比较明确地将之分为古代希腊罗马、文艺复兴、启蒙运动与德国古典几个时期。

2.现代美学的分期

西方现代美学分期比较复杂,学界主要有四种观点:一是从哲学的角度,认为从1831年黑格尔逝世后即开始进入现代美学发展时期；二是从经济发展的角度,认为从20世纪开始进入现代

美学发展时期；三是从政治的角度，认为从 1917 年十月革命开始
进入现代美学发展时期；第四种观点是目前多数美学家的意见，
认为从 1831 年开始至 19 世纪末为西方美学由古代到现代的过
渡时期，从 20 世纪初开始为现代美学的发展时期。而进入 20 世
纪之后这 100 多年来的西方美学的发展又可分为 20 世纪头 30 年
的发展期、30—50 年代的形成期、60 年代之后的"后现代时期"。
对于"后现代"，又有现代之后、现代后期与对现代的反思等不同
理解，内容上也有解构与建构之分，目前学界对"后现代问题"仍
旧讨论热烈。

三、西方美学的流派

1.西方古典美学的流派

关于西方古典美学的流派的划分，与哲学的划分相同，大体
从启蒙主义开始分为大陆理性主义美学与英国经验主义美学。
当然，还可以从时间的角度分为古典美学与现代美学。在古典美
学发展之中始终贯穿着感性与理性以及古典与现代的矛盾，德国
古典美学试图将两者统一，提出古代希腊美作为西方古典美"顶
峰"的理论，走向西方古典美学的总结与终极。

2.现代美学的流派

关于现代美学的流派，李泽厚在 1964 年提出内容与形式二
分法，朱狄在 20 世纪 80 年代初提出科学与分析两分法。目前，
多数美学家主张科学与人文两分法，也就是欧陆人文主义哲学美
学与英美经验主义与分析哲学美学两分法。前期偏重人文，后期
偏重科学，目前是以人文为主的两者统一，始终贯穿科学与人文
的矛盾，表现为遮蔽与澄明、大地与世界的矛盾，最后走向两者的

统一,"天地神人"四方游戏。

四、西方美学的研究方法

1.逻辑的方法

黑格尔所使用的方法,以"美是理念的感性显现"为逻辑起点,从逻辑与历史的两个维度加以论述。应该说,这是一种社会科学的研究方法,不太适合作为人文学科的美学。所以,我们看到黑格尔的《美学》中存在着以历史迁就逻辑、以艺术史实迁就理论的现象。

2.历史的方法

鲍桑葵的《美学》运用了历史突破逻辑的方法,将审美意识引入美学研究,不是仅凭美学家的理论观点。这是一种对黑格尔美学的改造。

3.理论与历史结合的方法

我们主张运用理论与历史结合的方法,坚持"论从史出"的原则,将理论与历史相结合。

4.坚持以马克思人学理论为指导,坚持美学作为人文学科的特点而从审美经验出发的研究方法

总结近半个世纪美学研究的经验,人学的研究方法是一种贴近美学人文学科本性的方法,效果较好。

五、对于西方美学的评价

对于西方古典美学的评价,马克思主义经典理论家都有定评,比较容易把握,并已取得基本一致的意见。但对于西方现代

美学的评价,则比较复杂:

第一,对西方现代美学目前有肯定论、否定论与分析论三种评价。分析论之中又有总体肯定与总体否定两种观点。我们主张有分析的、适度总体肯定的观点。正如有学者所言,西方现代美学对于传统美学的超越与推进是美学学科的历史进步。

第二,西方现代美学具有四个并存的特点,即意识形态上的局限性与社会文化哲学发展的前瞻性并存、哲学与政治上的错误与对于审美与艺术规律的揭示并存、腐朽与进步并存、文化的发展与精神的空虚并存。

第三,我们的基本态度是坚持马克思主义的历史唯物主义原则,将一切美学现象放到社会历史经济的发展中进行实事求是的分析评价。

第四,坚持"批判地继承"与"洋为中用"的原则,吸收其精华,剔除其糟粕,力求避免"以西释中"。

六、西方美学研究的理论立足点
——马克思人学理论指导的审美经验理论

我们在中国当下语境下研究西方美学,首先涉及实践美学。它是我国当代马克思主义美学研究最重要的成果,具有历史的先进性与一定的合理性,但也有着时代的历史的局限:其一,理论过于泛化,因为"实践"是一切人类活动的特点,无论如何论述都难以特指美与审美;其二,同艺术的起源不完全相符,许多艺术活动与古代巫术有关,并非都是生产实践;其三,无法解答自然美,特别是未经实践的荒漠等自然现象,而且自然美问题上有关"自然的人化"的观点具有明显人类中心主义倾向;其四,混淆了审美与认识的关系,将审美局限于认识领域,在思维方式上还是主客二分的。当然,实践美学所依据的理论资源主要还是德国古典美学,特别是康德美学,这些理论成果尽管具有很强的学术与理论价值,但毕竟已经成为历史的形态,缺乏更加强烈的现代性。

再就是"后实践美学"。它是新时期的可贵探索,但也有明显局限:完全否定实践美学的唯物主义实践论的理论前提;非理性化倾向严重;理论资源基本上是西方现代生命论美学。

我们的理论立场是坚持马克思主义唯物史观的指导,运用实践存在论的审美经验现象学。以马克思主义唯物史观作为理论前提,不能动摇;采取古今中外兼收并蓄的方法;坚持美学作为人文学科的基本特点,贯穿人文学科价值判断立场;坚持以具有社会共通性的个人的审美经验为研究的出发点,以克服主客二分的现象学作为美学研究的重要方法,但不排斥社会的、历史的等方法。

我们的目标是继承古典美学,走出古典美学,建设现代美学。长期以来,由于种种原因,我国美学领域受西方古典美学影响深远。中华人民共和国成立后受别林斯基、车尔尼雪夫斯基、杜勃罗留波夫与苏联美学影响;新时期开始受德国古典美学,特别是康德美学影响。目前我们已经进入现代与后现代社会,经济社会文化发生了巨大变化。因此,必须继承古典,走出古典,走向现代。这是美学建设的重任。

七、授课内容

本课程除了导言外,由八个部分构成,也就是论述了八个历史阶段的西方美学范畴。古代希腊的和谐论美学,其基本范畴为"美与和谐";中世纪的神学美学,其基本范畴为"美与神性";德国古典美学,其基本范畴为"美与自由"。这是西方古典美学的三个主要时期及其基本范畴。现代西方美学主要论述了 19 世纪后期至 20 世纪初期的生命论美学,其基本范畴为"美与生命";美国实用主义美学,其基本范畴为"美与实用";欧陆现象学经验论美学,其基本范畴为"美与间性";后现代解构论美学,其基本范畴为"美与解构";英美分析美学,其基本范畴为"美与分析"。我们的论述不是单纯地就范畴而论范畴,而是尽力在历史的境域中论述,尽力阐述有关范畴生成的历史与理论背景及其贡献与局限。当然,这种论述不免有所遗漏,期待在以后的教学与科研中不断弥补。

　　本书的写作历经了 20 年的漫长历程。起初是与参与博士课程的同学一同阅读与理解西方美学原著,学习内容不断有所调整,直到形成本书的基本格局。其中有些重要内容如西方马克思主义与符号论美学尽管非常重要,但同一学期的学习时间毕竟有限,因而只好搁置,没有纳入本书。这是一个重要缺陷。由于本书的写作与教学同步,其中吸收了选课同学的一些意见,在此谨致谢意。本书的成书过程还要感谢我目前的三位学生张文、张晓东和李莉的帮助和校阅。感谢我的助手祁海文教授的工作。西方美学的博士课程的教学经历了我人生中从中年到老年的学术历程。目前,由于体力、精力有限,难以长时间阅读和写作,所以影响了写作水平的提高和内容的完善。敬请学术界同行,特别是青年朋友多加批评指正。

曾繁仁

2016 年 9 月 2 日

第一讲　古代希腊美学：
美与和谐

　　古希腊是公元前 800 年至公元前 146 年(历时约 650 年)那段时间内位于欧洲南部、地中海东北部、巴尔干半岛西部、爱琴海诸岛及小亚细亚西岸一群奴隶制城邦的总称。本讲主要研究古希腊时期的"和谐论"美学思想。

一、希腊古典和谐美及其理论地位

　　希腊古典和谐美,包括理论与艺术两个部分。它在人类美学史、艺术史,乃至整个历史上都具有极高的地位,这是毋庸置疑的。希腊古典和谐美是人类历史上的光辉篇章,是人类童年的伟大创造,同时也是人类引以为自豪的永恒骄傲。黑格尔认为,古代希腊"这个民族值得我们尊敬,因为他们创造出一种具有最高度生命力的艺术"①。古希腊是西方文明的摇篮。黑格尔说,在欧洲人心中一提到古希腊这几个字,"自然会引起一种家园之感"②。对于古

①〔德〕黑格尔:《美学》第 2 卷,朱光潜译,商务印书馆 2009 年版,第 169 页。
②〔德〕黑格尔:《哲学史讲演录》第 1 卷,贺麟、王太庆译,商务印书馆 2009 年版,第 173 页。

希腊古典美的研究探讨，是美学史与艺术史的永恒课题。而古希腊罗马时期的美学理论就是对于这一古典美进行探讨总结的结晶，留下了人类初期对美的哲学思考，给后人以深深的启示。

（一）希腊古典和谐美是人类美的艺术及其理论的源头

希腊古典美及其理论是人类艺术与美学理论不尽的源头。希腊古典艺术本身不论在题材、技巧还是语言等各个方面都成为后世艺术的源头。而其美学理论也是人类美学，特别是西方美学的源头。恩格斯说："在希腊哲学的多种多样的形式中，几乎可以发现以后的所有看法的胚胎、萌芽。"①而希腊古典和谐美本身即成为西方美学史上的重要研究课题，从新古典主义到文艺复兴，再到近代温克尔曼、莱辛以及黑格尔等，都有大量研究古希腊美学与艺术的篇章。而古希腊处于人类文化的轴心时代，正如德国哲学家雅斯贝斯在《历史的起源与目标》一书中所言，"人类一直靠轴心期所产生、思考和创造的一切而生存"②，从而成为人类文化发展的重要支撑之一。

（二）希腊古典和谐美是人类艺术及理论的典范

马克思在《政治经济学批判导言》中指出，希腊艺术仍然能够给我们以艺术享受，而且就某些方面说还是一种规范和高不可及的范本，并具有永恒的魅力。这是千真万确的事实，几千年来古希腊美学与艺术被各代艺术家奉为典范，而其论著也被奉为"美学法典"。

---

① 《马克思恩格斯文集》第 9 卷，人民出版社 2009 年版，第 439 页。
② ［德］卡尔·雅斯贝斯：《历史的起源与目标》，魏楚雄、俞新天译，华夏出版社 1989 年版，第 14 页。

（三）古希腊古典和谐论美学与艺术在当前具有现实的价值

鲍桑葵指出，"任何东西都不能和伟大的美的艺术作品（包括杰出的文学在内）相比。只有这些伟大的美的艺术作品才是随着时代的变迁日益重要，而不是随着时代变迁日益不重要"①。对当代来说，希腊古典美及其理论所具有的现实意义是：欣赏的价值；从中体悟到人类的创造的力量而受到鼓舞，成为人类前行的永久动力；从中发掘出人类初始阶段理论的光芒及其对美的思考，具有原创的价值，从而从中吸取丰富的营养。

二、希腊古典和谐论美学产生的背景

（一）自然背景

希腊是一个半岛，三面环海，交通方便，气候温和。航海事业发达，商业繁荣。但希腊半岛丘陵起伏，自然条件艰苦，形成许多城邦，长年处于战争状态。为了适应战争的需要，体育锻炼被提到重要地位，运动会成为炫耀体魄的场所，运动会裸体举行，这就给雕塑艺术特别是裸体雕塑艺术的发展提供了条件。对运动会的冠军常常以为其塑像而加以奖励，这促进了写实的雕塑艺术的发展。

（二）文化背景

希腊时代是个多神教的时代，流传着多种带有强烈宗教色彩的

---

① ［英］鲍桑葵：《美学史》，张今译，商务印书馆 2009 年版，第 6 页。

神话。同时，由于实行奴隶社会的城邦民主制，所以思想空前活跃，辩论盛行，各种哲学思想得到高度发展，涌现了一大批哲学家。

（三）艺术背景

希腊时代是人类童年艺术高度发展的时代，雕塑是当时最具代表性的艺术形式。其他诸如史诗、戏剧等，也都发达。这就给古代希腊美学理论的发展提供了前提，而美学理论又成为艺术进一步发展的动力。

（四）社会与科学背景

古希腊作为海洋国家，其以山地为主的地理环境，使其基本的生存与经济生活是手工业、商业与航海。加之古希腊哲学是一种对于本源的探求，所以古希腊在这种本源哲学与商业经济、海洋经济背景下盛行一种以数学与几何为代表的纯科学，宗白华称之为几何空间之哲学，从而导致和谐论美学与艺术观之出现。

三、希腊古典和谐美的内涵及其发展

（一）希腊古典和谐美的内涵

关于希腊古典美的内涵及其基本特征，美学史上多有论述。最著名的就是温克尔曼将希腊古典美概括为"高贵的单纯和静穆的伟大"①。黑格尔则将其归结为古典型的雕塑美，即"内容和完

---

① [德]温克尔曼：《希腊人的艺术》，邵大箴译，广西师范大学出版社 2001 年版，第 17 页。

全适合内容的形式达到独立完整的统一,因而形成一种自由的整体"①。鲍桑葵在《美学史》中则将之归结为"和谐、庄严和恬静"②。不过,无论如何概括,希腊古典美都是一种静态的、形式的"和谐美",也就是说希腊古典美有三要素:静态、形式、和谐。而"和谐"是最核心的内容。为什么说"和谐美"是希腊古典美最核心的内容呢? 这是因为,"和谐"作为一种美的境界,也就是人生的理想,是人之特点所在。因为,动物本身是自然的一部分,没有社会,不存在同自然与社会的关系问题。而人区别于动物之后,就将自己从自然中划分了出来并将自然变成了自己的对象,从而形成了社会。人类最基本的矛盾即人同对象的矛盾,对象包括自然与社会,而这种矛盾呈现"斗争—和谐—再斗争—再和谐……乃至无穷"的状态。因此,这种"和谐"在古希腊表现为物质的形式的数的比例对称的和谐,而在中国古代则表现为"天地人之中和"的和谐。总之,"和谐"是人类的理想与目标。人不断通过矛盾斗争追求着和谐的境界,同时也获得了满足。因此,"和谐"既是美的境界,也是人类的理想,人生的目标。这种"美即和谐"论在古希腊罗马具体表现为四个方面的内容:

第一,形式美的和谐说。这就是将美归为"秩序、对称和比例"。

第二,艺术创作的"模仿"说。在古希腊,"再现"论艺术观占据上风,创作过程成为物质对象的再现,包括柏拉图著名的"模仿的模仿"与"镜子"说,亚里士多德与贺拉斯的"模仿"说等。

第三,艺术作品的"悲剧"观。古希腊悲剧所表现的是一种古典的静态的形式美,所谓性格(ethos)的类型化、情节中心论(包括

①［德］黑格尔:《美学》第 2 卷,朱光潜译,商务印书馆 2009 年版,第 157 页。
②［英］鲍桑葵:《美学史》,张今译,商务印书馆 2009 年版,第 21 页。

亚氏的一个场景、一个地点等,最后发展到"三一律")、效果(ka-
tharsis)的陶冶说(包括鲍桑葵的"宣泄"说、莱辛的"净化"说与罗
念生的"陶冶"说三种说法)。作为古典的雕塑美表现的是人与命
运斗争中流露的一种高尚感情,因而我们认为还是以"陶冶"说
为宜。

第四,代表性的艺术形式是雕塑。物质的形式的静态美在古
希腊雕塑中得到了最集中的体现。这种雕塑美体现于史诗与戏
剧之中。

(二)希腊古典美的发展

希腊古典美是有一个发展过程的,我们将之分为四个阶段。

第一,古典美的提出。

主要代表人物是古代希腊哲学家毕达哥拉斯。他说"什么是
最美——和谐"①,并将其基本品格归结为"把杂多导致统一"②,
而将统一归结为"数",所谓"整个天是一个和谐,是一个数"③。

第二,古典美的深化。

主要表现为柏拉图的理念论。他进一步探讨了和谐的内在
动因是一种内在的精神因素,用"理念"将"杂多"统摄为"整一"。
柏拉图在《大希庇阿斯篇》中提出"什么是美""美是难的"以及"美
的理念"等论题与观念,开创了对于美的哲学思考,为人类提供了
作为哲学组成部分的美学学科的雏形。

---

①转引自闫国忠:《古希腊罗马美学》,北京大学出版社 1983 年版,第 11 页。

②转引自北京大学哲学系美学教研室:《西方美学家论美和美感》,商务印书
　馆 1980 年版,第 14 页。

③[英]W.C.丹皮尔:《科学史》,李珩译,商务印书馆 1979 年版,第 37 页。

第三，古典美的具体阐释。

主要是亚里士多德的《诗学》与贺拉斯的《诗艺》，在艺术理论中对于古典的和谐美加以发挥。亚里士多德提出著名的"模仿"说与悲剧观，贺拉斯则提出文学创作的"合式"原则。同时也导致了古希腊的"诗与哲学之争"。古希腊和谐美包括柏拉图的"理念"论与亚里士多德的"整一"论，前者是"哲"，后者是"诗"。柏拉图批评诗的模仿，亚里士多德批评柏拉图"理念"论的精神性，坚持审美与艺术的物质实体性。诗哲之争，贯穿整个西方美学的始终。前者发展为大陆理性主义之人文主义美学，后者发展为英美分析哲学之科学主义美学。

第四，古典和谐美的挣脱。

主要是朗基努斯的《论崇高》和普罗提诺提出的美"是在事物的对称性上面闪耀的光"①。尽管朗基努斯"崇高"概念的提出主要是从修辞出发的，但已经涉及伟大的思想与激昂的感情，所以已经关涉崇高感的感情效果及其特征，因而具有美学意义，是对于"和谐"的突破。我们需要特别给予注意的是，朗基努斯提出"崇高"概念已经是公元1世纪左右的事情，《论崇高》中引用了旧约《圣经》，说明其崇高概念受到基督教文化的影响，因此"崇高"概念的提出既是美学的转型，也是时代社会的转型。因此，"希腊哲学家的创造才能随着普罗提诺而结束了"②，说明普罗提诺意味着希腊古典美的式微。

在此需要指出的是，古希腊的"和谐美"是一种具体物质的"比例、对称与协调"，而中国古代的"中和美"则是一种宏观的"天

①［英］鲍桑葵：《美学史》，张今译，商务印书馆2009年版，第155页。
②［英］鲍桑葵：《美学史》，张今译，商务印书馆2009年版，第157页。

人之和",两者不可简单类比。

四、柏拉图的《理想国》：
美的"效用"说

柏拉图(Plato,前427—前347),古希腊哲学家,柏拉图学派的创始人,其美学理论是欧洲哲学与美学的源头之一。《理想国》是柏拉图中年时期的作品,是西方第一部系统的政治学著作。在该书中,柏拉图不仅讨论了国家的起源、性质和结构,还设计了一种带有乌托邦性质的政治蓝图。该书带有百科全书的性质,包括了哲学、政治学、伦理学、教育学、美学与文艺学等极为丰富的内容。柏拉图的美学与文艺学思想具有鲜明的政治色彩,完全从巩固城邦的政治利益出发来探讨审美与文艺问题,审美与文艺的效用说占据突出的位置。这说明,从源头上,西方美学思想与文艺思想具有明显的政治性,审美与文艺的政治性与超越性在西方是从源头上就开始了的。《理想国》在西方历史上第一次从法制的角度强化了审美与文艺的"效用说"与驱逐模仿诗人的合法性,并以其著名的"洞穴比喻"从认识本体论的角度强调了审美教育的极端重要作用。同时,柏拉图从优化人种的角度论述了教育包括审美教育对于培养城邦护卫者的极端重要性,成为此后西方种族主义的源头。

(一)美的本质：美即理念

柏拉图在其著名的《大希庇阿斯篇》中在人类历史上第一次提出了"美本身"与"美的东西"的区别,强调了"美本身"这个概念,为美学的哲学研究开启了先河,从理念论的角度论述了美的本质特性。在《理想国》之中，他又进一步从国家论的高度论述了美即"理念"与美即"美本身"的问题。他将"理想国"之中的阶级分为哲学王、护卫者与平民三类，而哲学王作为统治者既是理念的掌握者，也是美的掌握者。他还从其独有的知识体系出发论述了"美本身"与"美的理念"的问题。他认为，所谓知识分为有（知识）、意见与无（无知识）三种。所谓"有"，即是对于理念的把握，称为"有知识"；而"无"，即是"无知识"，没有把握理念；而所谓"意见"，则是对于日常生活的看法，即普通人对于"美的东西"的看法。当然，这也远离了"美的理念"。他说："一般人关于美的东西以及其它东西的平常看法，游动于绝对存在和绝对不存在之间。"①又说："那些只看到许许多多美的东西，许许多多正义的东西，许许多多其它的东西的人，虽然有人指导，他们也始终不能看到美本身、正义等等本身。关于他们我们要说，他们对一切都只能有意见，对于那些他们具有意见的东西谈不上有所知。"②而这种"美本身"与"美的理念"的特性则是永远不变的"一"。他在批判那些只看到"美的东西"的人时，说道："他不相信有永远不变的美本身或美的理念，而只相信有许多美的东西，他绝对不信任何人的话，不信美本身是'一'，正义本身是'一'，以及其它东西本身是'一'，等等。"③而且，柏拉图还提出了善在美前与美善统一的重要问题。他说："总之我认为，一个人如果不知道正义和美怎样才是善，他就没有足够的资格做正义和善的护卫者。我揣测，没

---

① 柏拉图：《理想国》，郭斌和、张竹明译，商务印书馆 1986 年版，第 225—226 页。
② 柏拉图：《理想国》，郭斌和、张竹明译，商务印书馆 1986 年版，第 226 页。
③ 柏拉图：《理想国》，郭斌和、张竹明译，商务印书馆 1986 年版，第 224 页。

有一个人在知道善之前能足够地知道正义和美。"①他还认为，"如果善是知识和真理的源泉，又在美方面超过这二者，那么你所说的是一种多么美不可言的东西啊"②。而他又将善比作"太阳"与"光"，那个"善在可见世界中所产生的儿子——那个很像它的东西——所指的就是太阳"③。可以说，这是西方历史上第一次将善与美比喻为"太阳"和"光"，开创了中世纪神学美学将美比喻为"光"的先河。

（二）美的教育：城邦护卫者"灵魂的转向与上升"

柏拉图从城邦政权巩固的角度出发，非常重视城邦护卫者的培养和教育。他认为，城邦护卫者的培养和教育是当政者的"大事"，又称之为"能解决问题的事"。"因为，如果人们受到了良好的教育就能成为事理通达的人，那么他们就很容易明白，处理所有这些事情还有我此刻没有谈及的别的一些事情。"④在《理想国》中，非常重要的是柏拉图从认识本体论的角度论述了美的教育重要性。他将人的认识归结为对于理念（真理）的把握，美的教育当然也是一种对于理念的把握，因而具有本体的性质。他提出了著名的"洞穴比喻"。他认为，有些人从小就居住在洞穴里，头颈和腿脚都被绑着不能走动也不能转头，只能看见洞穴后壁的阴影，这就是所谓的可见世界，而看不见洞穴前方的光亮和风景，也就是所谓的可知世界。其实，知识是每个人灵魂里都有的一种能

①柏拉图：《理想国》，郭斌和、张竹明译，商务印书馆1986年版，第262页。
②柏拉图：《理想国》，郭斌和、张竹明译，商务印书馆1986年版，第267页。
③柏拉图：《理想国》，郭斌和、张竹明译，商务印书馆1986年版，第266页。
④柏拉图：《理想国》，郭斌和、张竹明译，商务印书馆1986年版，第138页。

力,而每个人用以学习的器官就是眼睛。这样就需要一种将他们的头颈和腿脚转向的技巧。"于是这方面或许有一种灵魂转向的技巧,即一种使灵魂尽可能容易尽可能有效地转向的技巧。"①通过这种转向技巧将灵魂从可见世界转到可知世界,真正把握"善的理念"。"它的确就是一切事物中一切正确者和美者的原因,就是可见世界中创造光和光源者,在可理知世界中它本身就是真理和理性的决定性源泉。"②他认为,这种转向的技巧是"后天的教育和实践培养起来的"③。他说:"没受过教育不知道真理的人和被允许终身完全从事知识研究的人,都是不能胜任治理国家的。"又说:"因此,我们作为这个国家的建立者的职责,就是要迫使最好的灵魂达到我们前面说是最高的知识,看见善,并上升到那个高度。"④他将人的心灵分为理智、激情与欲望三个部分,认为应该通过教育使得理智起到领导作用,激情起到协助理智的作用,而对占据心灵最大部分的欲望加以监视、控制,使其不因失控而毁了人的整个生命。而心灵教育的最好途径,就是音乐和体育的协同作用。他说:"因此,不是正如我们说过的,音乐和体育协同作用将使理智和激情得到协调吗,既然它们用优雅的言词和良好的教训培养和加强理智,又用和谐与韵律使激情变得温和平稳而文明。"又说:"这两者(理智和激情)既受到这样的培养、教育并被训练了真正起自己本份的作用,它们就会去领导欲望。"⑤当然,

---

①柏拉图:《理想国》,郭斌和、张竹明译,商务印书馆 1986 年版,第 278 页。
②柏拉图:《理想国》,郭斌和、张竹明译,商务印书馆 1986 年版,第 276 页。
③柏拉图:《理想国》,郭斌和、张竹明译,商务印书馆 1986 年版,第 278 页。
④柏拉图:《理想国》,郭斌和、张竹明译,商务印书馆 1986 年版,第 279 页。
⑤柏拉图:《理想国》,郭斌和、张竹明译,商务印书馆 1986 年版,第 169 页。

柏拉图在《理想国》一书中还从人种优化的角度谈到包含音乐教育在内的教育问题,所谓"良好的培养和教育造成良好的身体素质,良好的身体素质再接受良好的教育,产生出比前代更好的体质,这除了有利于别的目的外,也有利于人种的进步,像其他动物一样"①。应该说,这种"人种论"的观点是错误的,导致了西方历史上的种族主义。

(三)美的效用:通过说服或强制造就城邦"整体的幸福"

柏拉图在美的功能问题上是强调效用说的,在《理想国》之中,他从国家利益的高度进一步强化了这一观点,具有更大的功利性、政治性、法制性、强制性。柏拉图不仅是作为哲学家,更是作为政治家来谈论审美与文艺问题的。他要建立一种由哲学王统治的贵族政治,即他所谓的"理想国"。在这个理想国之中,有哲学王、护卫者与平民三个阶级,包含智慧、勇敢、节制与正义四种道德规范,智慧属于哲学王,勇敢属于护卫者,而节制属于平民,三个阶级各在其位属于正义。"正义"就是城邦最大的道德规范与秩序所在,可以这样说,顺之者昌,逆之者亡。因此,包含审美与文艺在内的一切活动的最重要规范,就是对于"正义"的维护。这就是城邦的整体幸福所在,是美的效用的最终目标。他说:"我们立法不是为城邦任何一个阶级的特殊幸福,而是为了造成全国作为一个整体的幸福。它运用说服或强制,使全体公民彼此协调和谐,使他们把各自能向集体提供的利益让大家分享。"②为了城邦"整体的幸福",通过说服或强制的途径,达到协调和谐

---

① 柏拉图:《理想国》,郭斌和、张竹明译,商务印书馆 1986 年版,第 138 页。
② 柏拉图:《理想国》,郭斌和、张竹明译,商务印书馆 1986 年版,第 279 页。

的目标。这就是柏拉图对于一切城邦成员及其活动的要求，包括审美活动与文艺活动在内。为此，可以通过立法的手段驱逐违反上述规范进行审美与文艺活动的人。这就是《理想国》第三卷中著名的"驱逐诗人"的论述："我们不能让这种人到我们城邦里来；法律不准许这样，这里没有他的地位。我们将在他头上涂以香油，饰以羊毛冠带，送他到别的城邦去。"①他甚至认为，可以对身体不健全与天赋邪恶的人处之以死。他说："这两种法律都对那些天赋健全的公民的身体和心灵抱有好意；而对那些身体不健全的，城邦就让其死去；那些心灵天赋邪恶且又不可救药的人，城邦就毫不姑息处之以死。"②动用法律和极刑对待审美与文艺等精神活动，可以说柏拉图开了历史的先例，对于审美与文艺的效用之说可以说是发挥到了极致。

（四）诗与悲剧：对模仿的诗的否定和艺术规律的阐释

对于诗歌，柏拉图仍然是从政治的角度加以评价，他首先考虑的是城邦政权的巩固。当时的诗歌有三种体裁，一种是完全通过模仿的戏剧体，主要是悲剧与喜剧；一种是诗人自我表达情感的抒情诗体；再一种是二者并重的史诗。③ 因此，总休上说，模仿的诗占据了主导性地位，包括著名的荷马史诗与古希腊悲剧喜剧等。柏拉图对于模仿的诗是否定的。他主要从政治、哲学与教育三个角度阐述自己的观点。首先，在政治上，他认为，模仿的诗违

①柏拉图：《理想国》，郭斌和、张竹明译，商务印书馆1986年版，第102页。
②柏拉图：《理想国》，郭斌和、张竹明译，商务印书馆1986年版，第120页。
③柏拉图：《理想国》，郭斌和、张竹明译，商务印书馆1986年版，第96—
　　97页。

背了城邦最基本的政治与道德规范,即违背了最重要的"正义"原则。他说:"假使我们要坚持我们最初的原则,一切护卫者放弃一切其它业务,专心致志于建立城邦的自由大业,集中精力,不干别的任何事情,那么他们就不应该参与或模仿别的任何事情。"①为什么这样要求呢？因为,柏拉图认为,城邦的最大原则与政治道德规范是哲学王、护卫者与平民三个阶级各在其位,不得超越自己的地位与职责。这就是城邦最重要的政治与道德规范——正义。违背了这一原则就是"不正义",是不利于城邦政权稳固的最大的悖逆。而模仿就违背了各个阶级各安其位的原则,因而是一种最大的不正义。他说,我们"曾经规定下一条总的原则。我想这条原则或者这一类的某条原则就是正义"。而所谓"正义就是只做自己的事而不兼做别人的事"②。从哲学上看,他认为,模仿是与真理(理念)隔着两层的,是没有价值的。在著名的《理想国》第十卷中,柏拉图以三种床作为比喻,说明模仿与真理隔着两层。他说有三种床:一种是神造的自然的床,一种是木匠造的床,一种是画家画的床。"因此,你把和自然隔着两层的作品的制作者称作模仿者","自然地和王者或真实隔着两层"③。这种与真理隔着两层的模仿的床(即绘画与诗歌)是没有价值的。这就是古代希腊著名的哲学与诗歌之辩。这也涉及艺术真实之辩,柏拉图从理念论出发是完全否定诗与艺术的真实性的,而亚里士多德则对于诗与艺术的真实性给予了充分的肯定。这一争论其实贯穿了整个西方美学与文学理论历史,值得我们重视与注意。最后,从教育的角度出

---

① 柏拉图:《理想国》,郭斌和、张竹明译,商务印书馆 1986 年版,第 98 页。
② 柏拉图:《理想国》,郭斌和、张竹明译,商务印书馆 1986 年版,第 154 页。
③ 柏拉图:《理想国》,郭斌和、张竹明译,商务印书馆 1986 年版,第 392 页。

发，柏拉图认为，模仿的诗歌是模仿了人的心灵中欲望这一最低贱的部分，因而，它起到一种腐蚀的作用。他说："因为像画家一样，诗人的创作是真实性很低的；因为像画家一样，诗人的创作是和心灵的低贱部分打交道的。因此我们完全有理由拒绝让诗人进入治理良好的城邦。因为他的作品在于激励、培育和加强心灵的低贱部分，毁坏理性部分，就像在一个城邦里把政治权力交给坏人，让他们去危害好人一样。"①所以，他认为，"诗歌的最大罪状"就是"有一种能腐蚀最优秀人物（很少例外）的力量"②。

　　由于柏拉图否定模仿的诗，导致必然否定同样是模仿的悲剧，特别是悲剧对于怜悯与同情之情的唤起。他认为，荷马和悲剧诗人对受苦的模仿、长时间的悲叹和吟唱、捶打胸膛是不合适的，"我们就会反过来，以能忍耐能保持平静而自豪，相信这才是一个男子汉的品行，相信过去在剧场上所称道的那种行为乃是一种妇道人家的行为"③。又说："在那种场合养肥了的怜悯之情，到了我们自己受苦时就不容易被制服了。"④为此，柏拉图申述道："既然诗的特点是这样，我们当初把诗逐出我们国家的确是有充分理由的。"⑤但柏拉图并非不懂艺术的规律，他对于诗歌的否定还是从政治出发的。在《理想国》中，柏拉图比较充分地论述了诗歌艺术的特点和创作规律。首先是艺术的内容和形式特点。他说："下面我们要讨论故事的形式或风格的问题。这样我们就

①柏拉图：《理想国》，郭斌和、张竹明译，商务印书馆 1986 年版，第 404 页。
②柏拉图：《理想国》，郭斌和、张竹明译，商务印书馆 1986 年版，第 405 页。
③柏拉图：《理想国》，郭斌和、张竹明译，商务印书馆 1986 年版，第 405 页。
④柏拉图：《理想国》，郭斌和、张竹明译，商务印书馆 1986 年版，第 406 页。
⑤柏拉图：《理想国》，郭斌和、张竹明译，商务印书馆 1986 年版，第 407 页。

可以把内容和形式——即讲什么和怎样讲的问题——全部检查一番了。"①这里已经涉及艺术的内容(讲什么)和艺术的形式(怎样讲)及其关系问题。接着涉及艺术形式之体裁问题,说道:"他们说故事,是用简单的叙述,还是用摹仿,还是两者兼用?"②其次,柏拉图论述了"诗歌和曲调和形式问题",指出:"诗歌有三个组成部分——词,和声,节奏。"③这三个组成部分,涉及吕底亚调、多利亚调、佛里其亚调以及各种多弦乐器和多调乐器等。总之,柏拉图比较全面地论述了艺术的特点和规律,说明他并非是对诗歌戏剧等艺术规律不了解的人,而是非常熟悉的理论家,他否定艺术是要求有一种符合他的政治需要的新的艺术出现。

柏拉图《理想国》之中的美学思想说明了其美学与艺术思想的强烈政治色彩和理念论哲学根基,一直影响西方美学与文艺思想几千年之久。

五、亚里士多德的《诗学》:美在整一

亚里士多德[Aristotle,前384(383)—前322]是古希腊后期最重要的思想家,百科全书式的人物。他的《诗学》是欧洲第一部完整的成体系的美学与文艺理论论著,成为西方几千年美学与文学理论的重要源头,此后西方的诸多重要美学与文学理论论题几乎都是对亚氏理论的阐发。古代希腊存在着哲学与诗学的争论,柏拉图代表了哲学的立场与视角,而亚里士多德则代表了诗学的

---

① 柏拉图:《理想国》,郭斌和、张竹明译,商务印书馆1986年版,第94页。
② 柏拉图:《理想国》,郭斌和、张竹明译,商务印书馆1986年版,第94页。
③ 柏拉图:《理想国》,郭斌和、张竹明译,商务印书馆1986年版,第103页。

立场与视角,亚氏的学术立场与观点是基于对他的老师柏拉图的反驳,因此亚氏留下名言:"吾爱吾师,吾更爱真理。"对于这场哲学与诗学的争论,我们应深入考虑其在西方文化史上的深远影响,它是形成日后欧陆理性主义与英国感性主义的开端,一直延续至今,形成人文与科学的交叉互补。因此,我们完全可以将《诗学》与《理想国》相对照着来阅读。

亚氏在《诗学》中的美学思想基于其基本的美学观:美在整一。这里的"整一"是一种从生活与物质出发的物质实体性内涵,与柏拉图的"理念"论的精神性是完全不同的。亚氏充分总结了古代希腊繁荣发达的史诗、悲剧与喜剧的特点,在此前提下,全面地阐发了他的诗学理论,充分肯定了作为模仿的文学的认识作用与美感作用。

(一)论美的本质:美在整一

关于美的本质,柏拉图将之归结为"理念",审美是人对于这种理念的"回忆"。亚里士多德则与之相反,将美的本质归之于物质实体性的"整一"。他在《诗学》中说道:"一个美的事物——一个活东西或一个由某些部分组成之物——不但它的各部分应有一定的安排,而且它的体积也应有一定的大小;因为美要倚靠体积与安排,一个非常小的活东西不能美,因为我们的观察处于不可感知的时间内,以致模糊不清;一个非常大的活东西,例如一个一万里长的活东西,也不能美,因为不能一览而尽,看不出它的整一性;因此,情节也须有长度(以易于记忆者为限),正如身体,亦即活东西,须有长度(以易于观察者为限)一样。"①首先,这里将

①亚里士多德:《诗学》,罗念生译,人民文学出版社1962年版,第25—26页。

美界定为"美的事物""活的东西"与"组成之物"，也就是实际的事物即实体。其次，这种实体在体积与长度上都应长短、大小适中，即具有"整一性"。其三，美应有"整一性"的原因是从审美者的感受出发的，即易于观察和易于记忆。这说明亚氏的美感是一种实在性的人的认识（记忆）与感受（观察），开辟了认识与心理两个层面。其四，美是"活的东西"之说，已经将有机论思想放到其美学理论之中，包含了美的事物的生命性内容。这就是亚氏有关美的本质的基本观点，是与古希腊美的"比例、对称与和谐"的观点一致的，是这种理论的发展与深化。

（二）论诗学：诗作为摹仿的艺术的性质与特点

亚氏一反柏拉图对诗（文学）的否定，在《诗学》中以肯定的态度全面地论述了"诗"，即文学的性质、作用与分类，在人类历史上第一次建立了"诗学"即文学理论，意义重大。他在介绍《诗学》的内容时说，"关于诗的艺术本身、它的种类、各种类的特殊功能，各种类有多少成分，这些成分是什么性质，诗要写得好，情节应如何安排，以及这门研究所有的其他问题，我们都要讨论"①。这就是亚氏《诗学》的大纲，说明其对诗学即文学理论的草创之功，以及将之体系化的重要建树。与柏拉图对摹仿的否定不同，他相当全面地论述并肯定了文学的基本特征——摹仿及其作用。他将文学的本质归之于"摹仿"，说道："史诗和悲剧、喜剧和酒神颂以及大部分双管箫乐和竖琴乐——这一切实际上是摹仿。"②他认为，"摹仿"是文学的起源，并将之归于人的一种本能。他说："一般说

---

① 亚里士多德：《诗学》，罗念生译，人民文学出版社 1962 年版，第 3 页。
② 亚里士多德：《诗学》，罗念生译，人民文学出版社 1962 年版，第 3 页。

来，诗的起源仿佛有两个原因，都是出于人的天性。人从孩提时代起就有摹仿的本能（人和禽兽的分别之一，就在于人最善于摹仿，他们最初的知识就是从摹仿得来的），人对于摹仿的作品总是感到快感。"①在这里，亚氏将文学的起源归于摹仿，而摹仿是人类区别于禽兽的一种本能并能从中得到快感，其原因是人的最初的知识是从摹仿得来的，而且这种知识的获得是审美快感的重要原因。这是一种认识论美学的起源，说明认识是审美的根源。而由于摹仿的诗是按照可然律与必然律描述可能发生的事，"因此，写诗这种活动比写历史更富于哲学意味，更被严肃的对待；因为诗所描述的事带有普遍性，历史则叙述个别的事"②。在这里，亚氏揭示了文学的摹仿反映普遍性的特点，因此比古希腊当时的纯粹记录历史事实的历史更具哲学意味。这就完全不同于柏拉图认为文学的摹仿与真理隔着三层，是"摹仿的摹仿"的观点。亚氏还进一步论述了艺术特别是文学的分类，由摹仿的媒介、对象与方式的不同，形成了不同艺术与文学门类。由于摹仿的媒介不同形成了绘画、音乐与文学的差别。而文学的媒介主要是韵文，而文学中的戏剧作为综合艺术也包括节奏、歌曲等媒介。他说："有些艺术，例如酒神颂和日神颂、悲剧和喜剧，兼用上述各种媒介，即节奏、歌曲和'韵文'；差别在于前二者同时使用那些媒介，后二者则交替着使用。"③在摹仿的对象方面，亚氏认为，"喜剧总是摹仿比我们今天的人坏的人，悲剧总是摹仿比我们今天的人好的

---

① 亚里士多德：《诗学》，罗念生译，人民文学出版社1962年版，第11页。
② 亚里士多德：《诗学》，罗念生译，人民文学出版社1962年版，第29页。
③ 亚里士多德：《诗学》，罗念生译，人民文学出版社1962年版，第6页。

人"①。在摹仿的方式上,亚氏认为既可以用叙述的方式,也可以用动作的方式,前者即为史诗,后者则为戏剧。他说,"摹仿须采用这三种种差,即媒介、对象和方式"②。这是关于文学分类的最初也是最权威的论述。

(三)论悲剧:悲剧的严肃性与"卡塔西斯"效果

亚氏在《诗学》中集中论述了悲剧。据说,《诗学》还有一个第二卷是讲喜剧,但我们目前看到的本子则是集中论述悲剧,对于喜剧只是一带而过,但也已经涉及喜剧的基本特征。他论述了悲剧的性质、对象、作用与成分,特别是对于悲剧的效果"卡塔西斯"的论述更是意义重大。首先,他对悲剧下了一个完整的定义。他说:"悲剧是对一个严肃、完整、有一定长度的行动的摹仿;它的媒介是语言,具有各种悦耳之音,分别在剧的各部分使用;摹仿方式是借人物的动作来表达,而不是采用叙述法;借引起怜悯与恐惧来使这种情感得到陶冶。"③这里,讲了悲剧的性质、摹仿的方式与效果。

1.关于悲剧的性质

亚氏认为,悲剧是对"一个严肃、完整、有一定长度的行动的摹仿"。因此,悲剧的最主要特点是"严肃",与之相反,喜剧的特点是"丑","其中一种是滑稽。滑稽的事物是某种错误或丑陋,不致引起痛苦或伤害"④。因此,悲剧不必以伤害或死亡作为其必备的情节,只要是严肃的事件即可。为此,悲剧要描述重大题材

---

① 亚里士多德:《诗学》,罗念生译,人民文学出版社1962年版,第8—9页。
② 亚里士多德:《诗学》,罗念生译,人民文学出版社1962年版,第9页。
③ 亚里士多德:《诗学》,罗念生译,人民文学出版社1962年版,第19页。
④ 亚里士多德:《诗学》,罗念生译,人民文学出版社1962年版,第16页。

和高尚人物。这也是悲剧与喜剧(包括喜剧的前身讽刺剧)的差异。亚氏说:"诗由于固有性质不同而分为两种:比较严肃的人摹仿高尚的行动,即高尚的人的行动,比较轻浮的人则摹仿下劣的人的行动,他们最初写的是讽刺诗,正如前一种人最初写的是颂神诗和赞美诗。"①悲剧的另外一个特性是完整性,这是亚氏"美在整一"的体现。他说:"所谓'完整'是指事之有头,有身,有尾。所谓'头',指事之不必然上承他事,但自然引起他事发生者;所谓'尾',恰与此相反,指事之按照必然律或常规自然的上承某事者,但无他事继其后;所谓'身',指事之承前启后者。"②这种完整性还包含着有机性的内涵。亚氏指出,悲剧摹仿完整的行动"里面的事件要有紧密的组织,任何部分一经挪动或删削,就会使整体松动脱节。要是某一部分可有可无,并不引起显著的差异,那就不是整体中的有机部分"③。正是因为完整性,所以对于悲剧的长度还是有所要求,所谓"悲剧力图以太阳的一周为限"④,发展为后来新古典时代的"三一律"。原义是说,由于古希腊的演出条件和每个白天演完一个参赛剧作家的三出悲剧附带一出笑剧的要求,必须在悲剧的长度上有所限制。"三一律"是后来发展而成的,与亚里士多德的《诗学》没有直接关系。

2.关于悲剧的特点

亚氏认为,悲剧的特点是对于情节即行动的摹仿。他说:"悲剧

①亚里士多德:《诗学》,罗念生译,人民文学出版社 1962 年版,第 12 页。
②亚里士多德:《诗学》,罗念生译,人民文学出版社 1962 年版,第 25 页。
③亚里士多德:《诗学》,罗念生译,人民文学出版社 1962 年版,第 28 页。
④亚里士多德:《诗学》,罗念生译,人民文学出版社 1962 年版,第 17 页。

中没有行动,则不成为悲剧,但没有'性格',仍然不失为悲剧。"①又说:"情节乃悲剧的基础,有似悲剧的灵魂。"②之所以如此强调,是从悲剧行动和情节引起"怜悯与恐惧"的效果出发的。他在讨论悲剧的性格、言辞和思想等成分时,指出:"一出悲剧,尽管不善于使用这些成分,只要有布局,即情节有安排,一定更能产生悲剧的效果。"③

3.关于悲剧的效果

亚氏明确指出,悲剧的效果是引起"怜悯与恐惧"。亚氏认为,这和悲剧的人物密切相关。他说,悲剧的效果是怎样产生,什么样的复杂情节能够引起怜悯与恐惧之情。他认为:"第一,不应写好人由顺境转入逆境,因为这只能使人厌恶,不能引起恐惧或怜悯之情;第二,不应写坏人由逆境转入顺境,因为这最违背悲剧的精神——不合悲剧的要求,既不能打动慈善之心,更不能引起怜悯或恐惧之情;第三,不应写极恶的人由顺境转入逆境,因为这种布局虽然能打动慈善之心,但不能引起怜悯或恐惧之情,因为怜悯是由一个人遭受不应遭受的厄运而引起的,恐惧是由这个这样遭受厄运的人与我们相似而引起的。……此外,还有一种介于这两种人之间的人,这样的人不十分善良,也不十分公正,而他之所以陷于厄运,不是由于他为非作恶,而是由于他犯了错误。"④这种介于恶人与好人之间的人,是一种极为普通的人,与常人相似的人,这样才能使作为

---

① 亚里士多德:《诗学》,罗念生译,人民文学出版社 1962 年版,第 21 页。
② 亚里士多德:《诗学》,罗念生译,人民文学出版社 1962 年版,第 23 页。
③ 亚里士多德:《诗学》,罗念生译,人民文学出版社 1962 年版,第 22 页。
④ 亚里士多德:《诗学》,罗念生译,人民文学出版社 1962 年版,第 37—38 页。

常人的普通观众感同身受,引起怜悯与恐惧的效果。这种"卡塔西斯"的悲剧效果,可以解释为宗教术语的"净洗",也解释为医疗术语"宣泄",罗念生将之解释为"陶冶"。我个人认为,三者可以融合。

4.关于悲剧的结构

亚氏充分总结了古希腊戏剧特别是悲剧艺术,对于悲剧的结构进行了极为丰富并权威的论述。他说:"整个悲剧艺术包括'形象''性格''情节''言词''歌曲'与'思想'。"①特别对悲剧的情节进行了详尽的论述。他认为,悲剧有简单情节与复杂情节之别,"所谓'简单的行动',指按照我们所规定的限度连续进行,整一不变,不通过'突转'与'发现'而达到结局的行动;所谓'复杂的行动',指通过'发现'或'突转',或通过此二者而达到结局的行动"②。所谓"突转",是指剧情转向相反的方向,而"发现"是人物的发现,发现被伤害的一方与自己有亲属关系。还有就是"苦难",是毁灭和痛苦的行动。亚氏认为,这种结构最能产生怜悯与恐惧的效果。这种"突转",其实是剧中由公情到私情的转变与两者的剧烈冲突,最能引发戏剧效果并扣人心弦。因为,公情是一种公共利益,属于"意"的范围;而私情则是一种牵动心灵的私人情怀,属于"情"的范围。犹如《俄狄浦斯王》之中国家巩固与杀父娶母的冲突,针锋相对,难以统一,痛彻心扉。这里的"突转",就是报信人向俄狄浦斯报告:他就是那个被弃的婴儿,也就是说,他就是杀父娶母之人。这是灾难的根源。此外,亚氏还论述了悲剧的起源是临时口占与萨提洛斯剧,这是一种与酒神有

①亚里士多德:《诗学》,罗念生译,人民文学出版社1962年版,第21页。
②亚里士多德:《诗学》,罗念生译,人民文学出版社1962年版,第32页。

关的羊人剧。后来,尼采在《悲剧的诞生》中对此进行了专门的研究和论述。此外,亚氏还论述了悲剧的虚构问题,也有重要价值。

(四)论史诗:用叙述体和韵文来摹仿的艺术

亚氏在《诗学》中还专论了史诗,他说,史诗是"用叙述体和'韵文'来摹仿的艺术"①。他认为,史诗不应像历史那样只写事物之间偶然的联系,而应按照可然律或必然律来写;与悲剧相比,他认为,史诗由于采用叙述体,所以篇幅比悲剧长。这正是史诗的特殊之处,史诗比悲剧还能容纳不近情理的事情。亚氏认为,史诗诗人应该保持史诗叙述体的特征,史诗诗人不能将自己变成剧中人,而应记住自己是叙述者。他认为,将悲剧与史诗相比,"悲剧比史诗优越,因为它比史诗更容易达到它的目的"②。

六、中西古典悲剧观之比较

(一)关于中国古代有没有悲剧的问题

我们已经说到,古代希腊亚里士多德的悲剧观是一种通过怜悯与恐惧而达到陶冶的"卡塔西斯"。亚氏力主悲剧是一种情势向相反方向的逆转,而其结局则为毁灭和痛苦的遭遇,诸如当场丧命、剧痛、创伤等。但中国古代却没有这样的悲剧,中国一般的悲情戏为痛苦伤情,但最后多为大团圆结局。例如《窦娥冤》,尽

---

①亚里士多德:《诗学》,罗念生译,人民文学出版社1962年版,第82页。
②亚里士多德:《诗学》,罗念生译,人民文学出版社1962年版,第107页。

管窦娥受尽冤屈,但最后其父中举廉访判案,窦娥冤案得以昭雪;
《梁山伯与祝英台》一剧最后也是双双化蝶,成双作对,都是大团
圆结局。为此,许多著名学者认为,中国古代没有悲剧。蒋观云
认为,"且夫我国之剧界中,其最大之缺憾,诚如訾者所谓无悲
剧",并认为"为他国之所笑,事稍小亦可耻也"①;朱光潜在《悲剧
心理学》一书中也认为,中国人"对人类命运的不合理性没有一点
感觉,也就没有悲剧,而中国人却不愿承认痛苦和灾难有什么不
合理性"②。钱锺书认为,"戏剧艺术的最高形式当然是悲剧,然
则正是在悲剧方面,我国古代并没有一位成功的剧作家"③。但
也有些理论家认为中国古代有悲剧。王国维认为,中国戏剧自来
就存在悲剧,"其最有悲剧之性质者,则如关汉卿之《窦娥冤》,纪
君祥之《赵氏孤儿》。剧中虽有恶人交构其间,而其蹈汤赴火者,
仍出于其主人翁之意志,即列之于世界大悲剧中,亦无愧色
也"④。钱穆认为,中国文学有自己的悲剧,因此不会出现西方式
的悲剧。例如,《尚香祭江》"乃为中国戏剧中一纯悲剧"⑤,表现
其爱夫之情坚贞不渝,而西方悲剧崇尚男女之爱,缺乏夫妇之爱。
无论分歧多大,有几点需要说明:其一,中国作为文化古国一定会
有自己的悲剧;其二,不能完全以西方悲剧观来解释中国古代悲
剧,要从不同的国情出发;其三,中国的确没有古代希腊那样的悲

①蒋观云:《中国之演剧界》,载阿英编《晚清文学丛钞·小说戏曲研究卷》,
　中华书局 1960 年版,第 51、50 页。
②朱光潜:《悲剧心理学》,张隆溪译,江苏文艺出版社 2009 年版,第 192 页。
③钱锺书:《中国古代戏曲中的悲剧》,陆文虎译,《解放军艺术学院学报》
　2004 年第 1 期。
④王国维:《宋元戏曲史》,上海古籍出版社 2008 年版,第 88 页。
⑤钱穆:《中国文学论丛》,生活·读书·新知三联书店 2002 年版,第 167 页。

剧,但有自己的悲剧,可以称作苦情戏,而且中国的大团圆结局有自己的民族文化根源。由此可见,中西悲剧与悲剧观是有着明显差异的。

(二)中西悲剧与悲剧观差异之原因

其一,哲学观与美学观的差异。西方的哲学观是"天人相分"的,其美学观是偏重于认识论的,因此,其悲剧就是一种人类无法主宰命运的悲剧,是一种人面对巨大的自然无法把握的失败与悲痛,是一种对于真的追求的崇高之感;而中国古代是一种"天人合一"哲学观,天地人构成须臾难离的共同体,人把自然宇宙看成自己的家园,而其美学观则是一种生存论美学观,以追求"保合太和,乃利贞"(《周易·文言》)的吉祥安康为其人生目标。所以,其悲剧就是一种大团圆的结局,充分反映了中国人的生存状态。而且,中国悲剧出现在元代之后,戏剧成为世俗社会的一种生存方式,人们欣赏悲剧已经不关注剧情的内容,而是着眼于演唱的观赏,是一种对美的追求。

其二,地理经济环境的差异。古代希腊濒临大海,人民以航海业与商业为生,生存的风险较大,剧烈的生活变动使之追求强烈的悲剧慰藉。而中国作为内陆国家与农业社会,以生活的稳定性为其生存追求,不喜巨大的变动,这就是大团圆结局的地理与经济原因。

其三,宗教的差异。古代希腊神话是一种多神教,古希腊先民对神的信仰十分虔诚,后来发展到基督教。因此,古希腊悲剧包括后来基督教的虔诚的信仰因素,将人的命运交给了神。而中国古代没有占统治地位的宗教信仰,古代社会常常以礼乐教化代替宗教的作用,特别是元代之后戏剧发展之时,儒、佛观念对于中国文化艺术影响深远，儒家的"忠恕""中庸"与佛家的"轮回报应"对于文学艺术包括戏剧影响很大，这就是中国悲剧"善有善报，恶有恶报"的双重结局的宗教文化原因。

其四，人生理想的差异。西方古代希腊由于地处海洋，过的是经商的冒险生活，所以尊奉的是与自然抗争的人生理想；而中国古代的地理与农业生活，遵循的是一种顺应自然与命运的人生态度，《论语》所谓"文质彬彬，然后君子"，以及"君子不争"等就是一种中国古代社会提倡的人生理想与态度，以及道家倡导的"辅万物之自然而不敢为"的人生态度。以上，就是中国古代苦情戏及其大团圆结局产生的重要文化原因。

第二讲　欧洲中世纪美学：
美与神性

一、欧洲中世纪的基本社会情况

中世纪(Middle Ages)(约 476—1453)，是欧洲历史上的一个
时代(主要是西欧)，自西罗马帝国灭亡(476)数百年后起，在世界
范围内，封建制度占统治地位的时期，直到文艺复兴时期之后，资
本主义抬头的时期为止。"中世纪"一词是 15 世纪后期的人文主
义者开始使用的。这个时期的欧洲没有一个强有力的政权来统
治。封建割据带来频繁的战争，造成科技和生产力发展停滞，人
民生活在毫无希望的痛苦中，所以中世纪或者中世纪早期，在欧
美普遍被称作"黑暗时代"，传统上认为这是欧洲文明史上发展
比较缓慢的时期。欧洲中世纪不同于中国的中世纪。中国的中
世纪是人类历史上封建社会最繁荣发达的时期，创造了高度发
达的经济成就和繁荣的文化。由于没有任何一个宗教占据统治
地位，所以思想文化开放，经济与科技处于世界领先地位，产生
了举世闻名的汉代文明和盛唐文化，一直持续到南宋，而文化到
明清时期还继续放射出光彩。但欧洲中世纪却呈现复杂的情
形。经济文化上是所谓黑暗世纪，同时也是文化转型与新兴文
化生长的世纪。对欧洲中世纪的评价因不同的立场而有不同的

结论:一是从现代文艺复兴的启蒙、人性、世俗与科学的立场,得出对中世纪彻底否定的绪论;二是从工具主义立场得出实用主义的结论,如欧洲种族主义者会得出排犹太教与排伊斯兰教的结论,也有人从语言等文化的角度对相异者进行排斥。正确的态度应该是以马克思历史唯物主义的立场,即从经济社会历史发展的角度对中世纪进行全面的评价。恩格斯指出:"中世纪是从野蛮状态发展而来的。它把古代文明、古代哲学、政治和法律一扫而光,以便一切都从头做起。它从没落了的古代世界接受的唯一事物就是基督教和一些残破不全而且丧失文明的城市。其结果正如一切原始发展阶段的情形一样,僧侣们获得了知识教育的垄断地位,因而教育本身也渗透了神学的性质。"[1]同时,恩格斯又指出:"中世纪的巨大进步——欧洲文化领域的扩大,在那里一个挨着一个形成的富有生命力的大民族,以及 14 和 15 世纪的巨大的技术进步,这一切都没有被人看到。"[2]

从经济上来说,欧洲中世纪是封建主义制度,最大的封建主是教会。政治上实行政教合一体制,天主教会的首领同时也成为世俗政权的首领。思想上天主教被定为国教,占据绝对统治地位,导致经院哲学的盛行。天主教僧侣成为这一哲学的创立者和主持者,一切学问都被定为天主教教义的组成部分。哲学上占统治地位的是新柏拉图主义,即客观唯心主义的柏拉图哲学打上神秘主义与禁欲主义的烙印。

---

[1]《马克思恩格斯全集》第 10 卷,人民出版社 1998 年版,第 482 页。
[2]《马克思恩格斯选集》第 4 卷,人民出版社 2012 年版,第 236 页。

二、欧洲中世纪美学
意义的重新发现

对于欧洲中世纪美学与文学艺术的评价交织着各种极其相反的意见和观点,但总体上在 20 世纪 60 年代之前贬多于褒。大体上有这样四种观点:

第一,黑暗期。英国查伯尔斯认为,"美学被完全压垮了,以致它的历史不得不从头开始"①。朱光潜在《西方美学史》中也说,中世纪"欧洲文艺思想和美学思想实际上处于停滞状态"②。

第二,连续期。英国学者鲍桑葵著名的《美学史》在谈对文艺复兴的态度时,提出要"把文艺复兴追溯到基督纪元"③,以及"普罗提诺以后的美学在学术上的连续性"④。这主要指普罗提诺对于艺术局限于模仿的摧毁,这一理论继承了柏拉图的理论,同时又为中世纪基督教艺术家所继承。德国学者库恩也认为,"在中世纪,美学既没有被基督教道德的对抗所扑灭,也没有被神学完全搅乱","神父们顽强的人性以及他们对古典文学和哲学的熟识,迫使他们去寻找一些巧妙的理由,为在另一些情况下他们的良知迫使他们为所抛弃的艺术和美辩护"。⑤

---

① [美]凯·埃·吉尔伯特、[德]赫·库恩:《美学史》,夏乾丰译,上海译文出版社 1989 年版,第 157 页。
② 朱光潜:《西方美学史》,人民文学出版社 1979 年版,第 119 页。
③ [英]鲍桑葵:《美学史》,张今译,商务印书馆 2009 年版,第 159 页。
④ [英]鲍桑葵:《美学史》,张今译,商务印书馆 2009 年版,第 173 页。
⑤ [美]凯·埃·吉尔伯特、[德]赫·库恩:《美学史》,夏乾丰译,上海译文出版社 1989 年版,第 169—170、165 页。

第三,浪漫主义美学开端期。黑格尔认为,浪漫主义美学的开端即"宗教氛围的浪漫主义艺术",把宗教的"爱"看作精神主体性的初期表现。他认为,"浪漫型艺术把这种内容表现在基督、圣母、信徒们以及凡是受到圣灵鼓舞而具有完整神性的人们的生命史里"①。对于黑格尔的这一看法,以前我们一般认为是一种以体系剪裁历史的趋向,现在看来并不太妥当。黑格尔的这一看法,有相当的道理。首先,作为欧洲中世纪文艺基本特征的象征性、神秘性成为欧洲浪漫主义艺术的先河;其次,欧洲中世纪发展着的非宗教的传奇故事(romance)开了欧洲浪漫主义的先河,成为其滥觞。

第四,斗争期。缪朗山在《西方文艺理论史纲》中指出:"中世纪文化有其进步的、革命的一面,也有其落后的、反动的一面。在悠长的一千年中,我们看到这两条路线不断的剧烈斗争,此起彼伏,时盛时衰,曲曲折折作波浪式的发展。"②其原因是:其一,封建因素同奴隶制的斗争;其二,美学与文艺的实际。我们认为,以斗争论述中世纪是对的,但以反动与革命等给当时的美学与文艺戴帽子,不免有以政治代学术和艺术的时代痕迹。

由上述可见,学术界对欧洲中世纪历来看法分歧颇多,总体上否定多于肯定,以政治取代学术,加之对宗教的片面看法,因而漠视了欧洲中世纪美学与文艺的实际。甚至在西方学术界,在相当长的时期内也将中世纪视为一片空白。直至现当代,即20世纪60年代以后,学术界对欧洲中世纪的评价才有所变化。

①[德]黑格尔:《美学》第2卷,朱光潜译,商务印书馆2009年版,第279页。
②缪朗山:《西方文艺理论史纲》,中国人民大学出版社1985年版,第190页。

当前学术界总体上认为,欧洲中世纪是西方文明的三大来源,即希腊的理性精神、罗马的法制与希伯来的宗教精神,通过基督教的哲学和神学,被整合为一个完整的文明传统的历史时期。特别是 1963 年前后,学术界提出"神学美学"(Theological Aesthetics)概念,并给予其科学的研究与阐发,主要研究中世纪基督教核心人物的神学论著中所包含的美学思想及其对后世的影响。我国学者也开始对欧洲中世纪美学与文艺学给予比较充分的肯定。其中的代表人物杨慧林教授在《基督教的底色与文化延伸》一书中指出:"然而中世纪欧洲文学研究之所以格外重要,还是由于它浸润于基督教意识,又凝固着基督教意识,并最终使之成为西方文化方式的主导性特征。"①这就意味着我们对欧洲中世纪的重新发现,是对政治与哲学决定美学与艺术的"左"的传统观念的突破,是实事求是研究的学风的胜利,也是新时代人类对"终极关怀"的重新发现。当然,对欧洲中世纪的重新发现并不等于其没有问题,没有局限性。如果没有问题,没有局限,就不会出现文艺复兴人性对于神性的突破。其局限性表现在:第一,对希腊古典美传统的彻底否定。因为,希腊古典美传统具有世俗性,闪耀着人性的光辉,同神学相对立。因此,被神学视为异端与邪教,遭到大肆毁灭。第二,以神学代美学,把上帝看成一切美的最后根源。这就扼杀了希腊古典美的生机,也极大阻碍了美学的发展。

---

① 杨慧林:《基督教的底色与文化延伸》,黑龙江人民出版社 2002 年版,第 356 页。

三、欧洲中世纪美学的
基本特征及其意义

(一)产生神学美学及基督教艺术,在历史上发挥重要作用

欧洲中世纪基督教成为统治的文化,由此产生神学美学及奥古斯丁与托马斯·阿奎纳等一系列重要代表人物及有关论著,还有基督教艺术。神学美学有其落后、专制与否定人性的重要负面影响,但神学美学及基督教艺术在历史上产生过巨大作用。但历史上由于感性学(Aesthetics)的长期影响,排斥了理性因素,因而不承认神学美学的价值,但神学美学的影响却是毋庸置疑的。

第一,神学美学与基督教艺术作为一种文化形态成为西方文化、艺术与美学的源头之一,是古希腊文化与希伯来文化融合的产物,渗透于西方文化与生活的方方面面。

第二,神学美学对彼岸世界(神性)的强调,使美学成为对于人类进行终极关怀教育和情感慰藉的重要手段,影响到康德的"无目的的合目的性"的理性最后胜利的崇高美的形成,以及存在主义、解释学理论与现象学理论等当代人文主义美学的对人的本体生存的高度关怀。

第三,神学美学的原罪与救赎模式,成为人类出世与入世两种人生态度的文化原型。其"原罪论"悲剧观,成为不同于古希腊"命运论"悲剧观的另一种悲剧形式。

第四,神学美学的象征、讽喻手法与神秘性氛围,成为浪漫派艺术与现代美学艺术的重要内涵。

(二)美学与艺术领域处于转型期,交织复杂激烈的矛盾斗争,蕴含丰富的内涵

第一,交织着古希腊和谐美与中世纪神秘美的斗争。许多美学家,如奥古斯丁、托马斯·阿奎纳,一方面将古希腊"比例、对称"的和谐美作为美的基本特征,另一方面又认为,"上帝是一切美的真实和最高的美"①。

第二,交织着宗教美学与民间浪漫主义美学的对立。欧洲中世纪一方面在正统的思想文化统治下,宗教美学占据着统治地位,另一方面在民间则发展着非宗教的传奇故事和诗歌。这种传奇故事情感真挚,想象丰富,形式自由,具有强烈的现实性而同希腊古典美一脉相承,但又是对希腊古典美的突破。

第三,宗教艺术本身交织着神秘性与世俗性的斗争。基督教本身具有一种神秘性与超越性,这些特性具有落后的一面,但其诉诸艺术创作则出现了一系列突破希腊古典和谐美的精品,特别在建筑方面和绘画领域,创造了拜占庭式与哥特式建筑。例如,圣保罗教堂(4世纪)、圣苏菲亚教堂(6世纪)、米兰教堂(1386)、巴黎圣母院(1163—1235),以及一系列雕塑与绘画成为人类艺术的瑰宝,成为中世纪艺术与美学成就的标志。由此可见,宗教艺术并不因其神秘性和宗教色彩而减轻其光芒。我们过去的认识有偏颇,由对宗教的批判导致对宗教艺术的贬抑,这是不正确的。同时,在宗教艺术中也具有民间性与世俗性的一面。后期由僧侣建筑师改变为专业匠人建筑师,更加重了建筑、雕塑与绘画的民

————————

① 转引自[苏联]奥夫相尼科夫:《美学思想史》,吴安迪译,陕西人民出版社1986年版,第62页。

间性、世俗性倾向。

(三)中世纪美学具有融合中西的根本特点,具有更大包容性和广阔的空间

中世纪美学的地域,由古希腊转移到古代罗马,地跨欧亚,吸收了古希腊文化与古代希伯来文化,处于中西的交汇点之上。加之军事活动与民族迁徙导致的东西民族交融,使这种文化呈现跨文化、跨地域的特点,蕴含着丰富的内容。因此,对于中世纪美学与艺术应从跨文化的角度才能更深刻地理解。

四、奥古斯丁的《忏悔录》:上帝至高至美

奥古斯丁(Augustinus Hipponensis,350—430)是古希腊罗马帝国时期的基督教思想家,欧洲中世纪基督教神学、哲学、新柏拉图主义的重要代表。在罗马天主教系统,奥古斯丁与托马斯·阿奎纳并称为基督教神学的两位大师。奥古斯丁在西方思想史上的地位与柏拉图、康德并列。奥古斯丁出生于北非的塔加特斯城,接受过修辞学与雄辩术的教育,后从事这两门专业的教学工作。他曾信奉摩尼教,着迷于星相学,热爱史诗戏剧,生活放纵。386年,32岁时他皈依基督教,传说他是在花园的一棵无花果树下领悟到基督教神学的要旨,号啕大哭,泪如雨下,改信基督教。这就是所谓"花园里的奇迹"的典故。后来,奥古斯丁担任神父,后升为主教,一生著书立说,传播教义。《忏悔录》是他45岁至51岁时的著作,通过基督徒在上帝面前忏悔原罪的模式剖析自己的灵魂。这是一本神学著作,但

作为中世纪的神学经典,也对该时的美学与艺术活动具有重大影响,其中也渗透着重要的美学思想。该书的忏悔部分到第九卷止,第十卷为全书之导言,后三卷是对《圣经》创世纪之解读。

(一)论美:上帝是至高、至善、至美

《忏悔录》作为神学论著,是以上帝作为世界万物的本体的,真善美及万事万物均由上帝作为其本源。奥古斯丁说道:"我的天主,我无法用语言完全描绘出你的伟大与完美。你是至高、至善、至能、至仁又至义、至隐又至现、至美又至强的,你不依赖任何事物,你保持自身不变的同时,并随时更新一切。"①因此,《忏悔录》中的美,是一种神学本体论意义上的美。奥古斯丁说道:"主啊,你是世界的本原,万物的主宰,在这个世界上只有你是唯一永恒存在的。"②具体言之,上帝是"真理的化身""普照世界之光""无形的神性"。他在其著名的时间论中也贯彻了上帝本体的神学思想。他说,上帝"你是时间的主人,是时间的创造者,你在没有创造时间前怎么会有时间的消逝呢"③? 因此,在时间中存在的具体的美与艺术,只有在上帝创世后才存在。这就是奥古斯丁神学本体论时间观中对具体美的阐释。他还认为,上帝"是世间

---

①奥古斯丁:《忏悔录:直面人生中最真实的情感》,北京出版社 2008 年版,第 3 页。
②奥古斯丁:《忏悔录:直面人生中最真实的情感》,北京出版社 2008 年版,第 4 页。
③奥古斯丁:《忏悔录:直面人生中最真实的情感》,北京出版社 2008 年版,第 123 页。

万物最完备最美善的创造者和管理者"①。上帝也是美善的给予
者。因此，在他看来，上帝是最美的。他说："天主是万物中最美
善的。"②

（二）论审美：凭借永恒的真理来评判万物的美

奥古斯丁超越了亚里士多德的认识论美学，将审美归为凭借
神性真理的信仰和对于天主的爱，从而充分论述了神学美学中审
美的超越性特点。他说："我根据什么来评判万物的美呢？我发
现永恒的真理就在我的思想中。"③这里，"永恒的真理"就是"无
形的神性"。因此，在他看来，审美具有"超越性"，首先是对具有
认识论特点的"记忆"的超越。他说："我要超越记忆来到天主身
边，我要超越记忆寻找你。"④所谓"记忆"，具有传统认识论的特
点。他说："记忆中储存着由感官带来的关于外部世界的影像。
这些是感官曾经感受到的，经过思考后形成的想法，以及曾经的
回忆也都藏在其中。"⑤因此，对于记忆的超越就是对传统认识论
的超越。他还认为，包括审美在内的神学对于上帝的寻找也是对

---

①奥古斯丁：《忏悔录：直面人生中最真实的情感》，北京出版社 2008 年版，
　第 14 页。
②奥古斯丁：《忏悔录：直面人生中最真实的情感》，北京出版社 2008 年版，
　第 19 页。
③奥古斯丁：《忏悔录：直面人生中最真实的情感》，北京出版社 2008 年版，
　第 68 页。
④奥古斯丁：《忏悔录：直面人生中最真实的情感》，北京出版社 2008 年版，
　第 103 页。
⑤奥古斯丁：《忏悔录：直面人生中最真实的情感》，北京出版社 2008 年版，
　第 98 页。

于肉体的超越。他说:"我要超越肉体的力量,用灵魂的力量去感知。"①他认为,包括审美在内的人类的幸福是靠信仰得到的,而不是古希腊哲学家所说的依靠哲学。他说:"只知道哲学而不知信仰你的人是不幸的,只要信仰你即使对哲学一窍不通的人也是幸福的,而既知道哲学又信仰你的人是最幸福的。他们的幸福不是来自哲学,而是来自对你的信仰。"②而信仰的具体表现就是"爱",首先是上帝对于人类的"爱",把上帝的"慈爱浇灌在我们心里""向我们指引更加美善的道路"③,这种爱能够将人类救赎。其次是信徒对于上帝的"爱"。这种"爱"能够赢得上帝的爱,把信徒带到应有的位置即幸福的福地。他说:"而我的重量就是我的爱,爱把我带到哪里,哪里就是我的位置。"④

(三)论艺术:艺术的虚构性是一种妨害生活的荒诞不经

奥古斯丁作为神学家,对于世俗艺术总体上是否定的。他说:"现在看来这些荒诞不经的文字,在当时对我来说是更正经、更有价值的文学……"⑤又说:"如果我问忘掉阅读和书写,比起

---

① 奥古斯丁:《忏悔录:直面人生中最真实的情感》,北京出版社 2008 年版,第 98 页。
② 奥古斯丁:《忏悔录:直面人生中最真实的情感》,北京出版社 2008 年版,第 43 页。
③ 奥古斯丁:《忏悔录:直面人生中最真实的情感》,北京出版社 2008 年版,第 153 页。
④ 奥古斯丁:《忏悔录:直面人生中最真实的情感》,北京出版社 2008 年版,第 154 页。
⑤ 奥古斯丁:《忏悔录:直面人生中最真实的情感》,北京出版社 2008 年版,第 10 页。

忘掉虚构的故事诗,哪一样更妨害生活？那么,想必那些未丧失理智的人都知道答案。"①显然,奥古斯丁的答案是虚构的故事诗更妨害生活。原因是这些文学作品所表现的世俗生活背离了上帝的意旨,是一种犯罪。具体说,他认为荷马史诗编造神犯罪的故事是对神的亵渎。他说:"荷马编造的故事,把神写成无恶不作的人,让人们不把罪恶当成是罪恶。即使人们犯罪作恶,也不以为是在仿效坏人,而自以为是受天上神灵的感召。"②他认为,悲剧中怜悯与恐惧是对沉溺于享乐的同情以及对虚构的苦难的悲伤,其实是一种违背天主意旨的犯罪。他说:"我的天主啊,在你的保佑下,我要远离那些污秽之物。以前,当我看到剧中的恋人沉溺于幸福之中时,我会感到快乐。如果他们分离,我就会感到悲伤,我很享受这个过程。现在,我更加同情那些沉溺于享乐的人。虽然我怜悯别人,别人会说我善良;但我宁愿世间没有任何事需要我去怜悯不已,这才是真正的同情。"③他认为,建立在好奇心与欲望基础上的荒诞剧是一种建立在肉欲基础上的危害更大的"另一种诱惑",是《圣经》中所说的"目欲"。"人们只是出于好奇心恶心地看着,看过之后还有可能会做噩梦。也正因为有了人们的好奇,才有了戏剧中各种怪诞、奇异的思想。"④

---

① 奥古斯丁:《忏悔录:直面人生中最真实的情感》,北京出版社 2008 年版,第 10 页。
② 奥古斯丁:《忏悔录:直面人生中最真实的情感》,北京出版社 2008 年版,第 11 页。
③ 奥古斯丁:《忏悔录:直面人生中最真实的情感》,北京出版社 2008 年版,第 23 页。
④ 奥古斯丁:《忏悔录:直面人生中最真实的情感》,北京出版社 2008 年版,第 112 页。

(四)美的忏悔:对沉浸于低级美的忏悔

奥古斯丁在 32 岁信奉基督教之前是世俗之人,沉溺于世俗的生活与艺术之中,并在早期写作了《论美和适宜》一书。32 岁之后奥古斯丁信奉了基督教,对于这段世俗的文艺与审美爱好在《忏悔录》中进行了深刻的反省与忏悔。他认为,这些只是一些低级的美,背离了基督教的宗旨。他说:"可是我不懂这些,当时的我只是沉浸在低级的美中。我对朋友说:'除了美丽,我们还爱什么吗? 什么样的东西是美的,什么是美呢? 我们所爱的事物都是什么方面吸引我们,令我们愉快呢? 难道事物不美就不能吸引我们了吗?'"①又说:"我把美定义为事物本身的特征,把适宜定义为事物与事物间和谐的关系,还用物质实体的例子来支持我的论断。但是我对于精神世界的错误观念阻碍了我前进,虽然真相就在面前,我却没有抓住它。"②可见,他认为,真正的美是精神世界的美,是神性的美,而将美定义为适宜与和谐,则是违背了这种精神的神性的神学美学的基本原则,因而这是一种丧失理性并可能会危及生命的"错误判断"。

由此可见,奥古斯丁《忏悔录》中的美学思想经历了世俗之整体和谐美与神性超越美的斗争与交锋,当然最后是神性之美的胜利,超越之美的呈现。但世俗整体与和谐美仍然是中世纪美学与艺术之一维。在《忏悔录》中仍然无法完全剥夺世俗之美的存在。

---

① 奥古斯丁:《忏悔录:直面人生中最真实的情感》,北京出版社 2008 年版,第 36 页。
② 奥古斯丁:《忏悔录:直面人生中最真实的情感》,北京出版社 2008 年版,第 37 页。

五、《圣经》的美学思想：
神学存在论美学

《圣经》是基督教经典，包括《旧约全书》与《新约全书》。前者产生于公元前 2 世纪，后者稍晚。前者为希伯来文，后者为希腊文，公元 4—5 世纪译成拉丁文。全书由传说、诗歌与哲言组成，本身具有极高的美学价值。由于《圣经》作为基督教经典，从哲学的意义上说是一种神学存在论。在这一方面，德裔美国哲学家蒂利希对于《圣经》进行了很好的神学存在论的阐释。众所周知，《圣经》是中世纪的基督教经典，主要运用神话故事来阐释基督教教义，但其上帝本体论内涵与当代存在论哲学特别契合。蒂利希发掘了这一点并加以深刻阐释，成为神学存在论。其实，奥古斯丁的《忏悔录》中的美学思想也是以上帝为本源的上帝本体论，所以蒂利希说存在主义描绘的人及普遍生存境况是奉献给神学的一件伟大的礼物。因此，我们运用蒂利希的神学存在论可以很好地阐释《圣经》的美学思想。

在神学存在论之中，上帝是最高的"存在"，它的逐渐展示与显现就是美的逐渐显现，是一种出遮蔽到澄明的过程。正是在这样的意义上，神学与美学才联系起来。诚如当代神学家斯蒂芬·菲尔兹所言，"神圣的美可以理解为通过存在仲裁自身。在存在中，美看见了自身。我们甚至可以说美通过看视投射在存在中的自身才实现了自身的完美"①。《圣经》全书包括"创世、苦难与救赎"三大命题，重点是"救赎"。这三大命题表示人类存在的"过

---

① 刘光耀、杨慧林：《神学美学》第 4 辑，上海三联书店 2011 年版，第 243 页。

去、现在与未来"的历时性过程,回答了人类"何以在与如何在"的宏大课题,包含人类生存之大智慧与终极关怀,以及人类前途命运的大慈悲,成为以上帝为中心建构的完备的神学存在论。从总体上说,只有从大智慧与大慈悲的神学存在论的视角才能理解其美学思想。基督教文化是西方非常重要的文化资源,对西方文明影响深远。1967年林恩·怀特发表著名的《我们生态危机的历史根源》一文,将生态危机的根源归结为基督教神学,认为正是基督教神学与《圣经》造成了西方持久不断的人类中心主义,成为严重生态灾难的根源。由此,掀起一场当代的基督教改革运动,生态神学即是在这种形势下产生的。而生态神学与神学美学具有内在的融会性。从神学存在论的特殊视角来阐释《圣经》的美学思想,这是理解《圣经》美学思想的钥匙。《圣经》的美学思想与传统认识论实体性美学完全不同,是一种神学本体论,超越看得见的存在者,走向看不见的存在,即上帝。德裔美国哲学家蒂利希提出神学存在论,认为上帝本体论与神学存在论特别契合,存在主义描绘的人的普遍的生存境况是奉献给神学的伟大礼物。在神学存在论中,上帝是最高的存在。上帝的逐渐显现,是一种由遮蔽到澄明的过程。神学与美学由此联系起来。这就是"在存在中看见了自身",美是最高的存在,最高的存在是上帝。存在的逐渐显现就是上帝的逐渐显现。此种意义上的神学美学,包括以下几个方面的内容:

(一)"因道同在"之超越美

"因道同在",是基督教神学存在论生态审美观之基点,包含极为丰富的内容。其最基本的内容,是主张上帝是最高的存在,是创造万有的主宰。《圣经·申命记》称,上帝耶和华为"万神之

神，万主之主"①。在《圣经·诗篇》中，又称耶和华为"全地的至
高者"②。《圣经·启示录》借二十四位长老之口说道："我们的上
帝，你是配得荣耀、尊贵、权能的，因为你创造了万有，万有都是因
著你的旨意而存在，而被造的。"③由此，基督教文化，特别是《圣
经》的重要内容就是上帝创世，所谓"那看得见的就是从那看不见
的造出来的"④。《圣经》的首篇就是《创世记》，记载了上帝六日
创世的历程。第一日，上帝创造天地；第二日，上帝创造苍穹；第
三日，上帝创造青草、菜蔬和树木；第四日，上帝造了太阳、月亮和
星星；第五日，上帝造了鱼、水中的生物、飞鸟、昆虫和野兽；第六
日，上帝按照自己的形象造人；第七日为安息日。由此可见，天地
万物均为上帝所造。上帝是创造者，人与万物都是被造者。因
此，从人与万物都是被造者的角度看，他们之间的关系应该是平
等的。有学者强调了上帝规定人有管理万物的职能，从而说明人
高于万物。的确，《圣经·创世纪》记载了人对万物的管理。《圣
经》记载上帝的话："我们要照着我们的形象，按着我们的样式造
人；使他们管理海里的鱼、空中的鸟、地上的牲畜，以及全地，和地
上所有爬行的生物。"并说："看哪，我把全地上结种子的各种菜
蔬，和一切果树上有种子的果子，都赐给你们作食物，至于地上的
各种野兽，空中的各种飞鸟，及地上爬行的有生命的各种活物，我
把一切青草菜蔬赐给它们作食物。"⑤

---

①《圣经》(新译本)，香港天道书楼 1993 年版，第 232 页。
②《圣经》(新译本)，香港天道书楼 1993 年版，第 789 页。
③《圣经》(新译本)，香港天道书楼 1993 年版，第 1969 页。
④《圣经》(新译本)，香港天道书楼 1993 年版，第 1654 页。
⑤《圣经》(新译本)，香港天道书楼 1993 年版，第 4—5 页。

　　上述言论,成为许多理论家认为基督教文化力主"人类中心"的主要依据。其实,从同为被造者的角度来看,人类并没有构成万物的中心。而上帝所赋予人类对于万物的管理职能也并不意味着人类成为万物之主宰,而只意味着人类承担更多的照顾万物之责任。正如《圣经·希伯来书》所说,对于人类"我们还没有看见万物都服他"①。至于上帝把菜蔬、果子赐给人类作食物,同时把青草和菜蔬赐给野兽、飞鸟和其他活物作食物,包括《圣经》中对于人类宰牲吃肉的允许,以及对安息日休息和安息年休耕的规定,都说明基督教文化在一定程度上对生物循环繁衍的生态规律之认识。由此说明,基督教文化中人与万物同样作为被造者之平等也不是绝对的平等,而是符合万物循环繁衍之规律的平等。而且,人与万物作为存在者也都因上帝之道(存在)而在,亦即成为此时此地的具体的特有物体。《圣经》以十分形象的比喻对此加以阐述,认为人与万物都好比是一粒种子,上帝根据自己的意思给予其不同的形体,而不同的形体又都以其不同的荣光呈现出上帝之道。《圣经》写道:"你们所种的,不是那将来要长成的形体,只不过是一粒种子,也许是麦子或别的种子。但上帝随着自己的意思给它一个形体,给每一样种子各有自己的形体。而且各种身体也都不一样,人有人的身体,兽有兽的身体,鸟有鸟的身体,鱼有鱼的身体。有天上的形体,也有地上的形体;天上形体的荣光是一样,地上形体的荣光又是一样。太阳有太阳的荣光,月亮有月亮的荣光;而且,每一颗星的荣光也都不同。"②在此基础上,《圣经》认为,人与万物作为呈现上帝之道的存在者也都同有其价

①《圣经》(新译本),香港天道书楼1993年版,第1645页。
②《圣经》(新译本),香港天道书楼1993年版,第1569页。

值。《圣经·路加福音》有一句名言："五只麻雀，不是卖两个大钱
吗？但在上帝面前，一只也不被忘记。"[①]因此，即便是不如人贵
重的麻雀，作为体现上帝之道的存在者，也有其自有的价值，而不
被上帝忘记。

　　综上所述，从人与万物作为存在者因道同在的角度，《圣经》
的主张是：人与万物因道同造、因道同在、因道同有其价值。这种
人与万物因道同在的哲思，包含着一种超越之美。本来，存在论
美学就力主一种超越之美。它是通过对物质实体与精神实体之
"悬搁"，超越作为在场的存在者，呈现不在场之存在，到达真理敞
开的澄明之境。而作为神学存在论美学又有其特点，面对灵与
肉、神圣与世俗、此岸与彼岸等特有矛盾，通过灵超越肉、神圣超
越世俗、彼岸超越此岸之过程，实现上帝之道对万有之超越，呈现
上帝之道的美之灵光。《圣经·加拉太书》引用上帝的话说："我
是说，你们应当顺着圣灵行事，这样就一定不会去满足肉体的私
欲了。因为肉体的私欲和圣灵敌对，使你们不能做自己愿意做
的。但你们若被圣灵引导，就不在律法以下了。"[②]在这里，《圣
经》强调了面对肉欲与圣灵的敌对，应在圣灵的引导下超越肉欲，
才能遵循上帝的律法到达真理之境。《圣经》又以著名的"羊的
门"作为耶稣带领众人超越物欲，走向生命之途、真理之境的形象
比喻。《圣经·马太福音》引用耶稣的话说："我实实在在告诉你
们，我就是羊的门。所有在我以先来的都是贼和强盗；羊却不听
从他们。我就是门，如果有人藉着我进来，就必定得救，并且可以
出，可以入，也可以找到草场。贼来了，不过是要偷窃、杀害、毁

---

① 《圣经》（新译本），香港天道书楼 1993 年版，第 1592 页。
② 《圣经》（新译本），香港天道书楼 1993 年版，第 1593 页。

坏;我来了,是要使羊得生命,并且得的更丰盛。"①在这里,盗贼代表着物欲,耶稣即是圣灵,进入羊的门,即意味着圣灵对物欲的超越。《圣经》认为,只有通过这种超越,才能真正迈过黑暗进入真理的光明之美境。《圣经·约翰福音》中,耶稣对众人说:"我是世界的光,跟从我的,必定不在黑暗里走,却要得著生命的光。"又说:"你们若持守我的道,就真是我的门徒了;你们必定认识真理,真理必定使你们自由。"②基督教神学存在论所主张的这种引向信仰之彼岸的超越之美,为后世超功利性的静观美学提供了宝贵的思想资源。同时,这种超越之美也为生态美学中对"自然之魅"的适度承认提供了学术的营养。科学的发展的确使人类极大地认识了自然之奥秘,但自然之神秘性和审美中的彼岸色彩却是无可穷尽的不可或缺的因素。

(二)"藉道救赎"之悲剧美

"救赎论"是基督教文化中最主要的内容和主题,也是神学存在论生态审美观最重要的内容,构成了它最富特色并震撼人心的悲壮的美学基调。它由原罪论、苦难论、救赎论与悲壮美四个相关的内容组成。上帝救赎是由人类犯罪受罚、陷入无法自拔的灾难而引起的。因而,必然要首先论述其原罪论。《圣经·创世记》第三章专门讲了人类始祖所犯原罪之事,主要讲人类始祖被蛇引诱到违主命偷食禁果,犯了原罪,并被逐出美丽富庶、无忧无虑的伊甸园。那么,人类所犯原罪之根源何在呢?基督教教义认为,主要在于人类本性之贪欲。《圣经》写道,当蛇引诱女人夏娃偷食

---

①《圣经》(新译本),香港天道书楼1993年版,第1469页。
②《圣经》(新译本),香港天道书楼1993年版,第1466页。

禁果时，"女人见那树的果子好作食物，又悦人的眼目，而且讨人喜欢，能使人有智慧，就摘下果子来吃了；又给了和她在一起的丈夫，他也吃了"①。由此可见，夏娃之所以被诱惑而偷食禁果，还是为了满足自己的口腹、眼目与认知之私欲。正是这样的私欲导致人类犯了原罪。但人类的私欲并没有因为被逐出伊甸园而有所改变。因为《圣经》认为，这种私欲是人类的本性，所以一再揭露。正如《圣经·创世纪》第六章所写，"耶和华看见人类在地上的罪恶很大，终日心里想念的尽都是邪恶的。于是，耶和华后悔造人在地上，心中忧伤"②。《圣经》还在《创世纪》第九章写道："人从小时候开始心中所想的都是邪恶的。"③由此可见，《圣经》认为人的原罪是本原性的。而且，《圣经》认为，人类的后代在原罪的驱使下所做的坏事超过了他们的前人。《圣经·耶利米书》第十六章，耶和华对先知耶利米评价以色列人之后代时说道："至于你们，你们所做的坏事比你们的列祖更厉害；你们个人都随从自己顽梗的恶心行事，不听从我。"④基督教文化的这种强烈的自责性，是其极为重要的特点。它总是将各种灾难之根源归咎于自己的原罪和过错。《圣经·诗篇》第二十五篇写道："耶和华啊！求你纪念你的怜悯和慈爱，因为它们自古以来就存在。求你不要纪念我幼年的罪恶和过犯；耶和华啊！求你因你的恩惠，按着你的慈爱纪念我。"又写道："耶和华啊！因你名的缘故，求你赦免我的罪孽，因为我的罪孽重大。"

①《圣经》（新译本），香港天道书楼 1993 年版，第 6 页。
②《圣经》（新译本），香港天道书楼 1993 年版，第 9 页。
③《圣经》（新译本），香港天道书楼 1993 年版，第 12 页。
④《圣经》（新译本），香港天道书楼 1993 年版，第 1052 页。

　　这种强烈的自责的情绪同古希腊文化形成鲜明对比。众所周知，古希腊文化是将一切灾难和悲剧之根源都归结为客观之命运的，很少有基督教文化那种深深的自责之情。著名的悲剧《俄狄浦斯王》，就将主人公俄狄浦斯杀父娶母之罪孽归咎于客观的不可抗拒之命运。它们产生的效果也是截然不同的。命运之悲剧使人产生无奈的同情，但原罪之悲剧却能产生强烈的灵魂之震撼。因为，如果犯罪之根源在于每个人的心中都会有的原罪，那么这就使人不仅自责而且产生强烈的反省。当前，面对现代化、工业化过程中生态灾难的日益严重，某些人置若罔闻，甚至洋洋自得，很可能是不能正确对待古希腊悲剧，把一切灾难都归结为客观命运的观念的结果。而我们更需要重视基督教文化之原罪悲剧精神。当前，面对生态危机带给人类生存的一系列严重问题，我们对既往的观念和行为进行自责性的反省实在是太有必要了。

　　同原罪论紧密相连的是苦难论。由于基督教文化承认人的原罪，所以为了避免原罪，就出现了一个非常重要的人类与上帝之约，这就是著名的"十诫"。也就是上帝给人类列了十个不准，以遏制其原罪。但人类终因原罪深重而难以遵约，总是违诫。这就使人类不断受到惩罚而陷入苦难之中。因此，基督教文化之中的苦难，包括自然灾害一类的生态灾难都是上帝为了惩罚人类而制造的，属于目的论范围的苦难。当然，上帝的这些惩罚都是由于人类的违约而引起的。《圣经·利未记》记载了上帝对人类的警告："但如果你们不听从我，不遵行这一切的诫命；如果你们弃绝我的律例，你们的心厌弃我的典章，不遵行我的一切诫命，违背我的约。我就要这样待你们：我必命惊慌临到你们，痨病热病使你们眼目昏花，心灵憔悴；你们必徒然撒种，因为你们的仇敌必吃

尽你们的出产……"①正因为人类由于原罪的驱使一次次地违
约,所以面临上帝对其惩罚的一次次灾难。首先是被赶出伊甸
园,被罚"终生劳苦"。接着,又被特大的洪水淹没。《圣经》说,通
过滔滔洪水,"耶和华把地上所有的生物,从人类到牲畜,爬行动
物,以及空中的飞鸟都除灭了"②。同时,上帝还使人类面临其他
灾难。"他使埃及水都变成血,使他们的鱼都死掉。在他们地上,
以及君主的内室,青蛙多多滋生。他一发命令,苍蝇就成群而来,
并且虱子进入他们的四境。他给他们降下冰雹为雨,又在他们的
地上降下火焰。他击打他们的葡萄树和无花果,毁坏他们境内的
树木。他一发命令,蝗虫就来,蚱蜢也来,多的无法数算,吃尽了
他们地上的一切植物,吃光了他们土地的一切出产……"③上帝
还把可怕的旱灾和地震带给人类。旱灾的情形是"土地干裂,因
为地上没有雨水,农夫失望,都蒙着自己的头"④。地震的情形是
"大山在他面前震动,小山也都融化"⑤。《圣经》所列的这些苦难
绝大多数都是一些自然灾害,而且大都是一些天灾。但今天的灾
害,诸如核辐射、艾滋病、癌症、"非典"、禽流感等却大多是人祸,
是人对环境破坏的结果。这难道不更加惊心动魄吗?!《圣经》似
乎有所预见一般,在《新约·提摩太后书》中专门讲到末世的情
况:"你应当知道,末后的日子必有艰难的时期到来。那时,人会
专爱自己、贪爱钱财、自夸、高傲、亵渎、背离父母、忘恩负义、不圣

---

① 《圣经》(新译本),香港天道书楼 1993 年版,第 159 页。
② 《圣经》(新译本),香港天道书楼 1993 年版,第 11 页。
③ 《圣经》(新译本),香港天道书楼 1993 年版,第 797 页。
④ 《圣经》(新译本),香港天道书楼 1993 年版,第 1048 页。
⑤ 《圣经》(新译本),香港天道书楼 1993 年版,第 1284 页。

洁、没有亲爱良善、卖主卖友、容易冲动、傲慢自大、爱享乐过于爱
上帝,有敬虔的形式却否定敬虔的能力……"上述所言自私贪欲、
追求享受等,恰是现代社会滋生蔓延的人性之弊病。这样的弊病
引起的惩罚应该更大。当今人类生存状态美化和非美化之二律
背反的严重事实恰恰证明了这一点。基督教文化把救赎放在一
个十分突出的位置。所谓救赎即上帝和基督耶稣对人类苦难的
拯救。基督教文化认为,这种救赎完全是由上帝和基督耶稣慈爱
的本性决定的。《圣经》第三十篇和第三十一篇写道:"耶和华我
的上帝啊! 我曾向你吁求,你也医治了我。耶和华啊! 你曾把我
从阴间救上来,使我存活,不至于下坑。耶和华的圣民哪! 你们
要歌颂耶和华,赞美他的圣名。因为他的怒气只是短暂的,他的
恩惠却是一生一世的;夜间虽然不断有哭泣,早晨却欢呼。"又说:
"因为你是我的岩石、我的坚垒;为你名的缘故,求你带领我,引导
我。求你救我脱离人为我暗设的罗网。因为你是我的避难所。
我把我的灵魂交在你手里,耶和华,信实的上帝啊! 你救赎
了我。"①

　　由此可见,《圣经》认为,上帝对人类的救赎,成为人类的避难
所,完全是由于上帝永恒的恩惠、万世的圣名、信实的品格、慈爱
的本性。基督教文化中上帝对于人类的救赎不同于一般的扶危
济困之处在于,这种救赎是对人类前途命运之终极关怀,是在人
类生死存亡之关键时刻伸出拯救人类之万能之手。按照《圣经》
记载,在人类的初期,因罪恶而被洪水吞没之际,上帝命义人挪亚
建造方舟,躲过了这万劫之难。其后,在人类又要面临大难之际,
上帝又让独子耶稣基督降生接受痛苦的赎罪祭,并复活传福音,

①《圣经》(新译本),香港天道书楼1993年版,第716—717页。

以"把自己的子民从罪恶中拯救出来"①。并且,《圣经》还预言了
在未来的世界末日基督耶稣将重临大地拯救人类。基督教文化
的救赎,不仅是对人类的救赎,而且也是对万物的救赎。因为,各
种灾害既是人类的苦难,也是万物的苦难。所以,在拯救人类的
同时也必须拯救万物。《圣经》所载人类初期,大洪水到来淹没了
人类和万物,上帝命挪亚建造方舟,既拯救了人类也拯救了万物。
《圣经》记载上帝对挪亚说:"我要和你立约。你可以进方舟;你和
你的儿子、妻子和儿媳,都可以和你一同进方舟,所有的活物,你
要把每样一对,就是一公一母,带进方舟,好和你一同保存生
命。"②因此,在基督教文化和《圣经》之中,人与万物一样都是被
上帝救赎的。正是从人与万物被上帝同救的角度,人与万物之间
也具有某种平等性。而且,在基督教文化和《圣经》之中,上帝不
仅救赎了人类和万物,并将其慈爱之情倾注于整个自然,有着浓
浓的热爱自然与大地的情怀。前面已说到,《圣经》有安息日和安
息年规定人与自然休养生息的戒律,而且上帝造人就是用地上的
尘土造成人形。上帝还对人类说,"你既是尘土,就要回归尘
土"③。更为重要的是,《圣经》提出了著名的"眷顾大地"的伦理
思想,突出了大自然作为存在者之应有的价值。《圣经·诗篇》第
六十六篇写道:"你眷顾大地,普降甘霖,使地甚肥沃;上帝的河满
了水,好为人预备五谷;你就这样预备了大地。你灌溉地的犁沟,
润平犁脊,又降雨露使地松软,并且赐福给地上所生长的。"④也

①《圣经》(新译本),香港天道书楼1993年版,第1388页。
②《圣经》(新译本),香港天道书楼1993年版,第10页。
③《圣经》(新译本),香港天道书楼1993年版,第7页。
④《圣经》(新译本),香港天道书楼1993年版,第752页。

就是说,基督教文化的救赎论中包含上帝将大地、雨露、阳光、五谷等美好丰硕的大自然赐给人类,使人类得以美好生存。也由此说明,在基督教文化中人类的生存同自然万物须臾难离。

总之,基督教文化中的"藉道救赎"论是一种极具悲剧色彩的神学存在论生态审美观。它不仅以巨大的不可抗拒的灾难给人以惊惧威慑,而且以强烈的自谴给人的心灵以特有的震撼,并以对未来更大灾难的预言给人以深深的启示。《圣经》以生动的形象、震撼人心的笔触为我们刻画了一幅幅灾难与救赎的画面,渗透着浓郁的悲剧色彩。从挪亚方舟颠簸于滔滔洪水,到耶稣基督被钉在十字架的苦难画面,乃至对未来世界七个惩罚的可怖描绘,都以其永恒的震惊的形象留在世人心中。这确是一种具有崇高性的悲剧美。正如康德所言,这是对象物质之巨大压倒了人的感性力量,最后借助于理性精神压倒感性之对象,唤起一种崇高之美。在基督教文化之中,就是借助耶稣基督之救赎这一强大的精神力量,战胜自然获得精神之胜利,唤起一种崇高之美。一般的生态审美主要表现为与自然和谐之美好图景,或是以艺术的手段对破坏自然恶行之抨击。但唯有基督教文化,以"原罪—苦难—救赎"的特有形式,以浓郁的悲剧色彩,表现"上帝中心"前提下人与自然之关系,突出了面对自然灾害人类应有更多自责并遵神意"眷顾大地"的核心主题,给我们以深深的启发。

(三)"因信称义"之内在美

"因信称义",即是对人的信仰的凸显与强调。这是基督教文化与《圣经》十分重要的组成部分,也成为神学存在论生态审美观十分重要的内容。它是达到神学存在论美之真理敞开的必由之途,也使其成为具有高度精神性的内在美。"因信称义",是基督教文化不同于通常认识论之信仰决定论的神学理论。正如《圣经·加拉太书》所说,"既然知道人称义不是靠律法,而是因信仰耶稣基督,我们也就信了基督耶稣,使我们因信基督称义"①。所谓"称义",即得到耶稣之道。《圣经》认为,它不是依靠通常的诉诸道德理性之律就可达到,而必须凭借对于基督耶稣的信仰。而信仰是一种属灵的内在精神之追求,必须舍弃各种外在的物质诱惑和内在的欲念,甚至包括财产,乃至生命等。正如《圣经·加拉太书》所说,"属基督耶稣的人,是已经把肉体和邪情私欲都钉在十字架上了,如果我们是靠圣灵活着,就必须顶着圣灵行事。我们不可贪图虚荣,彼此浊怒,互相嫉妒"②。而这种"义"所追求的是耶稣的"爱",正如耶稣回答发利赛人所说,"你要全心、全性、全意爱主你的上帝。这是最重要的第一条诫命。第二条也和它相似,就是要爱人如己。全部律法和先知书,都以这两条诫命作为根据"③。做到以上诸条的人,就是"除去身体和心灵上的一切污秽",同耶稣合一的"新造的人"④。而要做到这一点则要依靠基督教文化中特有的灵性的修养过程,包括洗礼、祷告、忏悔等。最后实现上帝之道与人的合一,即"道成肉身"。正如《圣经·约翰福音》所记耶稣在为门徒所做的祷告中所说,"我不但为他们求,也为那些因他们的话而信我的人求,使他们都合而为一,像父你在我里面,我在你里面一样;使他们也在我们里面,让世人相信你

①《圣经》(新译本),香港天道书楼1993年版,第1588页。
②《圣经》(新译本),香港天道书楼1993年版,第1593页。
③《圣经》(新译本),香港天道书楼1993年版,第1368页。
④《圣经》(新译本),香港天道书楼1993年版,第1578页。

差了我来。你赐给我的荣耀,我已经赐给了他们,使他们合而为一,像我们合而为一"①。在这里,基督教文化的"因信称义"及与之相关的属灵的修养过程,实际上成为一种神学现象学。也就是通过属灵因信称义,道成肉身的祈祷、忏悔的过程,人们将各种外在的物质和内在的欲念加以"悬搁",进入一种内在的神性生活的审美的生存状态。诚如德国神学现象学家 M.舍勒(Max Scheler)所说,"这种想法似乎宏观地表现下述学说之中:基督的拯救行动不仅赎去了亚当之罪,而且由此将人带离罪境,进入一种与上帝的关系,较之于亚当与上帝的关系,这种关系更深、更神圣,尽管在信仰和追随基督之中的获救者不再有亚当那种极度的完美无瑕,并且总带有尚未厘清的欲望('肉体欲望')。沉沦与超升初境的循环交替一再微妙地显示在福音书中:在天堂,一个懊悔的罪人的喜悦甚于一千个义人的喜悦"②。写到这里,不禁使我想起中国古代道家思想中之"坐忘"与"心斋",即所谓"堕肢体,黜聪明,离形去知,同于大通(《庄子·大宗师》)"。这也是一种古代形态的现象学审美观,同基督教文化的"因信称义"有许多相似之处,说明中西古代智慧之相通。

(四)"新天新地"之理想美

基督教文化与《圣经》从神学存在论出发,对生态审美观之理想美作了充分的论述。当然,伊甸园是天地神人合一的理想之美地。但人类因原罪被逐出了伊甸园,从而也就失去了这样一个美

①《圣经》(新译本),香港天道书楼 1993 年版,第 1480 页。
②[德]M.舍勒:《爱的秩序》,林克译,三联书店香港有限公司 1994 年版,第137 页。

地。但基督教文化与《圣经》中的上帝还在为人类不断地创造新
的美地。在《圣经·申命记》中曾写道：耶和华上帝快要将人类引
进那有橄榄树、油和蜜，不缺乏食物之"美地"。《圣经·以赛亚
书》具体地描写了上帝将要创造的新天新地将是一个人与万物、
人与人、物与物协调相处的美好的物质家园与精神家园。书中具
体写道："因为我的子民的日子像树木的日子，我的选民必充分享
用他们亲手做工得来的。他们必不徒然劳碌，他们生孩子不再受
惊吓，因为他们都是蒙耶和华赐福的后裔，他们的子孙也跟他们
一样。那时，他们还未吁求，我就应予，他们还在说话，我便垂听。
豺狼必与羔羊一起吃东西，狮子要像牛一样吃草，蛇必以尘土为
食物。在我圣山的各处，它们都必不作恶，也不害物；这是耶和华
说的。"①而《圣经·启示录》专门对理想的新天新地做了描绘：
"我又看见了一个新天新地，因为先前的天地都过去了，海也再没
有了。我又看见圣城，新耶路撒冷，从天上由上帝那里降下来，预
备好了，好像打扮整齐等候丈夫的新娘。"②这个新天新地真是美
妙非凡：城墙是用碧玉造的，城是用纯金造的，从上帝的宝座那里
流出一道明亮如水晶的生命河，河的两边有生命树，结十二次果
子，树叶可以医治列国……总之，这也是一个天地人神和谐相处、
美丽富庶的家园。这些叙述，表达了基督教文化和《圣经》神学存
在论生态审美观的美学理想：天地神人统一协调、美好和谐的物
质家园与精神家园。

　　上面，我们从"因道同在"之超越美、"藉道救赎"之悲剧美、
"因信称义"之内在美、"新天新地"之理想美四个层面阐述了基督

---

①《圣经》（新译本），香港天道书楼 1993 年版，第 1016 页。
②《圣经》（新译本），香港天道书楼 1993 年版，第 1711 页。

教神学存在论生态审美观之基本内涵,说明这是一种力主人与万物同样被造、同样存在、同样有价值、同样被救赎,并具有超越性、内在性、理想性与充满自我谴责之原罪感的特殊悲剧美,具有其特定的内涵和不可代替之价值。

六、20世纪巴尔塔萨的神学美学:启示与美

神学美学(Theological Aesthetics)是20世纪兴起的一种美学形态,有广义与狭义两种理解。广义的神学美学,是自中世纪以来的基督教美学,从根本上说它是一种神学。从狭义的角度说,是自20世纪以来,以略夫与巴尔塔萨为代表的神学美学。略夫于1932年在《神圣与世俗之美》一书中创造"神学美学"一词,拉开了现代神学美学体系建构的序幕。略夫从神学出发,以神学为准则解释美学,关注"神学中的美学",将美学神圣化,其实质是一种神学。而巴尔塔萨则是通过美学认识神学,并通过神学判断美学,强调美学与神学的统一。当然,归根结底还是一种神学,或者叫作神学家的美学,但美学的内容更多一些。

巴尔塔萨(Hans Urs Von Baltha Sar,1905—1988),瑞士天主教神学家、文化思想家、古典学者,共出版85本专著,500多篇论文,将近100多种翻译作品,还有大量的短篇文章及整理的60多卷文献。《上主的荣耀:神学美学》(1982—1991)共7卷本,被认为是20世纪以来最重要的神学成就之一,也是20世纪神学美学的代表性论著。

要理解巴氏的这本书,需要掌握这样几个要点:第一,这是一本神学论著;第二,其哲学基础是神学存在论,天主是万有之本

源,万有均为天主之体现;第三,核心理论是上帝的神性显现,对应于黑格尔的美是理念的感性显现;第四,表现形态是神学中之"道成肉身"与圣经、各种神学活动与基督教艺术等;第五,信仰是神学美学的必要前提;第六,该书是巴氏思考资本主义社会现代危机的结果,他试图通过基督教解决社会危机。这也是他对基督教危机的思考,试图通过神学美学走出基督教困境,挖掘其新的生机。

神学美学产生的社会原因,主要是 20 世纪以来资本主义社会的文明危机日渐尖锐,上帝的终结,人的主体地位的抬头,超验的神性的终结与人的理性与科技的主宰在给人带来光明的同时,也带来了战争、污染、贫困、精神疾患的蔓延与艺术的彻底非美化等深重的灾难。这些情况重新唤起人们对于超验的精神生活的追求,对终结关怀的向往,对中世纪神学美学价值的有所认同。于是,巴尔塔萨与略夫的神学美学重新在美学中有一席之地。诚如巴尔塔萨所说:"在唯物主义和精神分析时代,特别是在 20 世纪,当艺术主要成了对纯粹物质空间关系、平面关系以及肉体关系的一种暗示,(最终同样)成了对心理—精神的无意识结构因素的一种表现之际,传统的美难道还能完整地保持下来吗? 还能和现代的美用同一概念来概括吗?"①在这里巴尔塔萨实际上是主张在新世纪发扬包括神学美学在内的各种新兴美学的有益价值的。

(一)论启示与美的关系——神学美学的核心主题

"启示"的希腊文(apokalyptein)原意是"揭开",是基督教《圣

---

① [瑞士]巴尔塔萨:《神学美学导论》,曹卫东、刁承俊译,生活·读书·新知三联书店 2002 年版,第 2 页。

经》中的常见词汇,是指神借助创造、历史、人的良知和《圣经》的记载,向人类揭示神自己。《圣经》说明神以耶稣基督揭示他自己,耶稣基督就是神启示的缩影。张俊教授认为,启示的形式是巴氏神学美学的核心主题。因为神学美学根本性的论题是神圣荣耀与世俗之美的关系问题,而启示就揭示了这一关系。所谓启示就是"道成肉身"的基督,唯有这种形式才是神学美学的真正对象。巴氏的基本立场是"努力把美和启示协调起来"①,"重新领会西方—基督教传统中启示和美自身之间的源始遭遇"②。

1.从历史的角度看,巴氏认为,历史上那些伟大的理论家,从柏拉图开始到奥古斯丁等人都是从对感官的排斥开始的,通过排斥"召回或重新获得美"③,而且"只有在宗教里才存在着真正的美,那种把美的源始表象世界远远抛到脑后的震惊即是对这种惟一真正的美的观照"④。

2.从客观的角度看,巴氏一方面强调形而上,同时又在审美的维度上不放弃"非形而上"。他一方面强调超验,同时也不反对体验。他强调超验与体验的结合,这就为启示与美的关系搭建了桥梁。他说:"只有当基督灵魂的力量大到可以把宇宙作为恩典

---

① [瑞士]巴尔塔萨:《神学美学导论》,曹卫东、刁承俊译,生活·读书·新知三联书店 2002 年版,第 3 页。
② [瑞士]巴尔塔萨:《神学美学导论》,曹卫东、刁承俊译,生活·读书·新知三联书店 2002 年版,第 4 页。
③ [瑞士]巴尔塔萨:《神学美学导论》,曹卫东、刁承俊译,生活·读书·新知三联书店 2002 年版,第 9 页。
④ [瑞士]巴尔塔萨:《神学美学导论》,曹卫东、刁承俊译,生活·读书·新知三联书店 2002 年版,第 12 页。

和把不可捉摸的绝对之爱的无根启示来体验，美才会重新出现。单纯的'信仰'是不够的，而是要体验。"①

　　3. 从启示的角度看，从神启的角度，巴氏一方面强调无形的光和道，同时也强调有形的"道成肉身"。这正是神学美学与宗教艺术赖以建立的前提之一。他说，"只要这个世界还存在，十字架就必然是道成肉身的首选目的"，"上帝启示中的荣耀、一切美和美学的超额完成必须坚持将所有人——无论是教徒还是非教徒——的眼睛遮蔽起来，尽管遮蔽的程度相当不同"。② 这是从启示的角度强调从"道成肉身"的启示来体验超验的美，是一种神学存在论的由遮蔽到澄明，由在场到不在场。在这里，提出了一个人们普遍关心的问题：被卑微而痛苦地钉在十字架上的基督怎么会成为美的象征？在这里，巴尔塔萨的"上帝向我们自由的、绝对的自我启示是神学美学唯一真正的基础"③的观点起了作用。因为，"世俗美学诉诸存在的和谐与形式，而神性的美则依据更高的原则发挥作用"④。这个更高的原则就是"人子启示出的爱"。"这在信仰中领悟到的爱，在十字架的耻辱中闪耀，把一个被现实世界的法则判定为丑的形象转变为美的征象。"⑤例如，曾获得诺贝尔和平奖的修女特蕾莎虽然并不美丽，但她在加尔各答建立的普济会和清心之家，对穷人与临终者施救的善举，使我们"看到的

---

①［瑞士］巴尔塔萨：《神学美学导论》，曹卫东、刁承俊译，生活·读书·新知三联书店 2002 年版，第 17 页。

②［瑞士］巴尔塔萨：《神学美学导论》，曹卫东、刁承俊译，生活·读书·新知三联书店 2002 年版，第 21 页。

③刘光耀、杨慧林：《神学美学》第 4 辑，上海三联书店 2011 年版，第 234 页。

④刘光耀、杨慧林：《神学美学》第 4 辑，上海三联书店 2011 年版，第 241 页。

⑤刘光耀、杨慧林：《神学美学》第 4 辑，上海三联书店 2011 年版，第 241 页。

是一种慈爱的和英雄般自我牺牲的美"①。

4.从神学的角度看,巴氏认为,从思考启示与美的关系就是把握好神学的超验性与当代历史发展的关系,以图在无序的当代建立起新的次序。他说:"审美并非要听命于什么,审美的确定就是它的飘荡,在历史时机——伟大的艺术在这时机之中——和神恩的自由之间飘荡。"②这说明审美是在历史与神恩、当下与既往、此岸与彼岸之间飘荡(徘徊、选择)。但巴氏认为,"再高的天赋也只有带着圣灵才会触及美的中心。……爱的衰弱只说明一点,即我们的艺术萧条了",认为彼岸是艺术的真谛所在。因此,他认为,"艺术要想重新兴旺起来,只有靠爱再来激发。惟有能够领悟上帝艺术的心灵才敢要求在我们当代的混乱无序中建立起新的秩序"③。

(二)论神学美学的基本理论形态

1.什么是神学美学

巴氏认为,神学美学不是通常意义上的美学,而是一种"审美的神学"。他说:"所以,至少在实践中,看来应当和必须放手让神学运用审美概念。使用审美概念的神学迟早会抛弃神学的审美,亦即摆脱用神学方法在实际层面上开展美学的尝试,转向一种审美的神学,亦即运用内心世界美学学说的一般直观来

---

①刘光耀、杨慧林:《神学美学》第4辑,上海三联书店2011年版,第242页。
②[瑞士]巴尔塔萨:《神学美学导论》,曹卫东、刁承俊译,生活·读书·新知三联书店2002年版,第34页。
③[瑞士]巴尔塔萨:《神学美学导论》,曹卫东、刁承俊译,生活·读书·新知三联书店2002年版,第35页。

揭示神学内容。"①他又说,这是一种"不是主要运用世俗哲学美学,特别是诗的非神学范畴,而是运用真正的神学方法从启示自身的宝库中建立起它的美学"②。巴氏之所以创立神学美学,目的是建立一种本体圆融的更具魅力的神学。他曾对有人误认为他是"神学唯美主义者"而深感恼火。他说,他的神学美学首先不是通常的美学而是反映在"上帝自身神性光辉意义的荣耀中"③。在这里,还需将"审美的神学"与"审美神学"区别开来,前者是神学,而后者则是审美学。他说："要想进一步了解神学美学的意义,就必须将它与最容易混淆的审美神学区别开来。审美神学概念中的'审美'难免会是世俗的、有限的,因而带有贬义色彩。"④

2.《圣经》是神学美学最重要的论著

巴氏认为,神学美学首先应该研究《圣经》。他说："首先对神学本身的源头,即《圣经》作一番追溯。《圣经》虽然不能完全说是,但可以说主要是一部诗作。"⑤不仅如此,《圣经》还是神学美学的主要论著。他不同意这种诗歌形式通过历史文化即可"解释清楚"的观点,而是认为《圣经》贯穿着神性的光辉,因而成为神学

①［瑞士］巴尔塔萨:《神学美学导论》,曹卫东、刁承俊译,生活·读书·新知三联书店 2002 年版,第 59 页。
②［瑞士］巴尔塔萨:《神学美学导论》,曹卫东、刁承俊译,生活·读书·新知三联书店 2002 年版,第 133—134 页。
③［瑞士］巴尔塔萨:《神学美学导论》,曹卫东、刁承俊译,生活·读书·新知三联书店 2002 年版,第 57 页。
④［瑞士］巴尔塔萨:《神学美学导论》,曹卫东、刁承俊译,生活·读书·新知三联书店 2002 年版,第 99 页。
⑤［瑞士］巴尔塔萨:《神学美学导论》,曹卫东、刁承俊译,生活·读书·新知三联书店 2002 年版,第 63 页。

美学经典。他说:"由特殊的《圣经》形式所激发起来的沉思将一道审美之光往后(也是往前)洒向救恩史,从而和《律法书》及《先知书》中的自然—诗歌形式一起将救恩史的整个罕见的超验范围都揭示了出来。这倒不是要对已经过去的英勇而崇高的历史时期追加乏味而浪漫的美化,而是要将这种特别具有戏剧色彩的行动内在所固有的,必须作为神学审美学对象的审美尺度通过照耀而显示出来。"①也就是说,巴氏反对将《圣经》仅仅作为一部普通的诗歌集来阅读,而是认为它集中体现了神的启示,因而应该是神学美学最重要的论著。

3.神学内容的美学考察

第一,关于上帝——巴氏认为,所谓神学美学就是上帝的显现。神学美学的创造者认为,要想解释上帝的荣耀通过具有直观性的审美是必不可少的。巴氏认为,"首先要建构一种神学美学('荣耀'):上帝显现"②。这其实是与传统的美学是感性学的特征相对立的。因此,上帝之美成立的哲学根基就不是传统的认识论,而是神学存在论。只有在这个基础上,美与上帝的荣耀的关系才能建立起来。他说:"在神学层面,'主宰一切的、崇高的、荣耀的'上帝证实自己作为存在根基的属性,呈现于一切存在物之中,并必然超越所有范畴定义。'doxa'作为关于上帝的一种说法,因此'实际上不只是一个概念:它是一个原初的密码''因为doxa超越一切言说、一切言语'。"③在这里,上帝成为创造万物的

①[瑞士]巴尔塔萨:《神学美学导论》,曹卫东、刁承俊译,生活·读书·新知三联书店2002年版,第65页。
②刘光耀、杨慧林:《神学美学》第2辑,上海三联书店2008年版,第5页。
③刘光耀、杨慧林:《神学美学》第2辑,上海三联书店2008年版,第59页。

本体,万物都闪耀着上帝之光。所以,神学美学是存在论美学,也是创造论美学。同时,上帝拯救人类与万物,所以也是一种具有人文精神的美学。神学美学的创造者认为,要想解释上帝的荣耀,通过具有直观性的审美是必不可少的。神学美学的"显现"是感性与神性的直接统一,而不是传统认识论美学的感性与理性的直接统一。

第二,关于三位一体——也就是对基督教神学中圣父、圣子与圣灵三位一体的审美解读。在这里,运用了"类比"的方法,就是通过类比寻找世俗生活中圣灵的显现,从而将上帝的荣耀之美与世俗生活联系起来。巴氏说道:"自我呈现出来的奥秘之光,不能混同于尘世中的其他审美光辉。尽管如此,这并不意味着那种神秘之光与这种审美光辉不存在任何共通之处。"①这就是神学中的"类比",是沟通圣父、圣子与圣灵的以及神圣荣耀与尘世之美的桥梁。

第三,关于"道成肉身"——这是上帝之美的肉身化,是神学美学的主要对象。要将"道成肉身"作为审美的阐释,就必须借助于信仰。正如巴氏所言,"上帝的荣耀是隐藏着的,但对信仰的眼睛而言,荣耀,作为永恒三一之爱的荣耀却照射出炫目的光辉"②。所以,信仰是神学美学的必要前提。否则,我们在道成肉身中看到的只能是恐怖的形象而不是美。

第四,神学美学的形态——神学美学形态仍然十分丰富,包括圣经、圣歌、圣仪、圣像、神学建筑与神学艺术等。

4.神学美学的基本特性

这是一种特有的基于信仰的在神奇的形式力量中达到迷狂

①刘光耀、杨慧林:《神学美学》第2辑,上海三联书店2008年版,第57页。
②刘光耀、杨慧林:《神学美学》第2辑,上海三联书店2008年版,第61页。

与陶醉。诚如巴氏所说,"如果他们在热情和神圣之统一之中未能达到基督教意义上的迷狂和陶醉境地,那么,(他们是不会拥有这种形式力量的)"①。

5.神学美学所必须经历的两个阶段

巴氏做了自己关于神学美学审美阶段的论述:"神学美学实际上必须经过下列两个阶段:(1)直观论——或曰基础神学;(康德意义上的)美学作为感知上帝启示形象的学说。(2)陶醉论——或曰教义美学;美学作为荣耀之上帝成人以及鼓舞人分享荣耀的学说。"②

第一,直观阶段。美学作为感性学,还是要以感知与直观作为基础,因此,神学美学首先要面对上帝启示所呈现的形象,需要有直观的感知。

第二,陶醉阶段。神学美学作为上帝荣耀的显现最终应该是使人分享上帝的荣耀达到陶醉。这是神学美学最根本的特征所在。

(三)论神学与戏剧

1.神学美学为什么必然包含戏剧学? 这是由神的绝对自由与人的相对自由的矛盾决定的。正如巴氏所说:"当神与我们立约之后,便要继之以一种戏剧学了:耶稣基督的绝对的上帝的自由如何面对人的相对的但也是真的自由? 这两种对立位格的自

①[瑞士]巴尔塔萨:《神学美学导论》,曹卫东、刁承俊译,生活·读书·新知三联书店2002年版,第99页。
②[瑞士]巴尔塔萨:《神学美学导论》,曹卫东、刁承俊译,生活·读书·新知三联书店2002年版,第141页。

由,会不会因为有选择何者为善的问题而带来你死我活的冲突?
谁会成为最后的赢家?"①因此,人神冲突、惩罚与拯救的交替出
现成为基督教神学与《圣经》的基本内容,包括神学仪式中的各种
对话、表演与活动都成为神学戏剧学的重要内容。

2.神学与悲剧。神学美学中的悲剧概念是什么呢? 巴氏说道:
"'悲剧'和'信仰'二词相遇到一块,可谓意味深长,因为悲剧中破碎
的东西,是以一个牢不可破的整体的信仰为前提的。"②这里说出了
神学美学悲剧的特点是"信仰",它的悲剧与救赎均以信仰为前提。

3.原罪论与命运论:这是神学美学中的悲剧相异于古代希腊
悲剧之处,因为后者是一种"命运说",但前者却是"原罪说"。诚
如巴氏所说,"人被卷到了一种集体罪责当中,这种罪责把正义者
与民族命运联在一起……尽管如此,基督替众人受难当中还有着
一种赎罪受难的味道"③。这就告诉我们,神学美学的悲剧都与
人类始祖亚当、夏娃当初的原罪相关,而耶稣的下降与受难救赎
是对于人类的一种救赎。

4.神学美学悲剧的核心内容,就是耶稣代替所有的人去受难
并最后拯救所有的人,使之得以获得救赎。但这一切只有带着信
仰的眼光才能看到。正如巴氏所说,"其最终内容就是受难者实
际上代替一切选民去堕落,以便让一切堕落的罪人都能因他而被
挑选,只是这一内容在尘世舞台上是无法看到的。这种绝对悲剧

---

① 刘光耀、杨慧林:《神学美学》第 2 辑,上海三联书店 2008 年版,第 6 页。
② [瑞士]巴尔塔萨:《神学美学导论》,曹卫东、刁承俊译,生活·读书·新知
　三联书店 2002 年版,第 156 页。
③ [瑞士]巴尔塔萨:《神学美学导论》,曹卫东、刁承俊译,生活·读书·新知
　三联书店 2002 年版,第 165 页。

的核心内容,只有带着信仰的眼光才能辨识出来"①。这种替众人受难,替民族受难的悲剧特性,使耶稣成为世间悲剧的集大成者,增强了这种悲剧的人类性意义。

5.论神学悲剧的实践性质。巴氏认为,其神学美学到达戏剧阶段就是强调了当代神学救赎人类的实践性特征。他说:"上帝的启示绝不是观照的对象,而是在世界之中和作用于世界的行动,这个世界也只能在行动中应答和'理解'上帝的行动。"②巴氏将其美学概括为:圣神的—显现—美学;圣神的—实践—戏剧学。这就更加凸显了神学美学的人文情怀。

下面,我们将巴尔塔萨的启示论神学美学总结一下:

第一,20世纪神学美学的出现,实际上是为新世纪贡献了一种新的美学形态。这种美学形态既是对传统神学美学的继承,同时又具有当代的价值内容;这种神学美学具有浓郁的人文精神,是对当代人类终极关怀的体现。正如巴氏所言,"我们先从反思人的处境开始。人,作为一个有限存在物生存在一个有限的世界,但他的理性是对无限者和所有存在敞开的"③,并说自己的哲学与美学是一种"元人类学"④。

第二,这种神学美学实际上包含着丰富的文化内涵。它"重新整合恩典与自然、思维与感受、身体与精神、文化与神学"⑤等

---

①[瑞士]巴尔塔萨:《神学美学导论》,曹卫东、刁承俊译,生活·读书·新知三联书店2002年版,第167页。
②[瑞士]巴尔塔萨:《神学美学导论》,曹卫东、刁承俊译,生活·读书·新知三联书店2002年版,第180页。
③刘光耀、杨慧林:《神学美学》第2辑,上海三联书店2008年版,第3页。
④刘光耀、杨慧林:《神学美学》第2辑,上海三联书店2008年版,第4页。
⑤刘光耀、杨慧林:《神学美学》第2辑,上海三联书店2008年版,第31页。

丰富内容,并在很大程度上强化了审美的超越性内涵,在审美与
艺术过度世俗化的今天具有重要的价值与意义。这种神学美学
也是对基督教美学内涵的深度发掘。

但这种神学美学的明显的局限是毋庸讳言的。首先,它是以
一种极度唯心主义的宗教哲学为其基础。诚如马克思在《〈黑格
尔法哲学批判〉导言》中所说,"宗教是被压迫生灵的叹息,是无情
世界的情感";"宗教是人民的鸦片",是那些"还没有获得自身或
已经再度丧失自身的人的自我意识和自我感觉";宗教即"颠倒的
世界意识"。① 而且,在巴氏理论中,神学与美学的关系是没有真
正得到解决的,两者之间的关系是无法通过简单的"类比"加以沟
通的。这种难以沟通性,使得神学美学的学术合理性在很大程度
上受到挑战和质疑。

---

① 《马克思恩格斯选集》第 1 卷,人民出版社 2012 年版,第 1—2 页。

第三讲　德国古典美学：
美与自由

一、德国古典美学的产生及其特点

（一）德国古典美学的产生

　　蒋孔阳在其《德国古典美学》一书中指出："什么是德国古典美学呢？这就是18世纪末到19世纪初，在德国以康德、费希特、谢林、歌德、席勒和黑格尔等为代表，所形成的一个美学流派。这个流派，不仅以德国古典哲学作为理论基础，而且就是德国古典哲学的一个组成部分。"①德国古典美学以康德为其开山祖师，以黑格尔为其最高表现与最后终结。德国古典美学的基本特点，是对整个西方古典美学的综合总结。

　　德国古典美学是以18世纪欧洲启蒙运动为其历史准备的。从18世纪到19世纪这一百多年，是西方古典美学发展的最重要时期，也就是西方古典美学的成熟期。它表明，古典的和谐美已经发展到鼎盛，将走向转型，代之以现代浪漫美。这一百多年又可分为两个阶段：从1735年鲍姆加登提出"美学"的概念，到1781

――――――――――
①蒋孔阳：《德国古典美学》，商务印书馆2014年版，第1页。

年莱辛逝世,康德的《纯粹理性批判》出版为前期或发展期;从1781年到1831年黑格尔逝世为后期或成熟期。而整个启蒙运动都是德国古典美学的准备期,为德国古典美学的产生准备了充分的条件。

在理论上,德国古典美学的最辉煌成就是康德的美是"无目的的合目的性"的形式与黑格尔的美是"理念的感性显现"两个基本范畴的提出,建立了完备的古典美学理论体系,体现出"美在自由"的重要内涵。18世纪启蒙主义美学就为这两个著名范畴的提出及完备美学体系的建立做好充分准备,鲍姆加登于1735年提出"美学"(Aesthetic)概念,使之成为独立于逻辑学与伦理学之外的一门独立学科,从而为德国古典美学建立独立的、完备的美学体系奠定了基础。而启蒙主义时期大陆理性主义与英国经验主义哲学美学均得到充分发展。这就为德国古典美学把两者综合起来打下了基础。

在范畴上,启蒙主义时期对美、丑、崇高、和谐、典型(理想)等基本范畴在原有基础上做了极大的丰富与发展。而在美学的历史发展上,启蒙主义时期也进行了充分的准备。它对带有浓厚封建主义色彩的新古典主义进行了有力的突破,特别是扬弃了从亚里士多德《诗学》和贺拉斯《诗艺》开始到新古典主义的所谓"三一律",改造了亚氏和新古典主义的悲剧、喜剧模式,创造了适合新时代的市民悲剧或悲喜剧的新型剧种。而启蒙主义的风格是一种昂扬向上的风格,特别是莱辛与狄德罗,在其美学思想中贯穿着资产阶级上升时期的生气与学习、综合、总结历史成果的力量,与德国古典美学所呈现出来的综合总结的力量一脉相承。

德国古典美学就在18世纪启蒙运动美学发展的基础上,开始了综合总结整个西方古典美学,以及美在自由说的提出的伟大历史任务。

(二)德国古典美学的基本特点

上文已提到,德国古典美学的基本特点是对整个西方古典美学的综合总结与美在自由说的提出。具体说来有这样几个表现:

第一,出现了整个西方古典美学最重要的成就——康德与黑格尔的美学思想,成为整个西方古典美学的总结和最辉煌的成就,其最重要的内涵就是"美在自由"。德国古典美学总结了美在和谐、美在神性、美在感性、美在理性、美在关系等一系列美学理论的精华,包容了几千年美学与艺术发展历史的成果,具有极大的综合性与阐释力,价值非凡,意义重大。

第二,具有极为重要的批判精神。这正是德国古典美学取得巨大成就的重要原因之一。从康德开始,整个德国古典美学充满了难能可贵的批判精神。这是一种反思的精神,是德国古典美学取得重大成就的重要原因之一。康德就将自己的哲学称作"批判哲学",其意是对传统理性主义进行质疑与反思。因为,理性主义声称理性具有无比强大的力量,一切都可在这个理性的审判台上加以评判。但康德评判反思的结果却是理性只在"现象界"有其力量,而在彼岸的"物自体"领域却是无能为力的。这里尽管为神学留下后路,但却是对于资本主义社会迷信所谓资产阶级理性力量的有力怀疑。在康德看来,一切思想理论不仅应该放到理性的评判台上,而且应该放到"反思"与"批判"的评判台上。这正是德国古典美学的可贵精神,也是其取得辉煌成就的重要原因之一。

第三,在方法上,德国古典美学的重要突破是从单纯的感性方法与理性方法到重要的二律背反,再到辩证方法。从康德开始,在美学研究方式上就有了明显的极大的突破,那就是突破原来的感性方法与理性方法，采取了二律背反的方法。所谓"二律背反"，就是两个表面看相对立的范畴，但却各有自己存在的合理性，将其整合在一个范式之中，从而构成二律背反。而在审美中，构成二律背反的前提就是反思的审美判断，依据的是先天的先验原则。例如，康德在著名的《判断力批判》中就给我们展示了一个审美之中典型的二律背反："正命题：鉴赏不植基于诸概念，因否则即可容人对它辩论（通过论证来决定）。反命题：鉴赏判断植基于诸概念；因否则，尽管它们中间有相违异点，也就不能有争吵（即要求别人对此判断必然同意）。"①康德进一步指出："二律背反可能解开的关键是基于两个就假相来看是相互对立的命题，在事实上却并不相矛盾，而是能够相并存立，虽然要说明它的概念的可能性超越了我们认识能力的。"②又说："这里提出来的和解决了的'二律背反'，是以那正确的鉴赏的概念——即作为一个单纯的反省着的审美判断力的概念——为基础。"③这里告诉我们，只有凭借先验的反思的审美判断才能解决二律背反的问题。这里不免有神秘主义色彩，但二律背反的提出与解决却是研究方法的突破，是不同寻常的，是德国古典美学得以综合感性派与理性派，以及综合整个西方古典美学的重要原因，而且为其后黑格尔的唯心论辩证法的诞生准备了条件。正是通过这种二律背反的方法，德国古典美学才将古代的美（素朴的诗）与现代的美（感伤

①［德］康德：《判断力批判》上卷，宗白华译，商务印书馆 2009 年版，第 180—181 页。
②［德］康德：《判断力批判》上卷，宗白华译，商务印书馆 2009 年版，第 182 页。
③［德］康德：《判断力批判》上卷，宗白华译，商务印书馆 2009 年版，第 183 页。

的诗)、感性的美(英国经验主义)与理性的美(大陆理性主义)、古代希腊传统(古典的艺术传统)与莎士比亚的近代传统、席勒的浪漫主义与歌德的现实主义加以综合,从而产生一场革命。这场革命就是没有产生新的艺术,"却有一种新的哲学从这场革命中产生出来"①。这种二律背反的方法发展到黑格尔,就是辩证法的诞生。正是德国古典美学在方法上的这种革命,才产生了"美在自由"说,感性与理性、主体与客体、物自体与现象界才能够处于自由的游戏状态。因此,美学的革命首先是方法的革命,说到底是哲学的革命。

二、"美在自由"说

(一)"美在自由"说是德国古典美学的最重要的成就

"美在自由"说是德国古典美学的最重要的成就,因为它是对整个西方古典美学与艺术实践综合总结的结果,是西方古典美学与艺术的光辉结晶。它包含了整个西方古典美学与艺术成就的精华,是人类文化的瑰宝,其意义价值几乎可以与古代希腊文化艺术及美学理论相媲美。

"美在自由"说是资本主义上升时期的产物。资本主义上升时期,针对封建主义对人性的禁锢提出"人性解放"与"民主自由"的口号,从而为"美在自由"说的产生提供了必要的思想条件。从思维方式来说,资本主义上升时期,由于资产阶级在生产力与社会进步发展中的先进地位,使之具有一种综合包容一切的力量,

①［英］鲍桑葵:《美学史》,张今译,商务印书馆 2009 年版,第 408 页。

产生二律背反与辩证的方法。这种思维方法的革命使得"美在自由"说的产生具有了必要的思想前提。同时，这种思维方法的革命也打开了人们的思路，使得感性不仅是感性而且同时可以是理性，从而为"美在自由"说奠定了思想理论的基础。资本主义上升时期从封建社会脱胎而出，本身带有明显的过渡色彩，无论在政治上、思想上与理论形态上都具有明显的近代气息，同时又是对古代的总结。"美在自由"说就是资本主义上升时期以崭新的理论武器对古代美学与艺术的哲学总结，也是对近代与古代的综合。但西方古典美学毕竟已经走完自己的路，完成了自己的历史使命，新的近代美学形态必将代替它走到历史的前沿。

（二）"美在自由"说的内涵

"美在自由"说的内涵，是德国古典美学的重要范畴，"理想"即"理想的美"。所谓"理想"，即是感性与理性、主体与客体之间不受任何障碍的直接统一，融为一体。也就是感性与客体中到处渗透着理性与主体，而理性与主体也完全渗透于感性与客体之中。这一"美的理想"的发展过程表现在统一的根据的变化之上，大体分四个阶段：第一阶段，是温克尔曼从时代社会的角度论述古代希腊的艺术与审美，认为自由的社会才能产生自由的艺术，认为古希腊"艺术之所以优越的最重要的原因是有自由"①。第二阶段，是康德将感性与理性统一于主观，即统一于主观先验原理——无目的的合目的性。具体表现为主观的心理功能，即想象力与知性力的自由协调的心理功能。第三阶段，是由主观到客观

---

① [德]温克尔曼：《希腊人的艺术》，邵大箴译，广西师范大学出版社2001年版，第109页。

的过渡，即席勒将美的感性与理性自由地统一于客观的"活的形象""审美外观"。第四阶段，是黑格尔将感性与理性统一于客观，但却是"客观的理念"，为美下了"美是理念的感性显现"的重要定义，并通过逻辑的"一般世界情况"到"情境"与"情致"再到"动作"与"性格"的"正反合"过程，以及历史的"象征型到古典型再到浪漫型"的"正反合"过程，实现在逻辑与历史的统一中的感性与理性的直接统一、融为一体的自由的理想的美。

（三）"美在自由"说的价值意义

首先，是在某种程度上揭示了美的基本规律。美是什么？这是自古以来就一直被人们所询问的问题，而这一美的本体论问题恰恰成为区分各种美学理论的核心所在。那么，到底美是什么呢？美学史上有美在客观、美在主观与美在关系诸说，但这些说法都是不完善的。德国古典美学提出"美在自由"，尽管也是各种美学理论之一种，但却具有较大的阐释力，在一定程度上揭示了美的基本规律。诚如黑格尔所言，康德"关于美所说过的第一句合理性的话"[1]，这句合理的话就是"无目的性"与"合目的性"在反思的审美判断中的自由的统一。直到黑格尔，发展到感性与理性的直接统一，融为一体。也就是说，在审美过程中，审美者完全摆脱了感性与理性的束缚，处于黑格尔所说的解放的自由的状态，在这种状态下才能够产生一种真正的审美的态度，即主体与对象之间的肯定性的情感评价关系。这种自由的关系可以是一种和谐的关系，也可以是一种理性超越感性的崇高的关系。总

---

[1]［德］黑格尔：《哲学史讲演录》第4卷，贺麟、王太庆译，商务印书馆2009年版，第332页。

之,"美在自由"正因为是整个西方古典美学的总结,所以具有极大的普适性,意义重大。

其次,"美在自由"对西方现当代美学也具有阐释力量。因为"美在自由",既包含认识之中的感性与理性统一的自由,也可以指向人生,指向主体,从而成为人生美学与非理性美学的重要内涵。这就成为西方现当代美学的重要方面。无论是生命论美学、经验论美学、现象学美学,还是生存论美学,都与自由有关。

"美在自由"说还直接开启了马克思主义美学。马克思主义本身就将人的自由作为无产阶级解放与人的异化扬弃的重要内容。"人也按照美的规律建造"就是人的尺度与自然尺度的统一,也是自然主义与人道主义的结合。

"美在自由"说的局限也是非常明显的。它是建立在唯心主义哲学基础之上的,无论是康德的先验的先天原理,还是黑格尔的客观的理念,都是唯心主义的。而且,这里的"自由",也是资产阶级的自由,具有很大的空想性,是脱离社会实践的、始终局限于艺术与审美之中的,是不牢靠的、缺乏现实基础的。

三、鲍姆加登:感性认识的完善

鲍姆加登(A.G.Baumgarten,1714—1762),全名亚历山大·戈特利布·鲍姆加登。1714年出生于柏林,1735年出版博士论文《诗的哲学默想录》,又名《关于诗的哲学沉思》。正是在《关于诗的哲学沉思》中,鲍姆加登提出了"感性学"(Aesthetica)的概念,他在书中称作"知觉的科学或感性学"。鲍姆加登在1750年和1758年,又出版《美学》第一、二卷。在《美学》第一、二卷中,他给"美学"下了"感性认识的科学"的定义,并以相当的篇幅对此进行了论述。

克罗齐在《鲍姆加登的美学》一文中认为,鲍氏给美学所下的定义是"有史以来最好的定义","是他对美学的最大的贡献"。

在相当长的时间内,由于鲍氏的《美学》是用拉丁文写作的,不免给其传播造成一定困难。更重要的是,由于认识的局限,学术界对鲍氏美学与思想的意义、作用的认识是相当不够的。20世纪80年代以来,由于学术界对启蒙运动以来由"主客二分"思维模式所形成的主体与客体、理性与感性、身体与心灵二分对立弊端的愈来愈清晰的认识,由此,对鲍姆加登"美学即感性学"理论的意义价值也有了更加明确的认识,对其美学理论给予了更多的重视。正如德国当代美学家沃尔夫冈·韦尔施(Wolfgang Welsch)所说:"鲍姆加登的美学思想尤其令我感到惊异。因为他将美学作一门研究感性认识的学科建立起来。在他看来,美学研究的对象首先不是艺术——艺术也只是到后来才成为美学研究的主要对象——而是感性认识的完善。在研究过程中,我尝试着努力恢复鲍姆加登的这一原始意图。"①由此,我们认为,鲍氏所论述的"美学即感性学""美的教育即感性教育"的重要理论在当代具有厘清美学与美育内涵、恢复其本性的重要作用。其具体内涵与价值如下:

(一)首创"美学即感性学",是对工具理性膨胀的有力反驳,为美育开辟了"感性教育"的新领域

鲍姆加登在1735年所写的博士论文《诗的哲学默想录》中就提出"美学即感性学"的命题。他说:"'可理解的事物'是通过高

---

① 王卓斐:《拓展美学疆域,关注日常生活——沃尔夫冈·韦尔施教授访谈录》,《文艺研究》2009年第10期,第85页。

级认知能力作为逻辑学的对象去把握的；'可感知的事物'（是通过低级认识能力）作为知觉的科学或'感性学'（美学）的对象来感知。"①1750 年，他又在《美学》第一卷中正式给美学下了"感性认识的科学"的定义。他说："美学作为自由艺术的理论、低级认识论、美的思维的艺术和与理性类似的思维的艺术是感性认识的科学。"②他为了准确阐明"感性认识的科学"的内涵，特意在希腊词"aesthesis"的基础上，创造出拉丁词 Aesthetica，这是一个与Ratio（理性）对立的概念，意为感性的、感官的、知觉的。由此可知，"Aesthetica"一词的原来的含义只是"感性的"之意，与"美"是没有关系的。正如《诗的哲学默想录》的英译者阿什布鲁纳与霍尔持所说："这个词的本义与'美'（beauty）无关，它源自 aesthesis（感觉），而不是源自任何更早的代表美或艺术的词。"③但有一点是肯定的，那就是这个"Aesthetica"是不同于逻辑学与伦理学之外的另一门新的学问，那就是"美学"。由此，"美学即感性学"的论断得以成立。

　　"美学即感性学"的论断之所以能够成立的一个重要原因在于，鲍姆加登充分地论证了感性认识对理性认识来说所具有的独立性。他在回答人们对感性认识的价值与独立性的责难时说道："哲学家是人当中的　种人，假使他认为，人类认识中如此重要的

①［德］鲍姆加登：《美学》，简明、王旭晓译，文化艺术出版社 1987 年版，第169 页。
②［德］鲍姆加登：《美学》，简明、王旭晓译，文化艺术出版社 1987 年版，第13 页。
③［德］鲍姆加登：《美学》，简明、王旭晓译，文化艺术出版社 1987 年版，第178 页。

这一部分与他的尊严不相配,那就失之欠妥了。"①鲍氏将自己所说的"感性认识",又称作"低级认识能力"。但他对沃尔夫所说的"低级认识能力"做了某种程度的改造和补充,从而使之具有了新的面貌。在沃尔夫的理论体系中,认识能力的低级部分包括:感觉、想象、虚构、记忆力。鲍姆加登在《形而上学》一书中用"幻想"取代了沃尔夫的"想象",并用洞察力、预见力、判断力、预感力和命名力扩展了沃尔夫的序列。所以,这里所讨论的就不再是"认识能力的低级部分",而是独立的"低级认识能力"了②。作为"低级认识能力"的"感性认识"就具有了独立性,从而标志着它已经不同于"高级认识能力"的逻辑学,而具有了自己的独立地位。由此,作为感性学的"美学"就与逻辑学、伦理学区分开来,走向学科独立之路。这就是人们将鲍姆加登称作"美学之父"的主要原因。其意义就在于,突破启蒙运动以来,以笛卡尔、莱布尼茨与沃尔夫为代表的大陆理性主义将"理性"推到决定一切的至高无上地位的"独断论"。这种"独断论"不仅是一种哲学理论的极端化、片面化的错误表现,而且是对人的鲜活的感性生命力的压制与宰割,后果极为严重,成为现代以来人们在精神和身体上茫然无所归依的重要原因。鲍氏首创"美学即感性学"就是对这种工具理性独断论的反驳,是对人的本真的感性生命力的呼唤与恢复,意义重大。

在这里,还需要特别指出的是,鲍氏"美学即感性学"命题的

---

① [德]鲍姆加登:《美学》,简明、王旭晓译,文化艺术出版社 1987 年版,第 15 页。

② [德]鲍姆加登:《美学》,简明、王旭晓译,文化艺术出版社 1987 年版,第 13 页注②。

提出，也是对西方长期盛行的"美学即艺术哲学"理论的有力批判与反驳。审美当然与艺术紧密相联系，但它首先来自人的鲜活的感性的生活，并最终为了改善人的感性生活使之更加美好。但"美学即艺术哲学"却在很大程度上割断了审美与感性生活的血肉联系，使之局限于单一的艺术，后果极为严重。鲍氏提出的"美学即感性学"的命题已经将审美扩展到感觉、幻想、虚构、记忆、洞察、预见、判断与命名等方方面面，具有了极大的鲜活性、生动性与生命力。

鲍氏在其美学的定义中还有"美学作为自由艺术的理论"的表述，在这里，"自由艺术"并不等于"艺术"，而是有着十分宽泛的内涵。鲍姆加登在他的《真理之友的哲学信札》中写道："人的生活最急需的艺术是农业、商业、手工业和作坊，能给人的知性带来最大荣誉的艺术是几何、哲学、天文学，此外还有演说术、诗、绘图和音乐、雕塑、建筑、铜雕等，也就是人们通常算作美的和自由的艺术的那些。"①可见，他所说的一切非自然之物都在"自由艺术"之列，由此可以说明鲍氏突破传统的"美学即艺术哲学"的理论框架，有回归古典时代"艺术即技艺"之意，说明审美并不等于艺术，而美育比艺术教育的涵盖面更宽。

鲍氏在《美学》一书中除了对美学作为感性学给予明确界定外，还对"美的教养"即美育的内涵给予了界定。他说："一切美的教养，即那样一种教养，对在具体情况下作为美的思维对象而出现的事物的审视，超过了人们在未经训练的状况下可能达到的审视程度。熟悉了这种教养，通过日常训练而激发起来的，美的天

①［德］鲍姆加登：《美学》，简明、王旭晓译，文化艺术出版社 1987 年版，第5 页。

赋才能，就能成功地使兴奋起来的，转化为情感的审美情绪——包括在珀耳修斯那里看到的那种'尚未沸腾'的审美情绪——对准美的思维的某一确定对象。"①在这里，鲍氏将作为"感性教育"的"美的教养"所包含的丰富内容做了充分的揭示。其一，审美教养的主要内涵是"作为美的思维对象而出现的事物的审视"。这里所谓"美的思维对象"就是"低级认识"即"感性"的对象，揭示了审美教养作为"感性教育"的基本特质。其二，揭示了审美教育提高人的审美能力的重要作用，说明低级的感性认识也有一个提升的过程。鲍氏说，审美教养的作用是"超过了人们在未经训练的状况下可能达到的审视程度"。其三，进一步揭示了审美教养作为"感性教育"的具体内涵是对"天赋才能"的"激发"。其四，揭示了审美教育的目的是"转化为情感的审美情绪"，也就是美育的目的是通过感性教育的途径达到情感培养与提升的目的。这也许就是人们将"感性学"称作"美学"，并对其极为重视的最重要原因。

相反，如果忽视了审美教养，对人的情感加以放纵，则会导致人的贪婪、伪善、狂暴、放荡，最后会败坏一切美的东西。他说，审美训练的忽视与走偏方向会"完全坠入激情控制一切的境地，坠入一无所顾地追求伪善、狂暴的争赛、滥情、阿谀逢迎、放荡不羁、花天酒地、无所事事、懒惰、追求经济活动或干脆追求金钱，那么就到处都会充斥着情感的匮乏，这种匮乏会败坏一切能被想成美的东西"②。显然，鲍氏这里所针对的正是工业资本主义

①［德］鲍姆加登：《美学》，简明、王旭晓译，文化艺术出版社1987年版，第34页。
②［德］鲍姆加登：《美学》，简明、王旭晓译，文化艺术出版社1987年版，第29页。

社会感性教育的弱化与走偏方向所造成的对美的破坏的严重社
会现实。

**(二)提出了"感性认识的完善"说,揭示了审美与美育的经验
与知识共存的内在特性**

鲍姆加登不仅提出了美学即感性学,阐释了美育即感性教育
的重要命题,而且揭示了这一命题中所包含的"感性认识的完善"
的十分丰富而复杂的内容,从而揭示了美育所特有的感性与理
性、经验与知识、模糊性与明晰性、例外与完善、个别与一般共存,
但总体上倾向于感性的经验性与模糊性的内在特性。

鲍氏在论述了审美的感性特征后进一步论述道:"美学的目
的是感性认识本身的完善(完善感性认识)。"①鲍氏这个论断本
身就是一个二律背反式的悖论,因为既然是感性,那本身就是经
验的、个别的、例外的与模糊的;而审美却又要求一种与之相反
的知识的、普遍的、必然的与明晰的完善性,要求将这两种倾向
统一在一个审美活动之中。十分遗憾的是,鲍氏讲出了这种二
律背反的事实,但没有在理论上加以总结。其后的康德,明确地
将这种二律背反作为自己美学理论的组成部分,对其极为重视,
并以无目的的合目的的"先验原理"加以综合。但鲍氏毕竟揭示
了两者的共存,他指出,低级认识能力"不仅可以同以自然的方
式发展起来的更高级的能力共处,而且后者还是前者的必要前
提"。又说:"就经验而言,以美的方式和以严密的逻辑方式进行
的思维完全可以和谐一致,并且可以在一个并不十分狭窄的领

————————

① [德]鲍姆加登:《美学》,简明、王旭晓译,文化艺术出版社 1987 年版,第
　18 页。

域中并存。"①这种"共处"与"并存",就是审美与美育的内在特性所在,是其所特有的内在张力与魅力,后来被康德继承,提出审美是"无目的的合目的的形式"的论断,被黑格尔称为"关于美所说过的第一句合理性的话"②。现在,我们再研究鲍氏的"感性认识的完善"时才知道,原来对有关审美与美育特性的最初揭示是由鲍姆加登完成的。鲍氏作为一位素养深厚的美学家不会让感性与理性、个别性的经验与普遍性的知识随便地、不合常理地杂糅在一起,而是让两者统一协调,构成一种"整体美"。他认为,审美的例外是以服从其"整体美"为前提的,是以"审美必要性"为其原则的,这就是一种"诗意的思维方式"。他说:"由于诗意的思维方式只不过是一种美的无论如何也不是一种粗糙的例外现象,所以它的一切可然性都是建立在这样的基础上,这种例外就是在理性类似物看来也小到了它对整体美所能允许的程度,或者至少理性类似物并没有发现相反的情况,因而并没有出现这样的情况,仿佛事实上人们可以提出这样的论断,说这是没有审美必要性而虚构的。"③既然在鲍氏看来感性认识是审美、美育与诗意思维的最基本特点,那么他就必然认为在感性与理性、模糊与清晰、独特与完善之间肯定是前者占据了主导的地位,感性、模糊性与独特性成为审美的基本特性与品格。他说:"既然混乱的表象和模糊的

---

①［德］鲍姆加登:《美学》,简明、王旭晓译,文化艺术出版社 1987 年版,第 26—27 页。

②［德］黑格尔:《哲学史讲演录》第 4 卷,贺麟、王太庆译,商务印书馆 2009 年版,第 332 页。

③［德］鲍姆加登:《美学》,简明、王旭晓译,文化艺术出版社 1987 年版,第 107 页。

表象都是通过低级的认识能力接受的,我们同样可以称其为模糊的。"①在他看来,这种模糊性正是美学与哲学、艺术与科学的最基本的区别。他说:"因为哲学所追求的最高目标是概念的确定性,而诗却不想企及这一目标,因为这不是它的本分。"②

在这里,鲍姆加登不仅论述了审美、美育与艺术所特有的感性与理性、模糊与清晰、个别经验与普遍知识"共存""共处"的特点,而且论述了感性、模糊性与个别经验性占据主导地位的"整体美"审美思维。而这种"共存"的根本原因在于审美主体所特具的"理性类似思维",即审美直觉所特具的能力。康德继承了这种审美与美育所特有的内在悖论的理论观点,但做了诸多的调整。这种调整有进有退,有得有失。首先,从理论上来说,更加周延,特别将其归结为一种在审美与艺术中具有普适性的"二律背反"方法,使得这种"共存""共处"在理论上更加精致与完备。其次,将这种"共存""共处"的重心做了调整。鲍氏将这种重心落脚于"感性"与"模糊性"之上,更加符合审美、艺术与美育的根本特性。而康德则将这种重心落脚于"理性"与"道德",最后提出"判断先于快感"的重要命题,使审美成为"道德的象征"。这就在更大程度上恢复了理性派的"理性第一"原则,偏离了鲍氏对理性派反驳的初衷。从某种程度来说,在这一点上,康德明显是一种倒退。最后,在两者"共存"与"共处"的根据上,鲍氏将之归结为作为人的直觉本能的"类似理性思维",不仅从自身与内部探寻根源,具有

①[德]鲍姆加登:《美学》,简明、王旭晓译,文化艺术出版社 1987 年版,第
　128 页。
②[德]鲍姆加登:《美学》,简明、王旭晓译,文化艺术出版社 1987 年版,第
　132 页。

比较充分的理论说服力,而且将其归结为人的直觉本能也具有较多的科学与事实根据。但康德却将两者"共存"与"共处"的根据归结为一种神秘莫测的"先验的先天原则",即为先天预设的"无目的的合目的性的"原则。这不免使这一理论也变得神秘莫测起来,因此也应该是一种后退。

(三)提出"理性类似思维"的概念,直抵审美与美育的深层生命根基

鲍氏美学与美育思想的一大重要贡献就是"理性类似的思维"的提出。他在《美学》的《引论》部分论述美学的基本概念时就明确提出,美学是"美的思维的艺术和与理性类似的思维的艺术"①。在这里,鲍氏没有像沃尔夫与迈埃尔那样用"近似理性的思维",而是用"理性类似的思维",因为"类似"不是相同,而是"好像",更宜阐明感性认识的独立性及其与理性认识能力所具有的同等价值。根据鲍氏在《形而上学》一书的论述,"类似理性"思维包括:(1)认识事物的一致性的低级能力;(2)认识事物的差异性的低级能力;(3)感官的记忆力;(4)创作能力;(5)判断力;(6)预感力;(7)命名力;等等。② 从鲍氏所列的七类来看,这种"理性类似的思维"是一种不同于凭借逻辑与概念推理的感性直觉能力,但同样能把握好事物的一致性、差异性、历史性、关联性及某些特性等,起到"类似理性"的作用。鲍氏将这种"理性类似的思维"看

---

①[德]鲍姆加登:《美学》,简明、王旭晓译,文化艺术出版社1987年版,第13页。
②[德]鲍姆加登:《美学》,简明、王旭晓译,文化艺术出版社1987年版,第13页注①。

得很重，认为"诗意思维"的"一切可然性都是建立在这样的基础上"①。因此，鲍氏整个"美学即感性学"的论述都是以"理性类似的思维"作为根基的。

　　鲍姆加登的另一个重要贡献，就是比较充分地揭示了这种"理性类似的思维"所凭借的人的全部身体感官基础及其所包含的先天自然禀赋特点。鲍氏指出，作为审美的感性判断"是由那些受感觉影响的感官作出的"②。他用法文、希伯来文、拉丁文、意大利文等有关词语论述感官作用。英译者在注中对他的这种论述加以阐释时说："鲍氏的观点是：不同的语言都有些用法来自感觉，而应用于感性判断。如英语的'美味'（good taste）。'taste'对物而言是味、滋味，对人是味觉，对艺术只是'趣味'，对鉴赏者是欣赏力、审美力，所以 good taste 也有'风雅'之意。对于希伯来文和意大利文的解释，可见鲍氏的《美学》一书，第 546 页。在这本著作中，这样解释这两个希伯来文，UYU 意为'他已经品赏，他试过滋味'，转而为'他洞察了自己的心灵'；NYY 意为'嗅'……转而为'嗅出，预感到'。拉丁文的意思可译为'你讲话，就看出你''听其语知其人'，意谓'谈吐文雅'。"③可见，鲍氏《美学》所说的"感官"已经不单单是古希腊诗学所讲的"视听觉"，除此之外还包含了味觉和嗅觉等整个身体的感官系统。更为重要的是，鲍氏在《美学》中对于包括人的身体感官在内的审美的自然

---

①［德］鲍姆加登：《美学》，简明、王旭晓译，文化艺术出版社 1987 年版，第 107 页。

②［德］鲍姆加登：《美学》，简明、王旭晓译，文化艺术出版社 1987 年版，第 161 页。

③［德］鲍姆加登：《美学》，简明、王旭晓译，文化艺术出版社 1987 年版，第 161 页注①。

要素列专节"自然美学"加以比较深入全面的论述。他说："先天的自然美学（体质、天性、良好的禀赋、天生的特性），就是说，美学是同人的心灵中以美的方式进行思维的自然禀赋一起产生的。"①又说："敏锐的感受力，从而使心灵不仅可以凭借外在感官在获取一切美的思维的原材料，而且可以凭借内在感官和最为内在的意识去测定其它精神能力的变化和作用，同时又始终使它们处于自己的引导之下。"②在这里，鲍氏将"先天的自然美学"作为美学家的"基本特征"，包括一切先天赋予的条件，诸如体质（感官）、天性（心理素养）、良好的禀赋（才能）与天生的特性（气质）等。又将感受力分为获得原材料的"外在感官"即指身体感觉系统，与测定精神能力变化的想象、幻想等"内在感官"。显然，在这里，鲍氏已经将先天的生理禀赋（身体等外在感官）与先天的心理禀赋（心理与心灵等内在感官）放到十分重要的基础性位置。这是鲍氏对启蒙主义以来的理性主义、工具主义对感性与理性、灵与肉分离的倾向的一种反驳，是对长期被压抑的感官、身体这种天资中"低级能力"的一种唤醒。正如他自己所表白的那样，"这种天资中的低级能力较易唤醒，而且应当与认识的精确性比例适当"③。这就是20世纪以来逐步兴盛的"身体意识"与"身体美学"的滥觞。

但鲍氏的这种刚刚萌芽的身体意识很快被压制，康德以静观的无功利的纯形式的审美使美学又一次离开了感官与身体，而席

---

①［德］鲍姆加登：《美学》，简明、王旭晓译，文化艺术出版社1987年版，第22页。
②［德］鲍姆加登：《美学》，简明、王旭晓译，文化艺术出版社1987年版，第22页。
③［德］鲍姆加登：《美学》，简明、王旭晓译，文化艺术出版社1987年版，第22页。

勒的不同于感性王国的"审美王国"的建立将灵与身的距离进一步拉开,黑格尔的"理念的感性显现"则在审美与美育之中彻底地消除了身体与感官的痕迹。20 世纪以来,随着对主客二分思维模式的批判,身体意识与身体美学逐步走向兴盛,成为美学与美育理论不可缺少的组成部分。法国著名现象学哲学家莫里斯·梅洛-庞蒂(Maurice Merieau-Ponty,1908—1961)在 1945 年所写《知觉现象学》中列专章论述"身体",并公开声言"因为我们通过我们的身体在世界上存在,因为我们用我们的身体感知世界"①。美国美学家理查德·舒斯特曼(Richard Shusterman)则在其2000 年出版的《实用主义美学》一书中明确提出建立"身体美学"的建议。他说:"在对身体在审美经验中的关键和复杂作用的探讨中,我预先提议一个以身体为中心的学科概念,我称之为'身体美学'(Somaesthetics)。"②当代美国美学家阿诺德·伯林特(Arnold Berleant)在其《环境美学》一书中,提出建立一种眼耳鼻舌身全部感官及整个身心都融入其中的新美学。他说:"这种新美学,我称之为'结合美学(aesthetics of engagement)',它将会重建美学理论,尤其适应环境美学的发展。人们将全部融合到自然世界中去,而不像从前那样仅仅在远处静观一件美的事物或场景。"③

　　总之,20 世纪后半期以来,鲍姆加登"感性学"与"感性教育"的思想价值被重新发现并得到新的阐发。其意义首先在于更加

---

① [法]莫里斯·梅洛-庞蒂:《知觉现象学》,姜志辉译,商务印书馆 2005 年版,第 265 页。

② [美]理查德·舒斯特曼:《实用主义美学》,彭锋译,商务印书馆 2002 年版,第 348 页。

③ [美]阿诺德·伯林特:《环境美学》,张敏、周雨译,湖南科学技术出版社2006 年版,第 12 页。

彻底地批判了启蒙主义以来感性与理性、身与心、生活与艺术相互分离的思维定式,恢复其相互联系的本真状态。我们可以结合现实思考一下,难道在现实生活中存在与感性相悖的理性、与身体分离的心灵以及与生活相对立的艺术吗? 它们之间的关系就正如鲍氏所说是一种"共处""共存"的关系,而不是相背相离的关系。同时,这也是对审美作为人之感性与生命表征的真谛的一种回归。事实证明,鲍氏对审美之感性学、美育之感性教育本性的论述,特别是其对于审美之"理性类似思维"的论述,具有某种人类学的意义,直抵人性之深处。它说明,感性与"理性类似思维"就是人类早期思维特点,是一种直觉的、比喻的、类比的思维方式,就是维柯在《新科学》中所说的"诗性思维"、中国《周易》中所蕴含的"象思维",这恰是审美思维特点之所在。感性学与"类似理性思维",就是对人类已经被逐渐湮没的早期"诗性思维"与"象思维"的一种唤醒,使正在走向异化之途的人得以回归其本真的生存与生命状态。而从美育的角度来看,重新提出鲍姆加登的"感性教育"思想,有利于扭转当前美育实践中将美育演化为单纯的"知识教育"的反常现象,使之回归到"感性教育"的正途。

四、康德的《判断力批判》:无目的的合目的性的形式

（一）关于康德美学的地位

康德(Immanuel Kant,1724—1804)是世界级的哲学大师之一,对整个人类的思想有重要影响。直至今天,康德哲学仍具有现实意义。康德美学是其哲学的重要组成部分,甚至可以说是最

重要的组成部分,是沟通其认识论与伦理学的桥梁。

康德美学一经问世,因其具有调和经验派与理性派的根本特点或缺陷,而立即招致多种攻击,形而上学的机械论者从"左"的方面对其攻击,而唯心论者则从"右"的方面对其攻击。当然,也有许多正确的批评。赫尔德批判他的艺术是冷漠的直观的思想,认为艺术是有明确目的的。浪漫主义的施勒格尔则从个人主义和无政府主义的角度批判他的道德义务观、理性主义。席勒、黑格尔对康德美学的缺陷也都做了十分中肯的批评。当代少部分资产阶级主观唯心主义哲学家则以新康德主义自我标榜,提出"回到康德"的口号,宣扬主观唯心主义和神秘主义。在我国,对康德的研究因受"左"的思潮的影响,评价一直偏低。改革开放以来有了新的变化,但也出现分歧。如 1979 年出版的李泽厚的《批判哲学的批判:康德述评》,是我国当代研究康德哲学特别是美学的重要著作,包含许多具有突破性的见解。但在对康德的评价上也有一些值得商榷之处,比如,认为康德的影响高于黑格尔,并且完全肯定康德"人是目的"的命题,以及由康德审美心理论引出"积淀"说等,都有值得进一步推敲之处。

对康德美学的地位,历来有由康德到黑格尔与康德对黑格尔,甚至康德高于黑格尔之说。李泽厚在《批判哲学的批判:康德述评》中指出:"《判断力批判》在近代欧洲文艺思潮上起了很大影响,是一部极重要的美学著作,在美学史上具有显赫地位,远远地超过了黑格尔的《艺术哲学》。"[①]关于康德美学的评价,我们引证三位重要人物的看法。黑格尔认为,康德哲学处于欧洲近代哲学

---

① 李泽厚:《批判哲学的批判:康德述评》,生活·读书·新知三联书店 2007年版,第 388 页。

由形而上学到辩证法的"转折点"①,并认为康德说出了"关于美所说过的第一句合理性的话"②;朱光潜认为,"他无愧于德国古典美学开山祖的称号"③;苏联学者阿斯穆斯认为,"应该这样来评述康德在美学中的地位,他不仅是美学的'创始者',也是美学的'继承者',在某种程度上又是美学的'完成者'"④。他这里所说的"继承者"和"完成者"是就启蒙论美学而言的,而"创始者"则是指德国古典美学。因此,综合三人的观点,康德美学是德国古典美学的奠基者,这是没有问题的。

所谓德国古典美学,是相对于德国古典哲学而言的。恩格斯在评述德国哲学发展过程时,把 1790 年至 1840 年,即从康德至费尔巴哈这一时期称为"德国古典哲学"⑤。由此,我们也把美学发展的相应时期称为德国古典美学。

我们之所以把康德说成德国古典美学的奠基者,主要是从两个角度来说的。第一,康德为美学开辟了完全崭新的情感领域。感性派把美学归结为感性的快感,而理性派则把美学归结为感性认识的完善。只有康德独辟蹊径,在真与善之间为美学独辟了情感领域,从此美学真正成为独立的学科,有着自己独特的研究领域,当然也为艺术的发展指明了方向。第二,康德美学是辩证的研究方法的萌芽。在此之前,无论感性派还是理性派都还局限于一隅,具

---

① [德]黑格尔:《美学》第 1 卷,朱光潜译,商务印书馆 2009 年版,第 70 页。

② [德]黑格尔:《哲学史讲演录》第 4 卷,贺麟、王太庆译,商务印书馆 2009 年版,第 332 页。

③ 朱光潜:《西方美学史》,人民出版社 2011 年版,第 439 页。

④ 转引自[苏联]金斯塔科夫:《美学史纲》,樊莘森等译,上海译文出版社 1986 年版,第 222 页。

⑤ 《马克思恩格斯文集》第 2 卷,人民出版社 2009 年版,第 265 页。

有浓厚的形而上学色彩。只有康德以先天的形式为依据,以二律背反的方法为手段,将感性与理性、偶然与必然、内容与形式综合了起来。尽管这种综合凭借的是主观先验的形式,但总是迈出了二者统一的一步,为德国古典美学唯心主义艺术辩证法的发展,甚至马克思主义唯物主义艺术辩证法的发展都奠定了基础。

至于康德与黑格尔的关系,我们从历史发展的观点坚持由康德到黑格尔的观点,主张康德是德国古典美学的奠基者,而黑格尔是集大成者。但并不否定康德有其独特的贡献,成为对后世哲学—美学最具影响力的古典理论家,甚至超过了黑格尔。在2013年由北京师范大学与山东大学联合召开的"思想的旅行国际学术研讨会"上,美国西北大学教授彼得·芬维斯指出,"20世纪下半叶,康德的思想几乎对每一种重要理论计划都起了决定性的作用","20世纪晚期重大理论普遍参照康德著作",他特别强调了康德的"过渡理论","显示康德在构建跨学科领域的理论所处的中心地位"。

第一,从历史的事实来看,黑格尔美学的理论更完备,方法更成熟,构成博大精深的体系,成为西方古典美学发展的顶峰。而相比之下,康德美学尚有许多不完备、不成熟,甚至是内在的不严密之处,缺乏黑格尔的巨大的历史感。

第二,从历史发展看,没有康德就没有黑格尔,前者为后者奠定了基础,提供了思想资料,后者是前者发展的必然结果。

第三,康德美学正因其充满矛盾,所以有着黑格尔美学所无可比拟的丰富性,他所涉及的许多问题,到黑格尔美学中被净化或删除了,如审美心理学问题、对美的特殊情感领域及过渡地位的论述等,在黑格尔美学中都不突出了,甚至湮没了。也正因此,有些论者提出,康德高于黑格尔的问题,但从历史的发展来看还应是后者高于前者。

(二)康德美学的核心

康德美学内容丰富复杂,而且晦涩难解,在这种情况下,最重要的是要抓住康德美学的核心或者关键。这个核心或关键就是:美是真与善的桥梁。这就是康德在《判断力批判》的"导论"中提出的基本观念,也是贯串全书的中心线索。这个观念集中地体现在康德关于美的基本定义之上,或者用康德的语言表述为,美是建立在主观先验的先天原则之上的,一种无目的的合目的的形式,或曰主观的合目的性的形式。通俗的解释是:没有客观的目的性,但却是主观的合目的性。这个原则包含了属于纯粹理性世界的真的范围的自然的无目的性,同时也包含了属于实践理性世界的善的范围的主观的合目的性,属于以其独特的形式,符合主体心理需要而引起愉快的情感的范围,成为沟通真与善、合规律性与合目的性、因果律与目的论、感性与理性的桥梁。这是一个伟大的突破。首先是突破了感性派与理性派的局限,其次是结束了美学作为迷途的羔羊的状态,而首次明确了自己独特的领域,美属于情感的范围,同人的主观的心理感受紧密相联系。因此,黑格尔说康德《判断力批判》,说出了"关于美所说过的第一句合理性的话"①。很可惜,黑格尔对此没有给予足够的重视,没有再展开论述美学作为真与善的过渡的独有情感性质。

当然,康德在《判断力批判》中,将审美判断力作为真与善的桥梁,主要并不是由于他要探讨美的独特的情感领域,而是作为哲学家出于使自己体系更加完整的需要。因为,康德的《纯粹理

---

① [德]黑格尔:《哲学史讲演录》第4卷,贺麟、王太庆译,商务印书馆2009年版,第332页。

性批判》以人的认识领域作为研究对象，属于现象界的范围，而《实践理性批判》则以人的伦理道德领域作为研究对象，属于物自体的范围，两者无法沟通。而《在实践理性批判》中，理性作为"道德律令"具有强烈的实践性，需要把自己的道德律令在人的自然的认识领域付诸实践，但两者之间却有不可逾越的鸿沟。在这样的情况下，康德的《判断力批判》提出的审美判断就承担了沟通两者的任务。一方面完成了其哲学体系的完整，同时，也开辟了美学独特的情感领域。康德在 1787 年给 K.莱因霍尔德的信中提到这一点："目前我正在从事鉴赏力的批判，在这方面发现另一种 a priori(先天)原则，它们不同于上述那些原则。因为心灵的功能有三种，即认识能力、快感与不快感和愿望的能力。我在《纯粹理性批判》中发现了认识能力的 a priori 原则，在《实践理性批判》中发现了愿望的能力之 a priori 原则。我正在寻找快感与不快感的 a priori 原则，尽管我一向认为这种原则是难以找到的。""现在我承认，哲学的三部分中每一部分都有它 a priori 原则。"①

　　康德为了实现这种过渡，在其《判断力批判》中设置了两个过渡。一个是由美向崇高的过渡，一个是由纯粹美向依存美的过渡，最后提出美是道德的象征的命题。有学者提出了"崇高是美与艺术的桥梁"的观点，我认为是对康德美学理论研究的深入。虽然康德在文中只隐约涉及美到崇高、自由美到依存美的过渡，没有涉及崇高是美与艺术的桥梁，但我们亦可做这样的理解。因为美、崇高、艺术三者贯串始终的都是"美是道德的象征"的命题；美作为道德的象征是从鉴赏角度看的，艺术作为道德象征是从表

①转引自［苏联］金斯塔科夫：《美学史纲》，樊莘森等译，上海译文出版社
　　1986 年版，第 224 页。

现的角度看的，崇高则是从主体条件品格看的。而崇高实质是以人的道德力量为中心，没有道德的崇高，就无所谓美与艺术对道德的象征。美向崇高的过渡是在审美领域呈现的。因为纯粹美的无目的的合目的性的形式只包含毫无内容的线条、色彩等，仍然是真的形式的内容偏多，善的内容偏少，并没有实现这种过渡。两者不平衡。康德并不满足于此，他说："我们只能期待于人的形体。在人的形体上理想是在于表现道德，没有这个，这对象将不普遍地且又积极地（不单是消极地在一个合规格的表现里）令人愉快。"①由此，就产生了由纯粹美到依存美、由美到崇高的过渡。崇高的对象是"无形式"，崇高感完全是主观的。康德认为，崇高的无形式对象本身不会产生崇高，只会产生恐怖，崇高感的产生"必须把心意预先装满着一些观念"，在鉴赏中通过"偷换"的方式移到对象之上。因而，崇高完全是一种主体的理性道德力量，但崇高正因为是纯主观的，所以仍是内在的，没有外化为形象。只有通过艺术的创造，即审美意象，才能使理性力量、道德力量外化为形象，从而实现自然客体——主体——精神客体的转换，由此真正完成由真到善的过渡，而崇高在这个过渡中担负了桥梁的作用。

　　以上所说，由认识到道德领域的过渡，即客观的自然领域到社会领域的过渡即是哲学中著名的"自然向人生成"的命题。康德在此没有完全摆脱"目的论"的影响，提出人是"最后目的"的命题，他说："没有人类，这整个创造就只是浪费、徒劳、没有最后目的。"②而

①［德］康德：《判断力批判》上卷，宗白华译，商务印书馆2009年版，第68页。

②转引自李泽厚：《批判哲学的批判：康德述评》，生活·读书·新知三联书店2007年版，第422页。

且最后导致了神学宿命论，即所谓天意安排。关于"人是最后目的"的观点，在我国当代哲学和伦理学的理论中颇有市场。有人以此作为整个哲学的出发点和归宿，而有人又以此作为所谓"合理的个人主义"的理论根据。有的美学家则由此导出著名的"人类学本体论"与"人化自然"的著名论题。这个理论，在康德所在的时代，以高扬人的价值、地位、作用来对抗宗教神学把人作为手段、工具、奴隶，高扬"人类中心主义"，是有其现实意义的。当时，康德以抽象的人性论作为其哲学和美学的出发点，在他所处的18世纪末期那样的时代也还是有其历史必然性的。但在今天，再以抽象的"人"作为哲学或美学的出发点和归宿，以"人性论"作为美学的基础，那就同马克思主义的历史唯物主义背道而驰，也同时代的脚步不相吻合。而从马克思主义的历史唯物主义来看，社会关系决定社会意识，每个人都是社会的、具体的，作为社会集团的一员，生活于社会之中，既享受着权利，又承担着义务，既是目的，又是手段。作为我国公民，既是社会的主人，享受着许多的权利，接受着全社会的乃至其他成员所提供的服务，从这个角度说，人的确是目的；同时，每个公民又肩负着社会的义务，履行为人民服务的道德宗旨，不论在社会、单位、家庭都有着不可推卸的责任，因此，从这个角度说，人又是手段。因此，应该说，自然向人生成是历史的必然，但这个生成的过程，从微观上来说，通过审美可起到这种作用。但这只是一个横向的、静态的过程。而从纵向、从宏观、从历史发展看，自然向人的生成，作为社会发展过程，乃至作为美的创造过程，还得通过社会的实践，首先是经济、政治、科技的实践，其次才是艺术的实践。康德在这里不仅滑向了抽象的人性论，而且丢弃了历史的辩证法，而滑向了形而上学。当然，自然向人的生成，还有另外的意义，那就是对审美教育的倡导，因为自然向人的生成,要求人成为"文化的、道德的人",而美育就是唯一的途径。康德说:"美的艺术与科学通过具有共通性的快感,以及通过对社会进行详细而精确的说明,尽管不能使人们在精神上得到改善,却能使他们变得文明一些,从欲念的束缚下夺回很多东西,以此培养人适应这样一种制度,在这种制度下,进行统治的应该只是理性。"①特别重要的是,当今已进入"生态文明"新时代,"人类中心主义"已被证明是人类无尽掠夺自然的理论根据,而被"生态整体主义"取代,所以康德的"人是目的""人为自然立法"应放到历史语境中予以批判地理解。

(三)康德美学的基本内容

康德美学的内容是十分丰富的。我们曾以美论、崇高论、艺术论加以概括,下面我们换一个角度,试从范畴论、体系论、方法论和心理美学四个方面加以概括。

1.范畴论

范畴是美学理论的基本元素或基础,西方古典美学的基本范畴是"美在和谐",但在不同时代、不同理论家之中,其内涵不断丰富发展,从而构筑其不同的范畴体系。康德美学也有其特有的范畴体系,其范畴体系的内涵特点决定了它在美学史上的地位,即决定了它作为德国古典美学奠基者的地位。

首先是"美"。康德提出著名的美是"无目的的合目的的形式"的命题,实际是对感性派(无目的)和理性派(合目的)的综合,既突破了传统的感性派的"摹仿说",也突破了理性派的"灵感

①转引自[苏联]金斯塔科夫:《美学史纲》,樊莘森等译,上海译文出版社1986年版,第235页。

说"，成为感性和理性由对立走向统一的新时代的开端。而且，这种无目的的合目的的形式，涉及特殊的主观心理状态、情感领域，更具有开创的意义。这一点被席勒注意到，在《美育书简》中提出情感教育问题。但被黑格尔所忽视，在其庞大而严密的辩证的美学体系中，只剩下概念的逻辑发展，而相对忽略了蓬勃激动的情感，这正是其缺陷所在。康德的局限在于否定了美的客观性，当然也否定了自然美的存在。

其次是"崇高"。康德把崇高的过程描述为对象压倒主体，主体又借助理性压倒对象，因而崇高感最终是一种理性的伟大胜利，是道德的象征，其根源不在对象，而在人自身的理性精神。康德对崇高的论述也是有历史意义的。西方最早提出崇高概念的是古罗马时代的朗吉努斯，他的《论崇高》一书曾经论及自然界的崇高对象，但主要论述的是文采风格的崇高、修辞的宏伟等，基本局限在修辞学范围之内。18世纪英国的经验论者博克最早从美学的角度对崇高进行了较为深入的研究。他认为，优美的对象偏重于小巧、光滑、娇弱；而崇高的对象则巨大、阴暗、孤寂，美以快感为基础，崇高以痛感为基础。博克的论述极富启发性，但仍多局限于经验论的感觉的范围。只有康德的崇高论，才在前贤论述的基础上，第一次赋予崇高以深刻的哲学内容，使之成为系统的理论，包括崇高的对象、崇高与优美的区别、崇高的心理过程、崇高的根源等。康德在崇高论中实际上也将丑带入美的领域，大大地拓展了美与审美的范围。因为，崇高的对象作为"无形式"带有巨大的可怖的特点，已不是什么对称、和谐、合比例的优美，而是属于丑的范围。但只有在人类从特定的鉴赏的角度上，这种丑才能由痛感成为快感而进入美的领域。这比亚里士多德从认识论的角度解释由痛感到快感要深刻而高明得多了。

　　关于艺术。历史上曾有过表现、再现等争论，康德独辟蹊径，提出"审美观念"的概念。所谓"审美观念"，就是"它生起许多思想而没有任何一特定的思想，即一个概念能和它相切合，因此没有言语能够完全企及它，把它表达出来"①。也就是说，在有限的表象中包含了无限的理性内容，不涉及任何概念，但却包含无尽的理性精神。这样的艺术观也是对形而上学的突破，对辩证的艺术哲学的开拓。

　　关于"天才"。康德认为，天才是天生的心理禀赋，通过它，自然给艺术制定法规。康德关于"天才"的理论，实际上涉及的是创作论和作家论。德国"狂飙突进"运动把天才看作超越自然规律的特殊的超人、个性、天资，康德则把天才看作"天生的心灵禀赋，通过它自然给艺术制定法规"②。他概括了天才的四个特点：第一，独创性；第二，规范性；第三，天才本身并不是纯理性的才能，而是作为自然赋予它以法规；第四，天才不是把规律赋予科学，而是赋予美的艺术。这里，既顾及再现论的规范性，又顾及表现论的独创性，而其连接点则把天才归结为特殊的心理禀赋，天才的作品是一种范例，而不是规则，只可意会，难以言传。康德对这种先天心理禀赋的描绘，虽也有某种神秘性，并有夸大心理功能的弊端。但总的来说符合艺术创作的实际，触及艺术创作最深奥的本质，因而有其特定的价值。

---

① ［德］康德：《判断力批判》上卷，宗白华译，商务印书馆 2009 年版，第 155 页。
② ［德］康德：《判断力批判》上卷，宗白华译，商务印书馆 2009 年版，第 148 页。

2.体系论

范畴论应该讲同体系论是一致的,但康德却以其特有的方式来构筑自己的美学体系。他借用知性领域的四大范畴体系来构筑自己的美学体系,即量、质、关系、方式,但在《判断力批判》中,康德却毅然把质,即实在性与非实在性范畴放在量之前,作为其美学体系的首位。这是有其深意的。主要是为了给美学的特殊情感领域定性,美是一种无利害的快感。首先是快感,属于情感领域。其次不是一般的快感,而是无利害的快感,既无感觉的利害,也无道德的利害,无任何功利目的。再次是,判断在先,而不是快感在先。这就为其整个"无目的的合目的性"情感美学奠定了基础。这判断在先的无利害的快感恰恰是"美"的最基本的品格。

其次是量,即个别性与普遍性的范畴,也就是说美不涉及概念,但却有普遍性。这种普遍性不是概念的伦理的普遍性,而是心理感受的普遍性。这就使美既与逻辑概念区分,又同生理快感区分,因为任何生理快感都是个别的,无普遍性的。康德在量的分析中,实际上更多地涉及崇高的范畴。因为崇高的对象是一种"无形式","无形式"的突出表现就是量的巨大,压倒了主体,借助理性才将其战胜,当然是心理上理性的战胜。

再次是"关系",即主体与客体联系方式涉及因果性与目的性的范畴。康德也将感性派的因果性与理性派的目的性加以综合,提出主观的合目的性的判断。也就是说,美没有客观的目的性,即道德、理性的目的性,但却符合主观的目的性,即美的形式符合了主观心理需要或心理机能,因而引起了一种愉悦。这种主观的目的性的愉悦就是一种美。在这里,没有明显的客观的目的,但却导向一种主观的更深远的理性的目的。更多地同悲剧的范畴紧密相联系,因为悲剧是一种有价值的事物的毁灭,导向一种高尚、至善,产生净化灵魂的作用,而主观的合目的性恰恰符合悲剧的精神内涵。《美学史纲》的作者金斯塔科夫提到这个观点,康德没有明讲,但金氏的理解值得参考。

最后是"方式",即主体与客体联系方式涉及偶然性与必然性的范畴。使人愉快的东西并不都是必然的,但审美判断却是必然的,这种必然不是借助概念的必然,而是一种"范式必然性",也就是尽管是个别事物,但却使主体感到一种必然性的愉快。康德最后假设了一种心理的"共通感",作为这种必然性的必要条件。他说:"所以只在这个前提下,即有一个共通感(不是理解为外在的感觉,而是从我们的认识诸能力的自由活动来的结果),只在一个这样的共通感的前提下,我说,才能下鉴赏判断。"①而这种"共通感"也不是"知性"领域中的"必须",而是理性领域中的"应该",即所谓"人同此心,心同此理"。这种范式必然性与喜剧范畴关系更紧密,因喜剧是一种违背常理的人物而不知其违背常理,从而引起一种嘲讽式的愉快,这也是一种范式必然性。康德在《判断力批判》中所举的印第安人喝啤酒的例子就是其一。

3.方法论

康德采取的方法论也是独特的,总体上说,他是一种主观先验的二元的综合的方法论。当然具有极大的弊端,但从历史发展看,比欧洲形而上学感性论与理性论的确有了极大的进步,其中包含许多辩证的因素,实际在方法上,康德也是德国古典美学唯心主义主观辩证法的开拓者。

---

① [德]康德:《判断力批判》上卷,宗白华译,商务印书馆 2009 年版,第71页。

关于"本体论"。康德采取二分法，实质是二元论，即将世界分为物自体与现象界，二者之间有着不可逾越的鸿沟。人们的认识只能达到现象界，而现象界又不能反映物自体，物自体只存在人的信仰里。这就是所谓实践理性与纯粹理性的对立，这不仅是一种二元论，而且是一种不可知论，由此提出《判断力批判》，借此沟通二者之间的关系。

关于"认识论"。康德取三分法，即将人的认识分为感性、知性、理性三部分。其基本公式是先天形式加经验质料。感性是时空的先天形式加感觉表象的质料，知性是知性范畴的先天形式加感性的感觉质料，理性则不在认识的范围之内，这是一种最高的综合整理的能力，是对物自体的把握，对绝对和本质的认识。

这样的三分法显然同我们的二分法把认识分为感性与理性截然不同，而且包含着浓厚的神秘主义的色彩，但这种三分法有无可借鉴之处，值得研究。如果我们也抛弃马克思主义认识论，取康德的三分法，显然是错误的。但如果加以改造，也有可利用之处，我们可以把理性认识分为两部分，一部分知性，即形式逻辑的范围，解决一般的认识体系、回答是什么的问题，其公式为：是就是，不是就是不是，一就是一，二等于二。另一部分为理性阶段，即解决辩证逻辑范围的问题，回答为什么的问题，其公式为：是不一定是是，不是不一定是不是，一不一定是一，可能是二、三、四……这样的理性认识在艺术辩证法中是适用的。例如，著名京剧《武松打虎》的老虎就不是老虎，老虎也是"人"，艺术典型中的意义大于形象，等等。

二律背反是康德哲学的特定概念，其原意是用知性范畴去规定"理性"领域的"世界"（物理现象），便会陷入不可解决的矛盾，即二律背反之中。这也就是悖论，即两个根本相反却又各自有理的命题。在《判断力批判》中，他使用了二律背反的方法。正命题：鉴赏不植基于诸概念，因否则即可容人对它辩论（通过论证来决定）。反命题：鉴赏判断植基于诸概念；因否则，尽管它们中间有相违异点，也就不能有争吵（即要求别人对此判断必然同意）。① 如何解决这个二律背反呢？他提出了审美判断力的无目的的合目的性的先验原理，将无知性概念而合乎理性概念这相反的两个命题统一起来。他说："这里提出来的和解决了的'二律背反'，是以那正确的鉴赏的概念——即作为一个单纯的反省着的审美判断力的概念——为基础。在这里两个似乎相对立的原理相互协合起来，两者都能是真实的，这也足够了。"② 这句话的意思是，审美"二律背反"的解决是以审美鉴赏的概念为基础的。这个审美鉴赏概念就是"单纯的反省着审美判断力"，也就是无目的的合目的性的"先验原理"。以此为基础或前提才使两个似乎相对立的原理协调起来。这个先验原理的协调是使无知性范畴规定的概念，但却在个别的形象中包含理性范畴来规定的概念。

　　对于康德对审美"二律背反"的解决，有人完全否定，认为是一种"钳合"，没有解决根本问题，仍然限于二元论。这种看法不能说没有道理，但未免偏颇，因为康德在此并不是简单的"钳合"，而是充分揭示了审美的内在矛盾，并试图将对立的双方努力地综合，而且也的确开辟了"反省的审美判断力""情感判断"，乃至"审美观念"这样一些独特的领域和概念。这些领域和概念也在一定

---

① [德]康德：《判断力批判》上卷，宗白华译，商务印书馆2009年版，第180—181页。

② [德]康德：《判断力批判》上卷，宗白华译，商务印书馆2009年版，第183页。

程度上起到了将矛盾的双方统一的作用,也的确涉及美与审美的内在本质。现在看来,康德关于审美的"二律背反"的论述,尽管有其哲学的局限,但却揭示了审美与艺术的根本特征。包括鲍姆加登的"理性类似思维",也是一种"二律背反"。正如黑格尔所言,康德说出了关于美的第一个合理的字眼。由此,无目的与合目的,以及感性与理性的二律背反,应该说揭示了审美和艺术的普遍性的规律。

4.心理美学

在心理学方法的使用方面,康德美学吸取了英国经验主义,特别是英国美学家博克关于美与崇高的大量心理学的分析。他对审美的探讨,总的来说侧重于心理的分析,这是其论美的特点,也是其论美的长处。他在纯粹美、崇高和艺术美的分析中最后都归结为审美心理分析,而以论艺术美中对艺术创造想象力的论述最为充分。他有一句名言:"所以美的艺术需要想象力、悟性、精神和鉴赏力。"①紧接着,他在下面加注写道:"前三种机能通过第四种才获致它们的结合。"②也就是说,想象力、知性力和理性力的自由协调必须以审美情感判断为中介和目的。其中,想象力最为活跃,是审美心理的基本要素。知性力占有重要地位,因为判断先于快感,是审美与生理快感的根本区别。而理性力也占据突出地位,决定了创造想象力的性质,使之具有丰富的内涵和深刻的伦理道德价值。这样的论述在审美理论中是十分深刻的,也是

---

①［德］康德:《判断力批判》上卷,宗白华译,商务印书馆2009年版,第162页。

②［德］康德:《判断力批判》上卷,宗白华译,商务印书馆2009年版,第162页注①。

具有开创性的。即使在今天、我们仍然觉得没有过时,这正是康德美学的最重要的贡献之一。

李泽厚在《批判哲学的批判:康德述评》中充分肯定了康德对审美心理研究的杰出贡献,这是十分正确的。但他却由此提出著名的"积淀论"。他说:"理性才能积淀在感性中,内容才能积淀在形式中,自然的形式才能成为自由的形式,这也就是美。美是真、善的对立统一,即自然规律与社会实践、客观必然与主观目的的对立统一。审美是这个统一的主观心理上的反映,它的结构是社会历史的积淀,表现为心理诸功能(知觉、理解、想象、情感等等)的综合,其各因素间的不同组织和配合便形成种种不同特色的审美感受和艺术风格,其具体形式将来似乎可能借化学双螺旋(Double Helix)或某种数学方程式和数学结构来作精确表述。"① 很显然,李泽厚在此是直接引用我在上文已经谈到的康德关于美的四种心理功能综合的那一段。他提出的"积淀论",在一定程度上借鉴了荣格的集体无意识。而问题是,他最后将这种积淀归结为一种"心理的结构",这就在一定程度上继承了康德的这样一个观点,即"天才是天生的心灵禀赋,通过它自然给艺术制定法规"②。也就是说,在康德看来,天才是与生俱来的,同生理结构一样是身体结构的一部分,属于"自然"的范畴,应该说这是一种生物社会学的观点,混淆了生理与心理的界限。我个人认为,"积淀论"不是一种先天的"心理的结构"的积淀,而是在历史的精神

---

① 李泽厚:《批判哲学的批判:康德述评》,生活·读书·新知三联书店 2007年版,第 436—437 页。

② [德]康德:《判断力批判》上卷,宗白华译,商务印书馆 2009 年版,第148 页。

产品中"积淀"了大量的历史内容，包括极其丰富的心理产品的成果。正是依赖于这样的成果，人类才能在精神文化与道德审美范畴方面得以代代相传，继承发展。在这一点上，连荣格的集体无意识理论也没有解决好。李泽厚的"积淀论"非常有影响，而且有价值，但其中也掺杂了康德与荣格的这些不正确的认识，值得提出来商榷。

康德美学的局限是非常明显的，首先是它的主观先验论的唯心主义色彩，将审美的最后动因归为虚无缥缈的"主观的先验原则"；其次是它对于理性的盲目崇拜，提出所谓"判断先于快感"，无视身体快感在审美中的重要作用，是一种脱离审美实际的理论，其实应该是"判断与快感相伴"。他的试图沟通感性与理性的愿望尽管可贵，但最后仍然没有走出二元对立的思维模式。

五、谢林的《艺术哲学》：自由与　自在之不可区分

谢林（Schelling，1775—1854），德国著名哲学家与美学家。出身于具有浓郁宗教氛围的牧师家庭，接受神学教育。先后在耶拿大学与柏林大学任教，出版过《先验唯心论体系》《艺术哲学》与《论人类自由的本质》等著作。谢林是德国古典哲学与美学的重要代表人物，是由康德到黑格尔的另一位过渡人物，是德国浪漫主义美学的重要代表。他的学术活动时间很长，经历了自然哲学、先验哲学、同一哲学与天启哲学等发展过程。《艺术哲学》完成于谢林的学术活动的中期，大约在1801年至1809年，是其从先验哲学转向同一哲学之时期，是其逝世后由其子组织出版。黑

格尔曾经对于谢林的"同一哲学"的"一切牛在黑夜里都是黑的"①的观点有过评价，由此两人的友谊中断。谢林的美学思想由于种种原因一度没有受到足够的重视，在一些美学史论著中没有论及。近年来，谢林的美学思想逐步受到应有的重视，他的神话理论、浪漫主义自然观、泛神学美学思想等愈来愈展现其学术活力。

（一）论美：美乃是实在中那种自由与自然之不可区分

什么是美呢？康德说，美是"无目的的合目的性"形式，并以一个二律背反对美给予界定。谢林在此基础上进一步界定为："美乃是实在中所观照的那种自由与必然之不可区分。"②这里的"不可区分"，就是均衡之意，两者在争执中处于均衡状态，希图对于"二律背反"给予解决，而其根源则是"实在"即绝对者或上帝，说明"绝对者"是美之根源。这就是谢林著名的"流溢说"。他说："光是美的正极以及自然中永恒的美之流溢。"③针对艺术，他说："艺术本身是绝对者之流溢。"④他甚至更加明确地指出，上帝是美之根源。"犹如上帝（神）——原型在映像中成为美，在映像中被观照的理性之理念也成为美。"⑤这里，所谓"美是不可区分"，正是谢林的"同一哲学"在美学理论中的体现，预示着黑格尔"理念的感性显现"这一理论的诞生。

---

① ［德］黑格尔：《精神现象学》，贺麟、王玖兴译，商务印书馆2009年版，第11页。
② ［德］谢林：《艺术哲学》，魏庆征译，中国社会出版社2005年版，第33页。
③ ［德］谢林：《艺术哲学》，魏庆征译，中国社会出版社2005年版，第175页。
④ ［德］谢林：《艺术哲学》，魏庆征译，中国社会出版社2005年版，第22页。
⑤ ［德］谢林：《艺术哲学》，魏庆征译，中国社会出版社2005年版，第35页。

在此基础上，谢林论述了崇高与美的形态。他说："有限者同宇宙的对立，在第一种情势下应呈现为抗衡，在第二种情势下则呈现为对宇宙的无条件自我奉献。前者可视为崇高（古希腊时期的基本特征），后者可视为狭义之美。"①这里运用的是康德有关崇高与优美的界定，他在另外的地方说，崇高是"精神个体在自然之力下筋疲力尽，同时又凭借其心灵居于上风"②。同时，谢林还论述了美学范畴"丑"。他说："艺术家的最高之智和内在的美，可呈现于他所描绘者之荒诞或丑陋。只是从这个意义上说来，丑可成为艺术的对象；而且，在这一描绘中，丑者似乎不再是丑者。"③其中的关键环节，是通过理念将丑转化为美，因为低俗者在描绘中可"作为理念之对立者"，可使之完全转化，"这一转化，实则是喜剧者的本质"④。

（二）论艺术：艺术呈现为自成一体的、有机的整体

谢林从浪漫主义艺术观出发，力主艺术是一种自成一体的"有机体"。他说，艺术"呈现为自成一体的、有机的整体；这一整体就其所有范畴说来是必然的，犹如自然"⑤。他认为，应该致力于研究植物的"有机的结构、内在机制、相互关系和组成"，这样可以更好地把握作为更高一级的艺术作品。在他看来，有机性最能体现作为艺术本源的绝对者之理性。因为有机的自然距离创世

---

① ［德］谢林：《艺术哲学》，魏庆征译，中国社会出版社 2005 年版，第 98 页。
② ［德］谢林：《艺术哲学》，魏庆征译，中国社会出版社 2005 年版，第 110 页。
③ ［德］谢林：《艺术哲学》，魏庆征译，中国社会出版社 2005 年版，第 198 页。
④ ［德］谢林：《艺术哲学》，魏庆征译，中国社会出版社 2005 年版，第 198 页。
⑤ ［德］谢林：《艺术哲学》，魏庆征译，中国社会出版社 2005 年版，绪论第
  9 页。

之上帝（绝对者）最近，是被实在者（上帝）所观照的。他说："有机的形象同理性有着直接的关系，其原因在于：它是其最贴近的显现，实则是被实在观照的理性。理性同非有机者，只具有间接的关系，——正是凭借作为其直接形体的有机体。"①实在者即上帝的观照成为优秀艺术的必要条件，也正是浪漫主义美学与艺术观的重要特征。谢林哲学的"同一性"恰恰体现了这种"有机的整体性"，具体表现为自由与自然、有限与无限的有机结合。他说："在自然与自由相结合的最高形态中——在艺术本身，自然与自由以及无限者与有限者的这一对立再度复返。"②他认为，艺术之有机性成为体现其"同一哲学"的最高形态。由此，他将艺术哲学看作其整个哲学大厦的"拱顶石"。

在艺术的有机整体性的前提下，谢林"构拟"了艺术的图式。他在实在序列与理念序列的对立中进行构拟。所谓实在序列，包括音乐、绘画与建筑艺术，而理念序列则包括抒情诗、叙事诗与戏剧，均是正、反、合之三段式，是理性到感性的运动。谢林详细地论述了各个艺术门类。他说："延续性为音乐之必然形态。——其原因在于：时间——乃是无限者呈现于有限者之普遍形态，因为它作为来自实在者之抽象中的形态而被直观。"③这充分说明了音乐作为"时间艺术"和"抽象艺术"的特点。

关于绘画，他说："绘画尤其接近于艺术的最高形式，正是由于它将空间视为某种必需者，并把它描绘为与其所描绘的对象似

①［德］谢林：《艺术哲学》，魏庆征译，中国社会出版社2005年版，第205页。
②［德］谢林：《艺术哲学》，魏庆征译，中国社会出版社2005年版，第65页。
③［德］谢林：《艺术哲学》，魏庆征译，中国社会出版社2005年版，第133页。

乎与生俱来者。在完美的画面中，空间同样具有独立的意义，与画面内在的或质的范畴并无任何从属的关系。"①这说明了绘画作为"空间艺术"的特点。

谢林指出，建筑艺术是"空间的音乐，犹如凝滞的音乐"②；"雕塑以实在的形式既表现本质，又表现事物的理念范畴，因而一般表现本质和形式的最高不可区分"③；"诗歌之普遍的形态，乃是理念赖以在话语和语言中呈现者"④。这说明了诗歌的语言艺术特点。

关于戏剧，他说道："情节并非呈现于叙述，而是呈现于现实中（主观者被描述为客观的）。由此可见，我们设定的体裁，应成为整个诗歌的最后的综合——这便是戏剧。"⑤这说明，戏剧是一种以"情节"为其特征的语言艺术。在此前提下，谢林对悲剧与喜剧的特征有较多论述。

此外，谢林还提出了"构拟"（construo）艺术的概念，即创造一种将艺术纳入其中的图式，直达宇宙与上帝。这幅图式就是按照对于绝对（上帝精神）体现的多少来划分的，进行"实在序列与理念序列对立之中诸艺术形态的构拟"。其中，实在序列（需要诉诸物质）之音乐、绘画与建筑艺术，表现为正、反、合之三段式；而理念序列（是语言即为精神的创造）则为抒情诗、叙事诗与戏剧，也是正、反、合之三段式。这是一种由感性到精神的运动，是精神逐

---

① ［德］谢林：《艺术哲学》，魏庆征译，中国社会出版社 2005 年版，第 156 页。
② ［德］谢林：《艺术哲学》，魏庆征译，中国社会出版社 2005 年版，第 204 页。
③ ［德］谢林：《艺术哲学》，魏庆征译，中国社会出版社 2005 年版，第 199 页。
④ ［德］谢林：《艺术哲学》，魏庆征译，中国社会出版社 2005 年版，第 253 页。
⑤ ［德］谢林：《艺术哲学》，魏庆征译，中国社会出版社 2005 年版，第 304 页。

步超越物质的过程。在此前提下,谢林阐述了各种艺术门类的特点。这一理论明显地影响了黑格尔的艺术理论;提出"艺术美建基于有意识活动与无意识活动的同一之上",将无意识活动提到突出的位置,意义深远。

(三)论神话:神话乃是任何艺术的必要条件和原始质料

对于神话的关注与论述,是谢林《艺术哲学》的特点。他不仅关注历史上的神话,而且认为新的时代应该也要有自己的神话。因为神话是一切艺术创作的基础与前提,是一切艺术的必要条件和原始质料。①

关于神话的性质,谢林进行了前所未有的论述。他说:"神话则是绝对的诗歌,可以说,是自然的诗歌。它是永恒的质料;凭借这种质料,一切形态得以灿烂夺目、千姿百态地呈现。"②神话是神的歌唱,也是自然的歌唱,是艺术永恒不寂的源泉。谢林形象地说道:"对诗歌说来,神话是一切赖以明生的始初质料,是一切水流所源出的海洋(借用古人之说),同样是一切水流所复归的海洋。"③

神话还是哲学的基础。他说:"神话既然是初象世界本身,宇宙的始初普遍直观,也就是哲学的基础,而且不难说明:即使希腊哲学的整个方向,亦为希腊神话所确定。"④他认为,神话作为始初文化反映了哲学的最初萌动与始初形态,是哲学之根,也可以

---

① [德]谢林:《艺术哲学》,魏庆征译,中国社会出版社 2005 年版,第 54 页。
② [德]谢林:《艺术哲学》,魏庆征译,中国社会出版社 2005 年版,第 54 页。
③ [德]谢林:《艺术哲学》,魏庆征译,中国社会出版社 2005 年版,第 63 页。
④ [德]谢林:《艺术哲学》,魏庆征译,中国社会出版社 2005 年版,第 64 页。

说是文化之根。神话在艺术上也有着原初的意义，那就是神话主要形态是艺术的基础形态——象征。他说，神话"不应视为模式的，也不应视为比喻的，而应视为象征的"①。象征是艺术之魂，艺术之灵，其来源即为神话。他将神话分为希腊神话与基督教神话两类，认为希腊神话的质料是自然，而基督教神话的质料是历史。②

　　谢林呼唤新的神话。他说："新的神话并不是个别诗人的构思，而是仿佛仅仅扮演一位诗人的一代新人的构思。这种神话的产生倒是一个问题。它的解决唯有寄希望于世界的未来命运和历史的进一步发展。"谢林的神话论，对恩格斯有很大的启发。恩格斯说："我乐意接受谢林从基督教方面触及到神话的重要成果而得出的结论。"③

　　无疑，谢林的美学思考给了黑格尔最直接的影响。黑格尔高度评价了谢林在美学史上的地位，认为"到了谢林，哲学才达到它的绝对观点"④。

六、黑格尔《美学》：美是理念的感性显现

（一）黑格尔美学的地位与贡献

黑格尔（Georg Wilhelm Friedrich Hegel，1776—1831）是德

①［德］谢林：《艺术哲学》，魏庆征译，中国社会出版社2005年版，第59页。
②［德］谢林：《艺术哲学》，魏庆征译，中国社会出版社2005年版，第73页。
③转引自［苏联］阿尔林·古留加：《谢林传》，贾泽林等译，商务印书馆1990年版，第296页。
④［德］黑格尔：《美学》第1卷，朱光潜译，商务印书馆1996年版，第78页。

国古典哲学最重要的代表人物。学术界对他在美学上的地位与贡献的看法并不完全一致,有从康德到黑格尔与康德对黑格尔等看法。个别现当代理论家对黑格尔的哲学包括美学持全盘否定态度,将其美学视为传统美学,而与现代美学完全区分开来。我们是主张从康德到黑格尔的,肯定黑格尔有其历史与现实的价值与意义。黑格尔是人类历史上最重要的哲学家与美学家之一。

1.黑格尔美学是西方古典美学发展的顶峰

这里所谓的"顶峰",当然是就马克思主义之前的西方美学来说的。为什么说它是西方古典美学发展的顶峰呢? 这主要是从西方古典美学的美在和谐的基本范畴的发展来看,这一基本范畴从古希腊的外在形式的统一与对称,到大陆理性主义的内在理性和谐,英国经验主义的外在感性和谐,发展到黑格尔在温克尔曼、康德、席勒的基础上明确提出"美在自由"的重要命题。这是"美在和谐"范畴发展的最高级形态,意味着西方古典美学已发展到极致,同时也意味着它的终结,预示着新的美学形态的诞生或萌芽。

"美在自由"内涵极为丰富,首先是感性与理性的外在和谐;其次是两者通过对立统一的矛盾之后的和谐包含着极其丰富的内容;再次是创作中主体处于一种不受束缚、自由和谐状态,主体的想象力自由地驰骋,不受知性力的约束;复次,这种美在自由说要求必须具有独立自由的时代土壤;最后,这种美在自由说与西方现当代美学中追求的主体的绝对自由也有渊源关系。

2.黑格尔美学是西方古典美学的集大成

尽管黑格尔的美学不可能完全囊括西方古典美学所有内容,例如,它就没有很好地包括美的经验论,乃至康德美学中关于审美心理的有关理论等,但这些缺憾并不影响黑格尔美学的集大成意义。黑格尔的美是"理念的感性显现"的基本定义，以及在此基础上构筑的美学体系，在西方古典美学史上具有总其成的重大意义。

第一，从概念本身来看，包括了西方古典美学史上美在整一、美在理念、美在关系、美在真实、美在善良、美在合适、美在无目的的合目的性……重要美学概念的基本内容，内涵极其丰富；第二，从方法上来看，这种辩证的对立的方法，包含着单纯模仿的感性方法与单纯表现的理性方法，因而更为优越；第三，在美的历史形态中，通过对古典型与浪漫型之异同的比较，融会了自温克尔曼以来有关古代与近代、素朴与感伤、空间艺术与时间艺术的对比的诸多内容，因而对古代与近代这一长期争论不休的论题做了比较完满的解决；第四，最重要的是，较好地解决了西方古典美学中感性与理性、现实与浪漫之间的分裂和对立，使柏拉图关于"美是难的"这一论断历经两千多年发展终于得到较为完满的回答。

3.黑格尔美学对后世有着深刻的影响

首先，黑格尔美学同马克思主义美学之间有着直接的继承关系。马克思主义美学的实践观点、异化观点、艺术的掌握世界的观点、艺术典型理论、关于古希腊艺术评价等，都同黑格尔美学直接有关。马克思主义经典理论家正是在黑格尔美学的基础上将感性与理性统一于物质实践的前提之下，从而开创了美学发展的新天地。有充分的历史材料证明，马克思主义创始人对黑格尔美学十分重视。马克思、恩格斯都曾钻研过黑格尔《美学》，并曾打算为一部美国百科全书撰写黑格尔美学条目。恩格斯说黑格尔在包括美学的"每一个领域中都起了划时代的作用"。他还建议 K.施米特"读一读《美学》"，并且说："只要您稍微读进去，就会赞叹不已。"①

　　黑格尔美学对西方现当代美学也有着极其重要的影响。当代美国哲学家怀特在《分析的时代》中说："几乎 20 世纪的每一种重要的哲学运动都是以攻击那位思想庞杂而声名显赫的 19 世纪的德国教授的观点开始的，这实际上就是对他加以特别显著的赞扬。我心里指的是黑格尔。"因为，"现在不读他的哲学，我们就无从讨论 20世纪的哲学，他不仅影响了马克思主义、存在主义与工具主义（当今世界最盛行的三大哲学）的创始人，而且在这一时期或另一时期还支配了那些更加具有技术哲学运动的逻辑实证主义，实在主义与分析哲学的奠基人。问题是在于：卡尔·马克思、存在主义者克尔凯郭尔、杜威、罗素和摩尔，这些人在这一时期或那一时期都是黑格尔思想的密切研究者，他们的一些最杰出的学说都显露出从前曾经同那位奇特的天才有过接触或斗争的痕迹或伤痕"②。

　　4. 黑格尔美学为我们提供了辩证的美学研究方法

　　马克思主义认为，黑格尔对人类最重要的贡献是提供了辩证思维方法。鲍桑葵也认为，黑格尔"美学是辩证法想要着重指出的那种合理联系的一个标本"③。我们由此可以断言，黑格尔对美学最重要的贡献在于提供了辩证思维和研究的方法。从历史上看，此前美学研究所遵循的方法，无论是理念的方法，还是经验的方法，统统都是形而上的方法，遵循的"是就是，不是就不是"的形式逻辑准则，因此，无法真正解决美学与艺术领域的感性与理性统一的问题。直到康德，才试图对这种形而上的方法进行突

①《马克思恩格斯文集》第 10 卷，人民出版社 2009 年版，第 623 页。
②转引自李醒尘：《西方美学史教程》，北京大学出版社 2005 年版，第 400 页。
③［英］鲍桑葵：《美学史》，张今译，商务印书馆 2009 年版，第 431 页。

破。他凭借先天的先验原则，运用二律背反的方法，将感性与理性主观地先验地嵌合在一起。只有黑格尔，才真正运用辩证的思维方法，通过对立统一的原则，将感性与理性真正地统一起来。其要点为：第一，他认为，艺术美的发展动力不在外部，而在其自身感性与理性的对立统一；第二，艺术美总的发展途径是正、反、合的辩证三段式；第三，艺术美的发展过程在内容上是由抽象到具体的逐步深化。

（二）黑格尔美学的局限

1.客观唯心主义的哲学基础

黑格尔美学的哲学基础是客观唯心论，因此，马克思主义创始人把黑格尔理论称作是一种"头足倒置"的理论。同样，他的美学也是一种"头足倒置"的美学。这种头足倒置的美学，结果必然导致落后的唯心主义体系与先进的辩证方法的矛盾，落后的唯心主义体系极大地束缚了先进的辩证逻辑方法，使这种方法难以彻底。其表现为：第一，将美学的根源归为客观理念，完全否定了美的现实客观性；第二，将美仅仅归为观念形态的艺术美，完全否定了自然美，正如卢卡契所说，黑格尔"重蹈唯心主义所固有的蔑视自然的覆辙"①；第三，将美归于其客观理念外在诸多环节中之一个环节，即绝对精神阶段的艺术阶段，其《美学》也只是其哲学体系的组成部分，是为了完成哲学体系之需要。

2.艺术悲观主义

按照黑格尔"美是理念的感性显现"的理论，理念在显现为各

①［匈］卢卡契：《卢卡契文学论文集》一，中国社会科学出版社1981年版，第426页。

类艺术作品时,经过史诗、抒情诗、戏剧诗阶段,在戏剧诗阶段又经过悲剧和喜剧阶段,终于走完了在艺术领域的全部行程,得到了完全实现。至此,精神就要走出艺术的感性形式而向更高的宗教与哲学阶段发展,作为艺术哲学的美学的研究任务也将告终。黑格尔说,"到了喜剧的发展成熟阶段,我们现在也就达到了美学这门科学研究的终点""到了这个顶峰,喜剧就马上导致一般艺术的解体"①。国内外的许多理论家,认为这是一种悲观主义理论。克罗齐说:"黑格尔美学是艺术死亡的悼词,它考察了艺术相继发生的形式并表明了这些艺术形式的发展阶段的全部完成,它把它们埋葬起来,而哲学为它们写下了碑文。"②朱光潜认为,黑格尔发出的是"替艺术唱挽歌的声调",以至于"把艺术导致死胡同里"。③ 但朱立元却认为,这种观点有待商榷,因为它并不代表黑格尔对艺术前景的基本看法。朱立元引用了黑格尔在《美学》第1卷绪论部分讲到各门艺术种类的最后一句话:"但是要完成这个艺术之宫,世界史还要经过成千上万年的演进。"④同时,朱立元认为,黑格尔在论述最后一个艺术类型——浪漫型时,认为浪漫型艺术是"精神的美",即"本身无限的精神的主体性的美"⑤,说明浪漫型艺术并非美的最后阶段,而它仍有其生命力,预示着新

①[德]黑格尔:《美学》第3卷下,朱光潜译,商务印书馆2009年版,第334页。
②[意]克罗齐:《美学的历史》,王天清译,商务印书馆2015年版,第156页。
③朱光潜:《〈美学〉译后记》,《美学》第3卷下,商务印书馆2009年版,第353页。
④[德]黑格尔:《美学》第1卷,朱光潜译,商务印书馆2009年版,第114页。
⑤[德]黑格尔:《美学》第2卷,朱光潜译,商务印书馆2009年版,第274—275页。

的美学类型的诞生。

我们认为，从总体上讲，黑格尔在艺术上是持悲观主义态度的。第一，唯心主义体系决定了他必然要持这种态度。因为，他的客观唯心主义理论体系决定了艺术作为绝对精神的第一阶段，必然要发展到宗教与哲学阶段，被宗教与哲学所代替，最后宣告艺术的解体与终结。第二，资本主义的社会现实，大量异化现象的存在，使得美学的艺术缺乏土壤，而面临越来越散文化的倾向。

同时，黑格尔又并非没有看到艺术还有其无限前途的一面。第一，辩证法本身是生命的前进的，都是由一切新的代替旧的，否定战胜肯定，产生新兴的艺术形式。第二，黑格尔作为大理论家，他也必然感受到并预见到艺术本身发展前进的生命力，并在其《美学》中表现这一点。但两者相比，前者们仍是主要的，从总体上说黑格尔是一个艺术悲观主义者。

（三）黑格尔的美学体系

黑格尔在《美学》的最后写道："这样我们现在就已达到了我们的终点，我们用哲学的方法把艺术的美和形象的每一个本质性的特征编成了一种花环。编织这种花环是一个最有价值的事，它使美学成为一门完整的科学。"①黑格尔在其《美学》中构筑其特有的美学体系，编织了他的美学花环，这个花环也就是其庞大而复杂的美学范畴体系。

1. 逻辑起点——美是理念的感性显现

黑格尔遵循由抽象到具体的方法，其逻辑的起点是美是"理

————————

① ［德］黑格尔：《美学》第 3 卷下，朱光潜译，商务印书馆 2009 年版，第335 页。

念的感性显现"。有学者认为,黑格尔美学的中心范畴是"美在自由",这一看法从总体上看是得体的。黑格尔就是"美在自由"说的代表者,但"美在自由"说应更加具体地看作是"美是理念的感性显现"。这一有关美的定义,看似简单,其实包含了极为丰富的内容,其所说的"理念"绝不同于柏拉图的"理念",而是具体的,体现在各个阶段的。其所说的"显现",也绝不只是感性与理性的一般性的统一,而是两者融为一体,互相渗透,而且在不同的艺术类型中有不同的关系,呈现出不同的状态。

2. 美的史前期——自然美

按照其美是"理念的感性显现"定义,黑格尔所说的"美"应该是单指艺术美,但黑格尔仍将"自然美"列为专章讨论。应该讲,"自然美"是在其美学体系之外的,但大理论家的直觉又迫使他不得不承认自然美的客观存在,这也许是其体系与方法矛盾的体现。对于自然美,黑格尔按理念的体现状况由低到高进行论述,也就是从无机物到有机物,由矿物、植物、动物到人,加以论述。在这个论述中,他提出了"朦胧预感"的著名范畴,包含着"移情"与"共鸣"的内涵。

3. 理念自发展阶段

第一,自发展过程:一般世界情况、情境、动作、性格;第二,理念与外在方面的统一:整齐一律,和谐统一律;人的实践,自然的人化,异化;第三,作品与听众关系:历史与现实题材的处理;第四,艺术家——主体的创造活动,想象,天才,灵感,作风,风格,独创,等等。

4. 理念的承续性发展阶段

从象征型、古典型到浪漫型,贯串着正、反、合的发展线索。

作为具体的艺术种类来说,建筑对应象征型艺术;雕塑对应古典型艺术;音乐对应浪漫型艺术。

(四)黑格尔美学的得与失

对于黑格尔美学,我们在前面已经做了勾画。这里将对其得失再做剖析。

1. 值得肯定之处

第一,黑格尔从历史发展的角度看待美,认为每个时代都有每个时代美的世界观,从而构成特定的艺术作品的灵魂和性格;第二,将美的基本特征或品格概括为感性与理性的和解即"理想",象征型是对理想的"追求",古典型是理想的"达到",浪漫型是理想的"超越";第三,较为准确地描绘了古典美的特征:感性与理性融为一体,是一种外在的雕塑型的美;第四,较准确地预示了新时代浪漫型美的特征:精神和精神的和谐;内在与外在的不协调。

2. 局限

第一,黑格尔错误地以绝对理念作为美的发展的动力。实际上,美的发展动力是人类社会的进步和人类对真善美的不竭追求。第二,相对僵化的"正、反、合"的发展模式,并因此而阉割历史。将古典美仅仅局限于古希腊是错误的,而实际上直到19世纪中期都属于古典美时期。第三,对主体性的一定程度的忽视。突出地表现为对美的主体因素,特别是心理因素的忽视,不仅难以科学地解释古典美的心理娱乐和主客体的和谐特征,而且更无法理解现代浪漫型的美,更加侧重由外在形式导致心理和谐的根本特征。第四,艺术悲观主义色彩,前已谈到,不赘。

第四讲　西方现代生命论美学:美与生命

从 19 世纪下半期开始,西方哲学与美学由传统的认识论哲学与美学转向现代存在论哲学与美学,此时现代生命论哲学与美学应运而生。

一、现代西方美学的转型

(一)把握这种转型的必要性

第一,这种转型是由理论本身的与时俱进的特性决定的。

这种转型首先是由历史本身决定的,也就是说历史已经大踏步地前进了,难道研究历史的人不随着历史前进还要停留在久远的古代吗? 世界哲学与美学发展的历史以 1831 年黑格尔逝世为界,逐步发生了由古代到现代、由认识论到存在论、由理性到理性与非理性共存、由主体性到主体间性、由人类中心到生态整体的转型。这是一个毋庸置疑的历史事实。在这里,有一个历史主义的态度问题。也就是说历史发展了,前进了,历史上曾经有过的真理并不意味着是永恒的真理。因为真理是相对的,历史的。正如马克思主义哲学所认为的那样,任何事物都是过程,都有其产生、发展与退出的历史轨迹,应以发展的态度对待任何事物、现象与历史。例如,现在人们争论不休的"人类中心主义"问题、人道主义问题,从历史的角度看,它们是工业革命与启蒙主义的产物,在历史上曾经起到过极大的积极作用,并且自身也蕴藏着相对真理。但随着"后工业革命"时代的到来,人类中心主义与人道主义已经成为落后于时代的理念,被生态整体主义与生态人文主义所取代。

第二,这种转型有其历史必然性。

首先是工业革命只重视经济与物质,对理性盲目崇拜,忽视人文主义,因而造成严重的社会问题;其次是资本主义发展对物欲的无止境追求、对理性盲目崇拜所造成的人的深层精神困惑,说明工具理性不能完全解决深层的精神问题;其三是文学艺术的逐渐转型产生对理论的必然要求。主要是现代派象征艺术的出现,其标志是1857年出版的波德莱尔的《恶之花》,其中的"恶"包含罪恶与痛苦之意,渗透了非理性精神。该诗说:"愚蠢和错误,还有罪孽和吝啬,占有我们的心,折磨我们的肉身。"①

第三,这种转型对于我国的意义是由我国理论界的现状决定的。

我国理论界由于特殊的原因在一定程度上仍然被过时的僵化的具有古典形态的理论所束缚,少数学者仍然坚持工具理性主义、主体性、人类中心主义以及主客二分思维模式。例如,我们在美学与文艺学之中长期使用的模仿论、典型论等,应该讲都是属于古典形态的理论,是相对落后的。马克思在著名的《关于费尔巴哈的提纲》中认为:"从前的一切唯物主义(包括费尔巴哈的唯

_____

① [法]波德莱尔:《恶之花》,钱春绮译,人民出版社1986年版,第3页。

物主义)的主要缺点是:对对象、现实、感性,只是从客体的或者直观的形式去理解,而不是把它们当做感性的人的活动,当做实践去理解,不是从主体方面去理解。"①马克思在这里讲的就是实现由机械唯物主义认识论到辩证唯物主义实践存在论的哲学与美学转型。所以,我们的任务是尽快走出古典!当然,在我国目前还有一个前现代、现代与后现代交互出场与共存的问题。现代性的东西,如主体性、人道主义等其能量还没有释放穷尽,但历史已进入后现代。尽管情况比较复杂,但不等于我们在理论上可以停滞不前。

(二)现代西方哲学与美学转型的历程

在哲学史上,这种由古典到现代的转型历经了漫长的复杂历程:

第一,过渡期。从 1831 年黑格尔逝世到 20 世纪初期,主要任务是"突破",以"生命"的核心概念突破古典的"理想"概念。非理性、潜意识进入哲学与美学领域,这是对现代性反思与超越的开端。当然,最早的体现是席勒对美育的倡导,马克思对"异化"的扬弃。

第二,转型理论的现象学建构期。主要以现象学理论的提出为开端,以存在论、经验论与阐释学为标志,进入比较体系化的建设期与建构期。这个时期的关键词是"经验"。

第三,转型理论的解构论建构期。主要是 20 世纪中期以来、"二战"以后、后工业革命时期,大众文化、消费文化与网络文化的兴起,直到当今。其关键词是"解构",通过解构进一步瓦解古典

---

①《马克思恩格斯选集》第 1 卷,人民出版社 2012 年版,第 133 页。

遗痕，建构多元对话的理论。

（三）审美与潜意识的关系

将潜意识引入审美，是美学领域的重大革命性突破。长期以来，特别是西方古典主义时期，审美都与理性有关。柏拉图的"美在理念"、亚里士多德的"美在和谐"、狄德罗的"美在关系"、康德的"美是道德的象征"、鲍姆加登的"美是感性认识的完善"、黑格尔的"美是理念的感性显现"等，无不如此。

当然，东方特别是中国古代并非如此。中国古代的"中和"美、"气韵"说、"意境"说、"滋味"说等，都包含着非理性的感觉的生命的因素，但由于历史的原因，并未进入世界美学的主流之中。

1831 年后的生命论美学，特别是 20 世纪初弗洛伊德提出的精神分析心理学对于潜意识的突出强调，将其作为人们包括审美在内的行动动因之一，应该说具有革命的意义，使我们认识到决定人们行为的不仅是意识，而且还有潜意识，并且潜意识是冰山之下更为本源的部分，意识只是冰山一角。这是对人的审美，对人的文化行为的新阐释，具有较强的科学性。

弗氏的精神分析美学将艺术理解为无意识的外现与被压抑的性欲的升华，其目的与功能是长期压抑的潜意识得以宣泄获得身心健康。同时，它也是一种特有的艺术文本的深度解读方法，将艺术归结为童年的心理创伤等。克罗齐的表现论美学力主艺术即直觉，直觉即表现，突出了人类原初形态的直觉的作用，排除了审美与艺术的外在因素。叔本华力主一种生命意志论哲学与美学，尼采在其基础上进一步强调了一种特有的酒神精神使之作为审美与艺术的本源。柏格森则强调生命的绵延与直觉特征以及喜剧表现直觉的特征。

(四)美在生命论美学的评价

生命论美学,又称"生命直觉论"美学,致力于打破西方传统的唯理论和经验论的分裂,以个体的生命力为主要着眼点,以直觉论为基本的哲学方法,对艺术创作与审美鉴赏等进行了深入的考察。其贡献是对理性主义美学的突破,为此后的存在论美学与现象学美学奠定了基础。其局限是极为浓厚的非理性主义使之走向偏颇,而其不可避免的内在矛盾,影响了其理论生命力的恒久。

(五)生命论美学在中国

西方现代生命论美学是"五四"时期传入中国的,许多人文学者深受其影响,包括鲁迅与王国维等人。非常著名的事例,就是王国维以叔本华的唯意志论哲学—美学为据写下了著名的《〈红楼梦〉评论》,成为近代以来的经典之作。王国维在该文中运用叔本华的理论指出:"生活之本质何?欲而已矣。欲之为性无厌,而其原生于不足。不足之状态,苦痛是也。即偿一欲,则此欲以终。然欲之被偿者一,而不偿者什伯。一欲既终,他欲随之。"①这是以叔本华的欲望即意志及苦痛解脱的理论来评价《红楼梦》,并将人生之解脱分为两种。其一为观他人之苦痛而解脱者,这需要大的觉解,非常人能够做到;第二种是觉自己之苦痛而得以解脱。前者为惜春、紫鹃;后者为宝玉。"前者之解脱,超自然的也,神明的也;后者之解脱,自然的也,人类的也。前者之解脱宗教的;后者美术的也。前者平和的也,后者悲感的也,壮美的

---

① 王国维:《〈红楼梦〉评论》,岳麓书社1999年版,第4页。

也，故文学的也，诗歌的也，小说的也。此《红楼梦》之主人公所以非惜春、紫鹃，而为贾宝玉者也。"①他又以叔本华关于悲剧三类的理论来解读《红楼梦》。叔本华认为，悲剧分为极恶之人造成的悲剧、命运之悲剧，以及剧中人物的位置关系造成的悲剧。《红楼梦》就是剧中人物的位置关系造成的悲剧。他说，《红楼梦》的悲剧"不过通常之道德、通常之人情、通常之境遇为之而已。由此观之，《红楼梦》者，可谓悲剧中之悲剧也"②。他的这一解读还是很有力的。而且，王国维还将叔本华生命论哲学中的"理念论"运用到他的"境界"说之中，颇有融会中西之意，值得推崇。而朱光潜之受到克罗齐直觉论美学之深刻影响，也是学术界所共知的事实。

20世纪80年代后，生命论哲学—美学再度在中国传播，发展成著名的当代生命论美学。但西方生命论美学与中国古代生命论美学有着本质的差别：其一，本源不同，西方是来自身体的欲望，而中国则是气本论；其二，人与万物关系不同，西方生命论认为人是生命的高级形态，而中国则是万物一体；其三是哲学根基不同，西方立足于现代科学，中国则立足于古代天人之说。

二、叔本华的《作为意志和表象的 世界》：生命意志美学

叔本华（Arthur Schopenhauer，1788—1860），德国著名生命

---

① 王国维：《〈红楼梦〉评论》，岳麓书社1999年版，第10页。
② 王国维：《〈红楼梦〉评论》，岳麓书社1999年版，第13页。

论意志主义哲学代表,代表性论著为《作为意志和表象的世界》。叔本华几乎是黑格尔的同时代人,但他却是反对黑格尔的。他不同意黑格尔的脱离实际的、纯思辨的哲学与美学理论。他将黑格尔称作莎士比亚《暴风雨》一剧中的丑鬼珈利本,并认为该世纪近 20 年来将黑格尔作为最大的哲学家的叫嚷是一种错误。他将康德的"善良意志论"改造为"意志主义本体论",力倡一种生命意志哲学—美学思想。他这里所说的意志是非理性的,甚至是本能的一种盲目的不可遏止的冲动。也就是说,叔本华所说的意志就是"欲求",包含生存和繁衍两个方面的内涵,这种生命意志成为世界的本源。在这里,叔本华还没有完全超越德国古典哲学与美学,但已力图将美学引向个体的人的生存,成为 20 世纪存在论美学的先驱。叔本华哲学来源于柏拉图、康德和东方的佛教,他的美学思想的哲学根据可以概括为这样四句话:以"世界为我的表象"为其出发点;以"世界为我的意志"的反理性主义为其核心;以"自在之物—理念(意志的直接客体化)—事物"为其哲学框架;以"世界是无"为其终点。正是在这样的前提下,叔本华提出"艺术是人生的花朵"与审美观审说的著名论断。从这个意义上说,叔本华的美学思想与席勒的以追求人的全面发展为目的的"自由论"美学思想是一致的。

(一)"艺术是人生的花朵"论

如何认识审美与艺术的作用呢? 叔本华一反传统的认识论将审美归结为感性认识以及著名的模仿论、理念论的观点,特别反对德国古典思辨哲学脱离现实生活的美学与艺术研究,从而提出著名的"艺术是人生的花朵"的理论。他说:"在不折不扣的意义上说,艺术可以称为人生的花朵。"①因为,叔本华认为,艺术创作同现实生活相比是一种"上升、加强和更完美的发展"②,而且"更集中、更完备,而具有预定的目的和深刻的用心"③。这就将艺术、审美同人生相联系,开辟了西方古典美学所没有的人生美学,即广义的美育之路,同艺术的模仿论与理念论是相对立的。

(二)艺术补偿论

艺术补偿论是叔本华人生美学的进一步发挥。他更进一步地追问:艺术为什么会成为人生的花朵? 从而得出艺术补偿的论断。这同叔本华基本的人生观与美学观有关。因为,在人生观上,叔本华是一个悲观主义者,认为人生本质上就是一种无尽的痛苦,而艺术就是对于痛苦的一种稍许的补偿。叔本华立足于他的生命意志理论,认为人的欲求起源于对现状的不满,因为现实无法满足人的需要。所以,他认为,意志本身就是痛苦,生存本身就是不息的痛苦,要摆脱痛苦只有通过艺术的审美欣赏使人进入一种物我两忘的审美境地,但这也只是暂时的摆脱。这样,叔本华就将审美作为解决生存痛苦的重要工具,审美与艺术也就标志着人生的光明与希望。正是在这样的背景下,叔本华提出了艺术补偿论。叔本华认为:"一切欲求皆出于需要,所

---

① [德]叔本华:《作为意志和表象的世界》,石冲白译,商务印书馆 2009 年版,第 367 页。

② [德]叔本华:《作为意志和表象的世界》,石冲白译,商务印书馆 2009 年版,第 367 页。

③ [德]叔本华:《作为意志和表象的世界》,石冲白译,商务印书馆 2009 年版,第 367 页。

以也就是出于缺乏,所以也就是出于痛苦。"①艺术"对于他在一
个异己的世代中遭遇到的寂寞孤独是唯一的补偿"②。艺术补
偿论也是他人生美学的一种深化,阐明了艺术对人生的补偿的
重要作用。

(三)审美观审论

审美观审论是叔本华最核心的美学观点,它的提出是对传统
艺术是感性认识和理念显现的认识论的突破。叔本华还是从他
的悲观主义人生论出发,认为摆脱痛苦的手段之一就是审美的观
审。他采取将审美与艺术超越于认识与功利的手法,认为人们在
审美中可以"摆脱了欲求而委心于纯粹无意志的认识",从而"进
入了另一世界""一个我们可以在其中完全摆脱一切痛苦的领
域"③。叔本华认为,正是这种超越才使人们在审美观赏中得到
享受和安慰,从而对于观赏者可以起到一种"补偿"的作用。为
此,他进一步论述了这种超越论美学观,认为之所以审美与艺术
会成为人生的一种补偿,那是因为审美与艺术本身具有一种超越
认识与功利的特性,从而使人进入一种超功利的观审状态。这就
是叔本华的"审美观审"说。他认为,审美观审的条件就是作为审
美对象,不是实际的个别事物而是非根据律的"理念",而作为审
美主体是摆脱了意志和欲求的无意志的主体。他说,审美是"在

---

① [德]叔本华:《作为意志和表象的世界》,石冲白译,商务印书馆 2009 年
版,第 271 页。
② [德]叔本华:《作为意志和表象的世界》,石冲白译,商务印书馆 2009 年
版,第 368 页。
③ [德]叔本华:《作为意志和表象的世界》,石冲白译,商务印书馆 2009 年
版,第 274 页。

直观中浸沉，是在客体中自失，是一切个体性的忘怀，是遵循根据律的和只把握关系的那种认识方式之取消""人们或是从狱室中，或是从王宫中观看日落，就没有什么区别了"①。这说明，他认为，审美快感的根源在于纯粹的不带意志，超越时间，在一切相对关系之外的主观方面。叔本华认为，这种审美的观审状态就是使审美者进入一种物我两忘、融为一体的"自失"状态。叔本华指出："人在这时，按一句有意味的德国成语来说，就是人们自失于对象之中了，也即是说人们忘记了他的个体，忘记了他的意志""所以人们也不能再把直观者（其人）和直观（本身）分开来了，而是两者已经合一了"②。在这里，对于审美观审的无功利性的强调，说明叔本华继承了康德理念，但他对于康德理念却有着明显的超越。那就是他对审美合规律性的否定。叔本华认为，在审美观审中，"这种主体已不再按根据律来推敲那些关系了，而是栖息于，浸沉于眼前对象的亲切观审中，超然于该对象和任何其他对象的关系之外"③。这种客体对于根据律的超越与主体对于欲求的超越，实际上就接近于现象学的"悬搁"，从而将审美从普通认识论带入现象学与审美存在论，说明叔本华的审美观的确标志着西方美学的某种转向。审美观审论是叔本华最主要的美学理论，但仍然没有逃脱德国古典美学特别是康德主观先验论的窠臼。

---

① [德] 叔本华：《作为意志和表象的世界》，石冲白译，商务印书馆 2009 年版，第 273 页。

② [德] 叔本华：《作为意志和表象的世界》，石冲白译，商务印书馆 2009 年版，第 248 页。

③ [德] 叔本华：《作为意志和表象的世界》，石冲白译，商务印书馆 2009 年版，第 248 页。

(四)超人作用论

　　叔本华为了进一步突破传统认识论美学,论证了艺术的想象力以及具有这种想象力的超人。他认为,只有天才才能创造真正的艺术,而艺术的创造者又只能是天才。那么,什么是天才呢?他认为所谓"天才"就是"超人"。他说:"正如天才这个名字所标志的,自来就是看作不同于个体自身的,超人的一种东西的作用,而这种超人的东西只是周期地占有个体而已。"①这种所谓"超人",就是不凭借于根据律认识事物,而是沉浸于审美观审之人。叔本华说:"天才人物不愿把注意力集中在根据律的内容上。"②也就是说,叔本华认为,所谓"超人"是超越于通常的认识论的,而进入了审美的生存的境界。他认为,这种超人的能力使天才发挥了特有的作用。普通的人凭借根据律认识,认识能力只能成为"照亮他生活道路的提灯"③,而天才人物作为"超人"却超越了普通的根据律,并具有全人类的意义成为"普照世界的太阳"④。他认为,作为天才的"超人"之所以具有这种能力,是因其凭借一种特殊的想象力。他认为,有两种想象力,一种是普通人凭借幻想的想象力。这是一种按照根据律,从自己的意志欲念出发进行的

---

① [德]叔本华:《作为意志和表象的世界》,石冲白译,商务印书馆 2009 年版,第 262 页。
② [德]叔本华:《作为意志和表象的世界》,石冲白译,商务印书馆 2009 年版,第 262 页。
③ [德]叔本华:《作为意志和表象的世界》,石冲白译,商务印书馆 2009 年版,第 261 页。
④ [德]叔本华:《作为意志和表象的世界》,石冲白译,商务印书馆 2009 年版,第 260 页。

想象,其作用在个人自娱,最多只能产生各种类型的庸俗小说。而另一种是作为天才的"超人"所具有的想象力,这种想象力完全摆脱意志和欲念的干扰,是认识理念的一种手段,而表达这种理念的就是艺术。他说:"与此相同,人们也能够用这两种方式去直观一个想象的事物:用第一种方式观察,这想象之物就是认识理念的一种手段,而表达这理念的就是艺术;用第二种方式观察,想象的事物是用以盖造空中楼阁的。"①这种特殊的想象力,既表现在质的方面,又表现在量的方面,将作为"超人"的天才的眼界扩充到实际呈现于天才本人之前的诸客体之上,举一反三,由此及彼,由表及里,由现象到本体。他认为,这种想象力"并不是看到大自然实际上已经构成的东西,而是看到大自然努力要形成……的东西"②,充分阐明了审美想象力创造性特点。叔本华对于想象力的论述无疑来自康德,但又超越了康德。因为康德没有将想象力具体化,而叔本华则对想象活动的具体过程做了较为清晰的说明。这不仅是一种艺术经验的深入总结,更是哲学的突破,是对于传统理性力与认识论的突破。

(五)美的形态:"三美"说

审美观审中对象与主体的不同状态决定了美的不同形态。优美是对象与主体的协调,无须主体特别努力即可进入纯粹直观的状态;壮美是对象与主体的敌对关系,需要主体的强制性的努

①[德]叔本华:《作为意志和表象的世界》,石冲白译,商务印书馆2009年版,第261页。
②[德]叔本华:《作为意志和表象的世界》,石冲白译,商务印书馆2009年版,第259页。

力才能进入审美观审状态,直观因素占据主导位置;媚美是对于意志的直接自荐与迎合,主体无法摆脱欲求,因而已经超出纯粹审美关系,其积极者为绘画中的食物与人体,借以引起食欲与肉欲,消极者则为令人作呕的"意志深恶的对象"。

由上述可知,叔本华的审美观审论在相当大的程度上把审美归结为一种认识(理念),这说明其不可免地仍然保留着德国古典美学的痕迹。但从总体上说,叔本华的唯意志论美学仍然开辟了西方美学的新方向。他以非理性的唯意志论美学全面地批判了黑格尔的古典主义美学,用意志取代认识,抬高直观,贬低唯理性主义,赋予审美以生命的生存的意义。这就为西方现代现象学美学与人文主义的人生美学,也就是广义的审美教育的发展奠定了基础。但叔本华还是借助了古典哲学的理念概念,并没有完全超越主客二分,因此,他是古典到现代的过渡性人物。

三、尼采的《悲剧的诞生》:
强力意志美学

尼采(Friedrich Wilhelm Nietzsche,1844—1900)在西方现代美学发展中具有特殊的地位,从某种意义上说,西方现代真正意义上的人生美学的转向是从尼采开始的。他是继叔本华之后另一个德国唯意志主义哲学家和美学家,同叔本华一样,也认为世界的本源是意志,人生是痛苦的,可怕的,不可理解的。但他反对叔本华把世界分为表象与意志,而是认为意志与表象不可分离。而所谓意志也不是生命意志,而是强力意志。因此,他反对叔本华的悲观主义和虚无主义,主张以强力意志反抗生活的痛苦,创造新的欢乐和价值。他认为,叔本华哲学是"人类最高超的欺骗和诱惑""欧洲文化的最可怕的病兆"①。他彻底地否定古希腊的理性传统、基督教文化、启蒙主义理性精神和传统的生活,宣称"上帝死了""价值重估"。他编造了一个疯子在白天打着灯笼在市场上找上帝的故事,说明上帝是被不信上帝与自称相信上帝的人所共同谋杀的。但他并不主张虚无主义,而是主张价值的转换与重估。所以,"价值重估"是尼采哲学贯穿始终的主题。而写于 1872 年的《悲剧的诞生》,则是尼采价值重估的最初尝试。《悲剧的诞生》是尼采哲学与美学的处女作,为他全部著作奠定了一个基调,成为其整个哲学的诞生地。他以其酒神精神对古希腊文化做了全新的阐释,并奠定了西方整个 20 世纪广义的美育,即人生美学的发展之路。

(一)审美人生论

尼采的审美人生论是将审美和艺术提到本体的高度,以之代替理性与科学的本体地位。他的美学思想的根本特点是把审美与人生紧密相联系,把整个人生看作审美的人生,而把艺术看作人生的艺术。他严厉地批判了从理性的角度看待人生,而主张从艺术与审美的角度看待人生,认为整个世界作为审美对象才是合理的。这是《悲剧的诞生》一书的主旨。为此,他提出了著名的艺术是"生命的伟大兴奋剂"②与"艺术在本质上是对存在的肯定、祝福与神化"③的重要观点。他在《悲剧的诞生》中将希腊艺术的

---

① [德]尼采:《论道德的谱系》,周红译,生活·读书·新知三联书店 1992 年
　　版,第 5—6 页。
② [德]尼采:《悲剧的诞生》,周国平译,生活·读书·新知三联书店 1986 年
　　版,第 325 页。
③ 转引自胡经之:《西方文艺理论名著教程》下册,北京大学出版社 2003 年
　　版,第 88 页。

兴衰与希腊民族社会的兴衰结合起来研究,着重探讨"艺术与民族、神话与风俗、悲剧与国家在其根柢上是如何必然和紧密地连理共生"①。

他与叔本华一样,认为人生是一出悲剧。他借用古希腊神话说明这一点。这个神话告诉我们,古希腊佛律癸亚国王问精灵西勒若斯,对人来说什么是最好最妙的东西,西勒若斯回答最好的东西是不要诞生、不要存在、成为虚无,次好的东西则是立即就死。而从文化本身来说,尼采认为,当代文化同艺术是根本对立的,带给人的是个性的摧残和人性的破坏。他在这里对于现代教育和科技的非人化机械论、非人格化的劳动分工对于人性和人的生命因素的侵蚀毒害进行了无情的批判。他说:"由于这种非文化的机械和机械主义,由于工人的'非人格化',由于错误的'分工'经济,生命便成为病态的了。"②既然人生是悲剧,怎么办呢?尼采认为,只有借助于审美进行补偿和自救。他说,"召唤艺术进入生命的这同一冲动,作为诱使人继续生活下去的补偿和生存的完成"③。他甚至进一步将审美与艺术提到世界第一要义的本体的高度,"我确信……,艺术是人类的最高使命"。又说,"只有作为一种审美现象,人生和世界才显得是有充足理由的"④。他还

①[德]尼采:《悲剧的诞生》,周国平译,生活・读书・新知三联书店1986年版,第101页。
②[德]尼采:《悲剧的诞生》,周国平译,生活・读书・新知三联书店1986年版,第57页。
③[德]尼采:《悲剧的诞生》,周国平译,生活・读书・新知三联书店1986年版,第12页。
④[德]尼采:《悲剧的诞生》,周国平译,生活・读书・新知三联书店1986年版,第105页。

说:"艺术,除了艺术别无他物! 它是使生命成为可能的伟大手段,是求生的伟大诱因,是生命的伟大兴奋剂。"①表面看尼采与叔本华都主张审美补偿论,但尼采不同于叔本华之处在于,尼采认为悲剧的作用不仅在生命的补偿,而且是生命的提升与肯定。

而且,特别重要的是,作为悲剧精神的酒神精神在尼采的美学理论中已经被提升到本体的人的生存意义的形而上的高度,成为代替科技世界观和道德世界观的唯一世界观。这在当代西方美学中是具有开创意义的。

(二)酒神精神论

酒神精神和日神精神是尼采哲学—美学中具有核心意义的范畴,特别是酒神精神更具重要性。尼采认为,对于悲剧人生进行补偿的唯一手段是借助于一种特有的酒神精神及作为其体现的悲剧艺术。他认为,宇宙、自然、人生与艺术具有两种生命本能和原始力量,那就是以日神阿波罗作为象征的日神精神与以酒神狄俄尼索斯为象征的酒神精神,而最根本的则是酒神精神。这是一种以惊骇与狂喜为特点的强大的生命力量,尼采后来将其称作"强力意志",也是一种审美的态度。这种审美的态度不同于康德与叔本华的"静观",而是一种生命的激情奔放。充分体现酒神精神的,就是古希腊的悲剧文化以及古希腊的典范时代。这是对古希腊美学精神的新的阐释,也是对传统的和谐美的反驳。尼采鼓吹在德国文化与古希腊文化之间建立起一座联系的桥梁。他说:"谁也别想摧毁我们对正在来临的古希腊精神复活的信念,因为

---

① [德]尼采:《悲剧的诞生》,周国平译,生活·读书·新知三联书店1986年版,第385页。

凭借这信念，我们才有希望用音乐的圣火更新和净化德国精神。"①与此同时，尼采有力地批判了古希腊的和谐美的美学精神。他认为，所谓"美在和谐""美在理性"是一种以苏格拉底为代表的非审美的、理性的逻辑原则，主张"理解然后美""知识即美德"②等，实际上是一种扼杀悲剧与一切艺术的原则。

(三)艺术的生命本能论

艺术的起源与本真的内涵到底是什么？这是长期以来人们一直在探讨的一个十分重要的问题。尼采提出了著名的生命本能的二元性论，将艺术的起源、本真内涵与人的生命与本真的生存相联系。尼采认为，艺术是由日神精神与酒神精神这两种生命本能交互作用而产生的，犹如自然界的产生依靠两性一样。他说："艺术的持续发展是同日神和酒神的二元性密切相关的""这酷似生育有赖于性的二元性。"③在他看来，日神的含义是适度、素朴、梦、幻想与外观，而酒神则是放纵、癫狂、醉与情感奔放。他说："为了使我们更切近地认识这两种本能，让我们首先把它们想象成梦和醉两个分开的世界。"④在两者的关系中，尼采认为酒神精神更为重要。因为，艺术的本原与动力即在于酒神精神，但日

①[德]尼采:《悲剧的诞生》,周国平译,生活·读书·新知三联书店1986年版,第88页。
②[德]尼采:《悲剧的诞生》,周国平译,生活·读书·新知三联书店1986年版,第52页。
③[德]尼采:《悲剧的诞生》,周国平译,生活·读书·新知三联书店1986年版,第2页。
④[德]尼采:《悲剧的诞生》,周国平译,生活·读书·新知三联书店1986年版,第3页。

神精神也是不能离开并十分必要的。尼采指出:"我们借它的作用得以缓和酒神的满溢和过度。"①这里需要说明的是,酒神精神与日神精神都是非理性精神,它们是非理性的两种不同形态,是人的醉与梦的两种本能。

既然艺术起源于日神与酒神两种生命本能,这就决定了艺术的基本特征是以酒神精神为主导的酒神与日神两种生命本能精神的冲突与和解,而其核心是一种激荡着蓬勃生命,强烈意志的酒神精神,非理性的情感奔放。因此,这样一种艺术精神就极大地区别于苏格拉底所一再强调的理性的原则与科学的精神。他在区别苏格拉底式的理论家与真正艺术家的区别时写道:"艺术家总是以痴迷的眼光依恋于尚未被揭开的面罩,而理论家却欣赏和满足于已被揭开的面罩。"②而任何语言都不能真正表达出艺术的真谛。他说:"语言绝不能把音乐的世界象征圆满表现出来。"③他更加反对对于音乐的图解。他认为这势必显得十分怪异,甚至是与音乐相矛盾的,是我们的美学"感到厌恶的现象"④。

(四)悲剧的形上慰藉论

悲剧观是尼采人生美学的重要组成部分。尼采继承席勒的

①[德]尼采:《悲剧的诞生》,周国平译,生活·读书·新知三联书店1986年版,第94页。
②[德]尼采:《悲剧的诞生》,周国平译,生活·读书·新知三联书店1986年版,第63页。
③[德]尼采:《悲剧的诞生》,周国平译,生活·读书·新知三联书店1986年版,第24页。
④[德]尼采:《悲剧的诞生》,周国平译,生活·读书·新知三联书店1986年版,第23页。

理论，认为悲剧起源于古希腊的合唱队。他说："希腊人替歌队创造了一座虚构的自然状态的空中楼阁，又在其中安置了虚构的自然生灵。悲剧是在这一基础上成长起来的。"①而这种古希腊的合唱队俗称"萨提尔合唱队"，是一种充满酒神精神的纵情歌唱的艺术团体。萨提尔是古希腊神话中的林神，半人半羊，纵欲嗜饮，代表了原始人的自然冲动。这就说明，悲剧起源于酒神精神，但悲剧的形成还需要日神的规范和形象化。因此，悲剧是酒神精神借助日神形象的体现。可以说，悲剧是酒神精神和日神精神统一的产物。尼采说："我们在悲剧中看到两种截然对立的风格：语言、情调、灵活性、说话的原动力，一方面进入酒神的合唱抒情，另一方面进入日神的舞台梦境，成为彼此完全不同的表达领域。"②他还更深入地从世界观的角度探讨悲剧起源于一种古典的"秘仪学说"。他说："认识到万物根本上浑然一体，个体化是灾祸的始因，艺术是可喜的希望，由个体化魅惑的破除而预感到统一将得以重建。"③

　　正是因为悲剧起源于酒神精神，所以悲剧才具有一种"形而上的慰藉"的效果，从而使之成为人特有的生存状态。在悲剧效果上，亚里士多德提出著名的"卡塔西斯"理论，也就是悲剧通过特有的怜悯与恐惧达到特有的"陶冶"。黑格尔则提出著名的"永恒正义胜利说"。尼采批判了亚里士多德的悲剧观，认为"如果他是对的，那么悲剧就是一种危及生命的艺术"。与之相反，他另辟

---

① ［德］尼采：《悲剧的诞生》，周国平译，生活·读书·新知三联书店1986年版，第27页。
② ［德］尼采：《悲剧的诞生》，周国平译，生活·读书·新知三联书店1986年版，第34页。
③ ［德］尼采：《悲剧的诞生》，周国平译，生活·读书·新知三联书店1986年版，第42页。

蹊径,提出了著名的"形而上慰藉"说。他说:"每部真正的悲剧都用一种形而上的慰藉来解脱我们:不管现象如何变化,事物基础之中的生命仍是坚不可摧的和充满快乐的。"①这种悲剧效果论,也不同于叔本华的悲剧观。叔本华的悲剧观是由否定因果律的"个体化原理"导致对于意志的否定,引向悲观主义。而尼采则由对"个体化原理"的否定导致对意志的肯定,引向乐观主义。这是一种在现象的不断毁灭中,指出那生存的核心是生命的永生。尼采以古希腊著名悲剧《俄狄浦斯王》为例说明,"一个更高的神秘的影响范围却通过这行为而产生了,它把一个新世界建立在被推翻的旧世界的废墟之上"②。从哲学的层面来说,实际上是个人的无限痛苦和神的困境。"这两个痛苦世界的力量促使和解,达到形而上的统一。"③说明这是一种更高层次的超越个别的统一和慰藉,而从深层心理学的角度来讲,也是一种由非理性的酒神精神移向形象的"升华"。尼采说道:"对于悲剧性所生的形而上快感,乃是本能的无意识的酒神智慧向形象世界的一种移置。"④由此可知,这里所谓形而上的统一,不是现象世界的统一,也不是道德世界的统一,而是审美世界的统一。而所谓形而上的慰藉,从根本上来说,也不是现象领域、道德领域和哲学领域的慰藉,而

①〔德〕尼采:《悲剧的诞生》,周国平译,生活·读书·新知三联书店 1986 年版,第 28 页。
②〔德〕尼采:《悲剧的诞生》,周国平译,生活·读书·新知三联书店 1986 年版,第 36 页。
③〔德〕尼采:《悲剧的诞生》,周国平译,生活·读书·新知三联书店 1986 年版,第 38 页。
④〔德〕尼采:《悲剧的诞生》,周国平译,生活·读书·新知三联书店 1986 年版,第 70 页。

是美学领域的具有超越性的形而上的慰藉,是一种具有蓬勃生命力的酒神精神的胜利,是"个人的解体及其共同太初存在的合为一体"①。说明形而上慰藉是一种具有本体意义的酒神精神的审美的慰藉,也是审美世界观的确立,人的生存意义的彰显。

从上述尼采的美学理论中可知,他敏锐地感受到资本主义现代文明之中已经暴露出的对于人性压抑扭曲的弊端,因而大力倡导一种以酒神精神为核心的悲剧美学,成为一种新型的美学理论与世界观。如果说,叔本华仍然保留着较多的传统美学的痕迹,那么尼采则将非理性的生命意志哲学—美学理论贯彻到底,完成了由传统到现代的过渡,成为新世纪哲学—美学的真正的先驱,特别成为新世纪人文主义美学的先驱,为精神分析主义、存在主义等哲学—美学理论奠定了基础。但尼采对于一切价值的彻底否定是一种彻底的虚无主义,而他对强力意志的盲目推崇以及对平等博爱与同情弱者的全面否定,则包含了明显的种族主义偏见,这是错误与危险的。特别是某些人将"权力意志"强加在尼采头上,此后被法西斯利用,导致对尼采的全面否定,这也是不全面的。经过学者的考证,证明所谓尼采的最后一部著作《权力意志》其实是一部伪书,已与尼采的学术无直接关系。

四、弗洛伊德的《精神分析引论》:原欲的升华

弗洛伊德(Sigmund Freud,1856—1939)是奥地利著名的精神病学家,精神分析学派的创始人,生活于 1856 年至 1936 年。

---

① [德]尼采:《悲剧的诞生》,周国平译,生活·读书·新知三联书店 1986 年版,第 33 页。

他的以潜意识的发现为其特点的深层心理学在现代人类文化史上具有很大的影响,渗透于当代西方哲学、教育学、心理学、伦理学、社会学与美学的各个领域。可以说,弗洛伊德的深层心理学从根本上改变了人们对自身行为的看法,使人们认识到决定人的行为的并不完全是意识,还有并不被人们所了解的潜意识。这就为包括美育在内的人的教育与人格的培养提供了新的思想维度。它告诉我们,审美不能忽视精神分析心理学,也不能不将弗洛伊德有关潜意识升华的文化与美学理论放到自己的视野之中。弗洛伊德的潜意识升华的文化与美学理论,是建立在他的精神分析心理学的基础之上的。他的精神分析心理学,包括心理结构理论、人格结构理论与心理动力理论等。所谓心理结构理论,是指他认为人的心理结构分为意识、前意识与潜意识三个层次,而作为人的本能的潜意识是最原始、最基本与最重要的心理因素。所谓人格结构理论,是指他认为人的人格结构也分为超我、自我与本我三个层次,其中"本我"是人格的原始基础和一切心理能量的源泉。所谓心理动力理论,是指他认为人的心理过程是一个动态系统,以本能作为一切社会文化活动的能量源泉,成为其终极因。正是在以上理论的基础上,弗氏建立了自己的"原欲升华"的美学理论。

(一)艺术创作的源泉在"原欲"

弗洛伊德认为,艺术创作的源泉是"原欲"。他说:"艺术活动的源泉之一正是必须在这里寻觅。"又说:"我坚决认为,美的观念植根于性的激荡。"①这里所说的"原欲"(Libido),是一种广义上

①转引自[苏联]叶果洛夫:《美学问题》,刘宁、董友译,上海译文出版社1985年版,第305页。

的能带来一切肉体愉快的接触。他认为,"力比多"同饥饿一样是一种本能的力量,即为"性驱力",是人的一种"潜能",是生命力的基础,处于心理的最深层,人的一切行为都是它的转移、升华和补偿。弗洛伊德认为,"原欲"在人身上集中地表现为"俄狄浦斯"的"恋母情结"和"爱兰克拉"的"恋父情结"。所谓"情结",即是压抑在潜意识中的性欲沉淀物,实际上是一种心理的损伤,即是未曾实现的愿望。弗洛伊德认为,这种"恋母"和"恋父"情结经过变化、改造和化装供给诗歌与戏剧以激情,成为艺术作品的源泉。

(二)原欲的实现经过了发泄与反发泄的对立过程

弗洛伊德不仅将艺术创作的源泉归结为"原欲",而且进一步从动态的角度描述了原欲实现的过程。他认为,这就是对于心理现象的动力学研究。他认为,心理现象都表现为两种倾向的对立:能量的发泄与反发泄的对立与斗争。所谓"发泄",即指本我要求通过生理活动发泄能量;所谓"反发泄",即指自我与超我将能量接过来全部投入心理活动。这种情形就是超我、自我与本我之间的"冲突"。这就使原欲处于受压抑状态,得不到实现,从而形成对痛苦情绪体验的焦虑,长此以往就可形成神经病。而艺术创作就是冲突的解决,给原欲找到一条新的出路。

(三)升华——原欲实现的途径

弗洛伊德认为,要使人们摆脱心理冲突,从焦虑中挣脱出来,有许多途径,"移置"即为其一。所谓"移置",即指能量从一个对象改道注入另一个对象的过程。因而,移置就必然形成寻找新的替代物代替原来的对象;如果替代对象是文化领域的较高目标,这样的"移置"就被称为"升华"。弗洛伊德说,所谓升华作用,即是"将性冲动或其他动物性本能之冲动转化为有建设性或创造性的行为之过程"①,艺术即是这种原欲升华之一种。他认为,艺术的产生并不是纯粹为了艺术,其主要目的在于发泄那些在今日已经被压抑了的冲动。这是原欲对于新的发泄出口的选择,其作用则在于将心理能量加以发泄不使其因过分积储而引起痛苦。他说:"心理活动的最后的目的,就质说,可视为一种趋乐避苦的努力,由经济的观点看来,则表现为将心理器官中所现存的激动量或刺激量加以分配,不使它们积储起来而引起痛苦。"②弗洛伊德认为,这就证明原欲为人类的文化、诸如艺术的创造带来了无穷的能量,从而为人类文化艺术的发展做出了很大的贡献。他说:"研究人类文明的历史学家一致相信,这种舍性目的而就新目的的性动机及力量,也就是升华作用,曾为文化的成就带来了无穷的能源。"③又说:"我们认为这些性的冲动,对人类心灵最高文化的,艺术的和社会的成就作出了最大的贡献。"④

现在看来,弗洛伊德的这种泛性主义,将力比多看作一切社会文化活动的根本动力显然是片面的。但他承认了潜意识的原欲是人类社会文化活动的根源之一,并将其途径概括为"升华",应该说是很有见地的。他的这种"舍性目的而就新目的"⑤的理

①[奥]弗洛伊德:《爱情心理学》,林克明译,作家出版社1986年版,第145页。

②[奥]弗洛伊德:《精神分析引论》,高觉敷译,商务印书馆1986年版,第300页。

③[奥]弗洛伊德:《爱情心理学》,林克明译,作家出版社1986年版,第59页。

④[奥]弗洛伊德:《精神分析引论》,高觉敷译,商务印书馆1984年版,第9页。

⑤[奥]弗洛伊德:《爱情心理学》,林克明译,作家出版社1986年版,第59页。

论与批评实践,无疑是对艺术的育人作用的新的概括,是对当代美学与美育理论与实践的丰富。

五、柏格森的《创造进化论》:
生命之绵延性

柏格森(Henri Bergson,1859—1941),法国著名哲学家,生命论哲学的代表人物,1928 年获诺贝尔文学奖,著有《时间与自由意志》(1889)、《笑:论滑稽的意义》(1889)、《形而上学引论》(1903)、《创造进化论》(1907)等。其生命论哲学影响深远,与其他生命论哲学家一起开创了西方哲学超越传统形而上学哲学走向人生哲学的新时代。柏格森不是美学家,专门的美学论著只有出版于1889 年的《笑:论滑稽的意义》一书,篇幅有限,但其生命论哲学对于美学与文学艺术影响深远。他提出的"直觉""生存""生命"等概念,成为 20 世纪以降现代美学的主要范畴与概念。其生命论哲学与美学对于我国现代哲学与美学也有重大影响。其理论缺乏论述的严密性,更多是对现象的描述,对于人们概括总结与理解其理论形成某种障碍。有的理论家认为,柏格森是"形式的现象主义者""他不把哲学看作解释性的理论建构,而是尽力避开理论化,从而集中于尽可能单纯地描述我们怎样实际体验到的世界"。①

(一)超越传统形而上学

柏格森的生命论哲学是对于传统形而上哲学的超越,他对于

————————

① 汝信主编:《西方美学史》第 4 卷,中国社会科学出版社 2008 年版,第86 页。

传统形而上哲学给予了有力的批判。他认为,生命哲学"它宣布自己要超越机械论和目的论"①。众所周知,机械论是工业革命时代科学主义的产物,将宇宙世界设想为一种类似于机械的装置,完全可以运用数学公式加以计算。柏格森认为,计算在生命领域是行不通的。他说:"在生命领域,计算充其量只能用于有机体解体的某些现象。相反,关于有机创造,关于真正构成生命的进化现象,我们无论如何都不能对它们进行数学处理。"②总之,他认为,生命是一种不同于物理现象的"绵延",科学主义方法是无法认识这种"绵延"现象的。他说:"因此,必须对有生命的东西采取一种特殊的态度,用不同于实证科学的眼光来考察它。"③机械论还有一种静止的观点,这就是著名的古希腊哲学家芝诺飞矢不动的悖论,将运动理解为一个一个停止的点。柏格森认为,生命是一种绵延,是一种生命之流,不可能形成静止的点。他说:"不应该像谈论一种抽象,或像谈论人们把所有生物列入其中的一个简单栏目那样来谈论一般的生命。"④同样,他也是反对目的论的,这种目的论是客观唯心主义的观点,力主一种预定的目的,也是一种形而上学的观点。他说:"生命首先是对无机物质作用的一种倾向。这种活动的方向显然不是预先确定的:因此,生命在进化的过程中产生了不可预见的各种形态。"⑤他在精神领域提出了人的意识问题,认为意识不同于传统的认识论哲学中的

①[法]柏格森:《创造进化论》,姜志辉译,商务印书馆2012年版,第47页。
②[法]柏格森:《创造进化论》,姜志辉译,商务印书馆2012年版,第23页。
③[法]柏格森:《创造进化论》,姜志辉译,商务印书馆2012年版,第166页。
④[法]柏格森:《创造进化论》,姜志辉译,商务印书馆2012年版,第28页。
⑤[法]柏格森:《创造进化论》,姜志辉译,商务印书馆2012年版,第85页。

"智慧性"。他说:"状态超出了智慧性,与之没有共同的尺度,是不可分的和新的。"①

(二)论生命:绵延是我们生存的这个世界的根本实质

柏格森生命哲学的要旨是深刻地论述了世界的生命本源性,并进一步阐释了生命的直觉与冲动的特点,以其对哲学、美学及其他学科领域产生极大影响。他将生命的根本特点归结为"绵延",即一种在时间之流中一往向前的生命之流。他说:"我们把绵延感知为我们无法追溯的一种流动。它是我们存在的基础,我们清楚地感觉到它,它是我们与之联系的事物的本质。"②在这里,柏格森将生命比作一往向前的水流,是人类生存的根本实质,明确提出了"生存"这个范畴,以之代替传统哲学中"存在"(being)这个范畴。众所周知,"存在"是个本体论范畴,而"生存"则是一个动态中的生存论范畴。柏格森以"生存"替代"存在",开创了由传统本体论到现代生存论的先河。"绵延"充分说明生命论哲学是一种时间的哲学,"绵延"是一种生命之流,也是一种时间之流,时间具有一种一往向前不可逆转的特点。他说:"我们越深入研究时间的本质,我们就越领悟到绵延意味着创造,形式的创造,意味着全新事物的不断生产。"③因此,从这个意义上说,生命哲学就是时间哲学。他认为,生命的主要特征是"直觉"。他说:"如果直觉能延伸到一些时刻之后,那么直觉不仅仅能确保哲学家和他自己的思想一致,而且还能确保所有哲

---

① [法]柏格森:《创造进化论》,姜志辉译,商务印书馆2012年版,第168页。
② [法]柏格森:《创造进化论》,姜志辉译,商务印书馆2012年版,第39页。
③ [法]柏格森:《创造进化论》,姜志辉译,商务印书馆2012年版,第16页。

学家一致。"①他还论述了"生命冲动"的不确定性与自由的特点，从更深的视角论述了生命的特点。他说："我们所说的生命冲动在于一种创造的需要。生命冲动不能绝对地进行创造，因为它面对的是物质，也就是与自身相反的运动，但是，生命冲动获得了作为必然性的物质，力图把尽可能多的不确定性和自由引入物质。"②他形象地论证了生命冲动在与外部、内部材料的冲突中最终获得不确定性与自由的过程，由此说明了生命冲动的无比强大的力量。

（三）论艺术：艺术的目的常常在于生命直觉的"个性的因素"

柏格森正是在其生命论哲学的基础上论述了艺术的特点。他认为，艺术同样是一种生命的直觉的活动，生命力与对于生命力的表现是艺术的根本所在。他说："艺术的目的常常在于个性的因素。"③这个"个性的因素"就是时间之流中生命的直觉，画家的绘画是画家在特定的某地、某日、某时所见到的色彩；诗人和戏剧大师所表现的情感和心灵活动都是他们在时间之流中生命感悟到的"永远不能复来的事情"④。由此说明，艺术创作是一种个人的生命活动。他进一步以诗歌创作为例，说明艺术创作是一种"生命的继续流动"。他说，诗歌创作"在分离的个体之间，生命依然在流动：个体化的倾向受到一种对立的和补充的结合倾向的抑

①［法］柏格森：《创造进化论》，姜志辉译，商务印书馆2012年版，第199页。
②［法］柏格森：《创造进化论》，姜志辉译，商务印书馆2012年版，第209页。
③转引自缪灵珠：《缪灵珠美学译文集》第4卷，中国人民大学出版社1998年版，第159页。
④转引自缪灵珠：《缪灵珠美学译文集》第4卷，中国人民大学出版社1998年版，第159页。

制而变得完善,好像来自多样性方向中的生命的多样统一性竭力缩回本身之中"①。他将这种生命流动形象地描述为个体化与整体性的抗衡与联合最后走向生命自身。所以,在他看来,艺术家只有通过他的官能感觉,特别是知觉而同艺术结缘。他甚至更加明确指出:"艺术当然不外是对现实的较直接的洞观。然而,这种纯粹的知觉却意味着与实用方面的习惯决裂,意味着感觉或意识之特别集中而毫无私心杂念的一种态度。"②因为创造是生命的基本特点,所以他明确地说,"艺术的生命在于创造"③。艺术的内容是"不可预见的"④。而生命在世的基本特点是"生存","生存"是一种动力与根源,是揭开自然与主体之间的帷幕的秘诀。他说:"在自然和我们之间,甚且在我们自己和自己意识之间,隔着一幅帐幔——这帐幔对于一般群众是厚重而晦暗的,对于艺术家和诗人却是稀薄而几乎透明的。是什么神仙织就这帐幔呢?是出于恶意还是出于友谊织成它? 我们要生存,而生存要求我们掌握事物对我们需要的关系。生存就是行动。"⑤

(四)论喜剧:喜剧将我们的注意力转向于无目的的"姿态"

对于喜剧,柏格森有着自己的独特的阐释,他站在直觉论的立场将喜剧归于对于一种"姿态"的表现。他对于喜剧表现方法

---

① [法]柏格森:《创造进化论》,姜志辉译,商务印书馆 2012 年版,第 215 页。
② 转引自缪灵珠:《缪灵珠美学译文集》第 4 卷,中国人民大学出版社 1998 年版,第 157—158 页。
③ [法]柏格森:《创造进化论》,姜志辉译,商务印书馆 2012 年版,第 44 页。
④ [法]柏格森:《创造进化论》,姜志辉译,商务印书馆 2012 年版,第 282 页。
⑤ 转引自缪灵珠:《缪灵珠美学译文集》第 4 卷,中国人民大学出版社 1998 年版,第 154 页。

的公式概括道："我试列出它的公式：喜剧并不使我们的注意力集中于行为，反之引它转向于姿态。我所谓的'姿态'是指态度，举动，甚至语言，一种心情借此以表明自己，但不是具有目的，也不是为了利益，而仅是由于心痒。照这样的定义，姿态就与行为大不相同。行为是有意的，总是自觉的；姿态则无意中流露，是自动。行为涉及整个人，姿态单独表现人的一部分，不涉及整个人格，至少是与它无密切关系。最后，(而这是主要点)，行为与激发行为的感情成正比例；……然而姿态带有一点爆发的成分，这惊醒了我们即将被催眠的感觉，这样令我们清醒了，便防止我们把事情看得太严重。所以，我们一旦只注意姿态而不注意行为时，我们便处于喜剧的境界。"①在这里，柏格森将"姿态"与"行为"进行了严格的区分：行为是整个人格的，具有目的性的感情；而姿态则是无目的态度，处于催眠状态的感觉。由此可见，所谓"姿态"即是"直觉"，喜剧是以直觉作为其动力、目的与特点的。喜剧的这种"直觉性"特点表现之一就是集中表现了喜剧人物的一种"心不在焉"的特点。柏格森说道："凡是心不在焉的都是可笑的。把心不在焉写得越深刻，喜剧就越是高级。像唐·吉诃德那样有系统的心不在焉，是世间可能想象的最可笑的了；它是穷源极致的滑稽本身。"②这里的"心不在焉"，在小说《唐·吉诃德》中的表现就是主人公唐·吉诃德对于急剧变化的现实"心不在焉"，追求一种早已不复存在的"骑士生活"，把风车当巨人，把旅店当城堡，把

---

① 转引自缪灵珠：《缪灵珠美学译文集》第 4 卷，中国人民大学出版社 1998 年版，第 151—152 页。
② 转引自缪灵珠：《缪灵珠美学译文集》第 4 卷，中国人民大学出版社 1998 年版，第 152 页。

苦役犯当骑士,把皮囊当巨人头颅,等等,造成极大的笑话。喜剧的直觉性还表现在这种可笑性的性格成为一种"共型",也就是说,这种可笑的性格是一类人共有的。他说:"描写性格,就是说,描写共型,是高级喜剧的目的。"①因为,"悲剧写个性而喜剧则写类型",这种"类型"是表现一种普遍性。他认为,"恨世者""悭吝人""赌徒""冒失鬼"等,"是我们似曾相识而且将来也会再邂逅的人物"②。最后说到喜剧的作用"笑",柏格森认为,笑是喜剧的特殊的效果,能够起到某种疗治的作用,特别是对于喜剧中由"心不在焉"而形成的对于"虚荣心"这种轻微的毒素具有某种"中和"的疗治作用。他说:"笑不断地起这种中和作用。在这意义上,不妨说,笑是医治虚荣心的特殊方法,而尤其可笑的过失是虚荣心。"③

　　柏格森的生命论哲学与美学在20世纪初期影响巨大,但由于其始终在感性与理性之间徘徊,没有完全走出传统的二元论,因而最终被新的现象学哲学与美学超越。柏格森的生命论哲学与美学的特点是什么呢?有的学者认为,是他的生物等级学说,将人类视为最高等级,具有人类中心论倾向,不同于中国古代的"万物齐一"。这自然是不错的。但柏格森生命论哲学与美学的最大特点是融会了自然科学与社会科学,吸收了进化论的重要成果,因而科学性成为其根本特点,开创了20世纪哲学与美学研究

①转引自缪灵珠:《缪灵珠美学译文集》第4卷,中国人民大学出版社1998年版,第154页。
②转引自缪灵珠:《缪灵珠美学译文集》第4卷,中国人民大学出版社1998年版,第160页。
③转引自缪灵珠:《缪灵珠美学译文集》第4卷,中国人民大学出版社1998年版,第166页。

的人文与科学结合的道路。

六、克罗齐的《美学原理》：艺术即直觉，直觉即表现

克罗齐（Benedetto Croce，1866—1952）是当代意大利著名美学家，最主要的美学论著《美学原理》出版于 1901 年。他是继叔本华与尼采之后突破西方古典和谐美和认识论主客二分思维模式，并取得重要成就的当代美学家。他在 20 世纪开始之际建立了美是非理性的情感显现这一表现论美学理论体系，从而成为 20 世纪西方当代美学的旗帜。他的美学思想对于当代美学理论的贡献是突出地强调了艺术的情感表现性特征和相异于认识、道德的独立地位，从而有力论证了美学的不可取代性。他的哲学思想是将精神作为世界的本源，提出"意识即实在"的命题。又将心灵世界分为知与行，即认识与实践两个度，认识分为直觉与概念两个阶段；实践分为经济与道德两个阶段。直觉是其心灵活动的起点，其产品是个别意象，正价值是美，副价值是丑，哲学的门类即美学，直觉为此后的概念、经济、道德等活动提供了基础，后者包括前者，但前者却可以离开后者而独立。

（一）美学是直觉的科学，与美是艺术哲学相异

克罗齐说："美学只有一种，就是直觉（或表现的知识）的科学。"①对于美学的这一界说，既不同于鲍姆加登的"美是感性认识的科学"，也不同于黑格尔的"美是艺术哲学"等有关美的界

---

① ［意］克罗齐：《美学原理》，朱光潜译，外国文学出版社 1983 年版，第 21 页。

说,充分反映了他不同于德国古典美学的非理性主义倾向。他
认为,直觉包含物质与形式两个方面的内容。所谓物质,即"感
受",属于直觉界限以下的无形式部分,是被动的兽性。而所谓
形式,即为心理的主动性,可克服物质的被动性与兽性,赋予感
受以形式,使之成为具体的形象,被人们所认识。但这种克服不
是消灭,只是一种"统辖"。他还突出地强调了审美与艺术的"意
象性"特点。他说:"意象性是艺术固有的优点:意象性中刚一产
生出思考和判断,艺术就消散,就死去。"①这是对形象思维的突
出强调。

(二)艺术即直觉的表现,与艺术是理论的感性显现相异

这是克罗齐美学思想的核心命题,明显地区别于亚里士多德
的"美是和谐"、康德的美是"无目的的合目的性形式"、黑格尔的
美是"理念的感性显现"等命题。他说:"直觉是表现,而且只是表
现(没有多于表现的,却也没有少于表现的)。"②这样,将直觉与
表现完全等同,将艺术完全局限于艺术想象阶段,归结为纯个人
的艺术想象活动,就是克罗齐美学的基本观点,决定了他的其他
一系列美学观点。这一观点一方面决定了他将艺术与无意识的
情感显现相联系,有其突破传统的合理性。同时,也决定了他仅
仅将艺术局限于纯个人的想象阶段,同赋予其物质形式的创作活
动无关。而且,也决定了他将艺术创作与艺术欣赏完全等同。这
显然不符合艺术活动的规律。

①[意]克罗齐:《美学原理》,朱光潜译,外国文学出版社 1983 年版,第
　217 页。
②[意]克罗齐:《美学原理》,朱光潜译,外国文学出版社 1983 年版,第 18 页。

(三)艺术独立论,与艺术是依存美相异

克罗齐突出地强调了艺术的独立性。他认为,如果没有艺术的独立性,其内在价值就无从说起,这关系到"艺术究竟存在不存在"①这种艺术存亡的关键性的问题。他认为,如果前一种活动依赖于后一种活动,那么事实上前一种活动就不存在。他说:"如果没有这独立性,艺术的内在价值就无从说起,美学的科学也就无从思议,因为这科学要有审美事实的独立性为它的必要条件。"②他阐述其艺术独立论的主要理论根据,是其"精神哲学"理论。他把精神作为世界的本源,提出"意识即实在"的命题。他又把心灵活动分为知与行,即认识与实践两个度。认识分为直觉与概念两个阶段;实践分为经济与道德两个阶段。直觉是其心灵活动的起始,产品为个别意象,哲学的门类即为美学。直觉为其后的概念、经济、道德等活动提供了基础,后者包括前者,但前者却可离开后者而独立。这种精神哲学的理论就为他的艺术绝对独立性提供了理论的依据。他认为,艺术离开逻辑而独立。他说:"一个人开始作科学的思考,就已不复作审美的观照。"③他还认为,艺术离开效用而独立。他说:"就艺术之为艺术而言,寻求艺术的目的是可笑的。"④他也要求在艺术活动中完全废止道德的

①[意]克罗齐:《美学原理》,朱光潜译,外国文学出版社 1983 年版,第252 页。
②[意]克罗齐:《美学原理》,朱光潜译,外国文学出版社 1983 年版,第126 页。
③[意]克罗齐:《美学原理》,朱光潜译,外国文学出版社 1983 年版,第 44 页。
④[意]克罗齐:《美学原理》,朱光潜译,外国文学出版社 1983 年版,第 60 页。

因素,"完全采取美学的,和纯粹艺术批评的观点"①。但他又曾说过理念等道德因素在艺术中"像一块糖溶解在一杯水里一样"②。此书的英译者将克罗齐的"艺术独立论"比喻为像发现了"海王星的独立存在"③,应该说具有一定的道理。他还认为,语言哲学其实就是艺术的哲学,因为两者都是直观。就此而言,克罗齐成为语言艺术哲学的开创者之一。

　　克罗齐从1901年出版《美学原理》到1912年出版《美学纲要》,发生了相当大的变化。尽管"艺术即直觉"的基本观点没有变,但《美学纲要》却使直觉与艺术家的灵魂相遇,从而使之具有了文化的意味,在一定程度上是对他早期美学思想的一种补正。总之,他的"艺术即直觉的表现"的美学理论成为西方20世纪人本主义美学思潮的重要开端与代表,给予整个西方20世纪美学的发展以极为重要的影响。

---

①[意]克罗齐:《美学原理》,朱光潜译,外国文学出版社1983年版,第61页。
②[意]克罗齐:《美学原理》,朱光潜译,外国文学出版社1983年版,第185页。
③[意]克罗齐:《美学原理》,朱光潜译,外国文学出版社1983年版,第225页。

第五讲　美国实用主义经验论美学：美与经验

一、审美经验研究在当代美学研究中的地位

从实际情况来看,审美经验研究已经成为现代以来西方美学研究的重点所在。20世纪以来,西方美学有一个经验论转向问题,即由抽象的本质主义的哲学美学走向侧重审美经验的人生美学。李斯特威尔在《近代美学史评述》中指出,近代思想界鲜明地不同于上一个世纪之处,就是其所采用的方法,"这种方法不是从关于存在的最后本性那种模糊的臆测出发,不是从形而上学的那种脆弱而又争论不休的某些假设出发,不是从任何种类的先天信仰出发,而是从人类实际的美感经验出发"①。V.C.奥尔德里奇则在《艺术哲学》中指出,审美知觉理论已经成为"讨论艺术哲学诸基本概念的良好出发点"②。托马斯·门罗则明确指出,"美学

①［英］李斯特威尔:《近代美学史评述》,蒋孔阳译,安徽教育出版社2007年版,"序言"第2页。
②［美］奥尔德里奇:《艺术哲学》,程孟辉译,中国社会科学出版社1987年版,第22页。

作为一门经验科学"，应该打破单一的哲学美学格局，使之走向实证化、经验化。[1] 可以说，西方现当代的主要美学流派都以审美经验作为主要研究对象，只不过对"经验"的内涵的界定各不相同而已。

二、现代西方美学审美 经验研究之发展

经验论之发端是英国经验论美学，认为审美经验是美学的出发点，以培根、休谟与博克为其代表。但英国经验论美学将审美经验归结为完全由主体引起，即便是博克，对审美经验的客观性的探求也是从人的感官的共同性中寻找。康德的《判断力批判》中的判断力作为主观合目的性，也是一种对于具有共通性的审美经验快感的追求之判断。当然，到了黑格尔，就又退回到本质主义之美的探讨。

黑格尔之后，叔本华的生命意志论、尼采的酒神精神论等，尽管包括了形而上的内容，但还是以审美经验为基础。

20世纪初，克罗齐的直觉即表现说，可以说开了将经验与情感之表现相联系的当代美学之先河。此后，克莱夫·贝尔的"有意味的形式"（1914）也同经验有关。

真正打出"艺术经验"旗号的则是杜威。1934年，他出版了《艺术即经验》一书，标志着经验派美学逐步走向成熟。但杜威的经验带有浓厚的达尔文生物进化论的"物竞天择"的内容。

真正使经验论美学具有浓郁哲学色彩与更深刻内涵的，则是

---

① 转引自朱立元：《现代西方美学史》，上海文艺出版社1993年版，第670页。

杜夫海纳的《审美经验现象学》一书的出版。此后,经验论审美渗透于存在论与阐释学美学之中。因此,我们在此论述经验论美学之时就分成两个部分,一个是美国带有科学色彩的实用主义经验论美学,另一个就是欧陆以现象学为基础的经验论美学思想。由于欧陆现象学经验论美学之中的"经验"不以生物的科学的经验为主,而是导向"生存"和"真理",具有"天地神人四方游戏"的深刻内涵,因此我们将有专章论述。本章主要讲美国实用主义经验论美学,但从广义的视角也必须涉及欧陆之经验论美学。

三、现代经验论美学之内涵

现代经验论美学内涵非常丰富,大体包括如下几个方面:

1.经验与主体:经验论美学当然是以主体为主的,但又不是英国经验主义纯主体之经验,而是包含着客体之经验,消融了主客对立,如所谓交互主体性。有的是通过行动(生活)消解,如杜威;有的通过主体的构成作用消解,如现象学之杜夫海纳;有的通过主体的直接接受或阐释消解,如伽达默尔之阐释学美学;有的通过身体消解,如梅洛-庞蒂。

2.经验与表现:经验之最重要特点是同情感之表现密切相关,如克罗齐的直觉论美学、阿恩海姆之"同形同构"、杜威之审美经验中的"情感特质"等。

3.经验与快感:经验论当然强调情感的快感,以感觉为其基础。但经验论美学又不局限于快感。康德就提出判断先于快感的命题,杜威强调审美经验是经验呈现出完整性与理想性,试图超越快感。杜夫海纳运用现象学方法更是强调对于快感的超越。而我们则认为经验与快感相伴,两者犹如电光石火,同时发生。

4.经验论与心理学:经验论包含很多心理学内容,如感觉、想象、意向等,但又不能将其等同于心理学。否则,就是纯粹的科学主义。经验论更具人文内涵,拓展到社会、伦理,特别是哲学层面。现象学美学就力图与纯粹的心理学划清界限。

5.经验与接受:经验论与阐释学结合,强调阐释本体,突出此时此地的审美经验。这样经验论就与接受美学发生了关系。此外,由视界融合的引入而同新历史主义相融合。

四、詹姆士的《实用主义》:
行动的哲学

威廉·詹姆士(William James,1842—1910),美国著名实用主义哲学家,1869年获哈佛大学医学博士学位,1872年应聘哈佛大学教授生理学、心理学与哲学课程。出版的论著有《心理学原理》(1890)、《实用主义》(1907)、《多元的宇宙》(1909)、《真理的意义》(1909)、《彻底经验主义论文集》(1912)等。他是皮尔士之后将实用主义哲学体系化并用以分析实际问题的理论家。

(一)论实用主义的基本品格:突破与调和

美国自1776年建国以来,一直以实业为其追求,长时期不重视哲学的建构,没有自己的哲学家和哲学思想。实用主义是第一个由美国哲学家建立并具有美国特色的哲学理论。它的产生是紧密结合美国实际,并批判传统哲学的成果。当时正值20世纪初期,工业革命的负面影响逐步暴露,工具理性与二元对立的哲学思维逐步带来文化危机。在这种情况下,批判与突破传统哲学特别是工具理性成为那时学术界的首要任务。由于美国正处于经济发展的关键时期,尤其需要一种新的哲学为其文化支撑,实用主义哲学于是成为美国经济社会发展的必然产物,也是批判突破工业革命时代传统哲学的成果。

首先是批判传统的理性主义的成果。詹姆士说,"针对自命是一种权利和方法的理性主义,实用主义有全副武装并富于战斗精神"①。众所周知,理性主义是欧洲哲学的主要传统,实用主义哲学反对的第一个目标就是欧洲的理性主义传统,理性主义对于枯燥抽象的本质的追求与美国的实业现实是矛盾的。他说:"正是平常理性主义哲学所表示的本质的贫乏枯燥,才引起经验主义者的排斥。"②他从本体论与宇宙论的宏阔视野划清了实用主义与理性主义的界限,"实用主义和理性主义的差别的意义,现在全部看到了。本质上的差别是:理性主义的实在一直就是现成的、完全的;实用主义的实在,则是不断在创造的,其一部分面貌尚待未来才产生。一者认为宇宙是绝对稳定的,一者认为宇宙还在追求奇遇中"③。也就是说,从本体论的角度看,理性主义的实在是现成的实体,而实用主义的实在是创造中的过程;而从宇宙论的角度看,理性主义的宇宙观认为宇宙是静止与稳定的,实用主义宇宙观则认为宇宙是变化的,不断追求奇遇的。

他还回答了人们由于实用主义反对理性主义而认为其与实证主义等同的疑问,认为实用主义始终是"刚性和柔性的一

①[美]威廉·詹姆士:《实用主义》,陈羽纶、孙瑞禾译,商务印书馆1979年版,第30页。

②[美]威廉·詹姆士:《实用主义》,陈羽纶、孙瑞禾译,商务印书馆1979年版,第23页。

③[美]威廉·詹姆士:《实用主义》,陈羽纶、孙瑞禾译,商务印书馆1979年版,第131页。

个调和者"①。这说明，实用主义不仅批判突破理性主义而且批判突破实证主义。总之，实用主义是一种突破的哲学，突破是实用主义的最基本品格。当然，实用主义的突破是通过"调和"的路线进行的，所以实用主义也是一种调和的哲学。詹姆士说："实用主义正是你们在思想方法上所需要的中间的、调和的路线。"②"调和"也是实用主义的基本品格。所有的唯物与唯心、主体与客体、理性与感性、自然与人类等二元对立，统统在实用主义中加以调和起来。

（二）论实用主义的方法：行动、实效、科学、合算

"实用主义"是什么呢？詹姆士认为，实用主义首先强调的是"行动"。这是一种"行动"的哲学而不是传统的"认识"的哲学。他说："实用主义这个名词是从古希腊的一个词 $\pi\rho\alpha\gamma\mu\alpha$ 派生的，意思是行动。'实践'（practice）和'实践的'（practical）这两个词就是从这个词来的。……要弄清楚一个思想的意义，我们只须断定这思想会引起什么行动。对我们说来，那行动是这思想的唯一意义。"③由"行动"导出了实用主义的其他一系列的内涵，例如"实效"。他说："我们思考事物时，如要把它完全弄明白，只须考虑它含有什么样可能的实际效果，即我们从它那里会得到什么感觉，我们必须准备作什么样的反应。……这是皮尔斯的原理，也

①［美］威廉·詹姆士：《实用主义》，陈羽纶、孙瑞禾译，商务印书馆1979年版，第138页。
②［美］威廉·詹姆士：《实用主义》，陈羽纶、孙瑞禾译，商务印书馆1979年版，第24页。
③［美］威廉·詹姆士：《实用主义》，陈羽纶、孙瑞禾译，商务印书馆1979年版，第26页。

就是实用主义的原理。"①这就是著名的实用主义"效果首位"的
原理。

还有就是"科学"的内涵，实用主义作为一种新时代的哲学，
不仅是一种人文主义的哲学，而且吸收了 20 世纪初期科学特别
是生物科学与心理学的成果，是形而上学与科学的结合。詹姆士
在评述实用主义时说道："这样，科学与形而上学就会更接近，就
会在事实上完全携手并进了。"②这种科学精神就包括了实用主
义的著名的"大胆假设，小心求证"的命题。他说："按照实用主义
的原则，任何一个假设，只要它的后果对人生有用，我们就不能加
以否定。"③

还有非常有意思的一点，就是"实用主义"包含了美国商业社
会的价值观念，在论证实用主义真理观时，他将"信用"和"合算"
等资本主义商业社会运作的规律也都囊括到他的实用主义原则
当中。④

（三）论实用主义的真理观：工具、适用、过程

实用主义的真理观是非常重要的，什么是"真理"呢？詹姆士
认为，是能够简化劳动、节省劳动的，"从工具的意义来讲，它是真

①［美］威廉·詹姆士：《实用主义》，陈羽纶、孙瑞禾译，商务印书馆 1979 年
　版，第 27 页。
②［美］威廉·詹姆士：《实用主义》，陈羽纶、孙瑞禾译，商务印书馆 1979 年
　版，第 29 页。
③［美］威廉·詹姆士：《实用主义》，陈羽纶、孙瑞禾译，商务印书馆 1979 年
　版，第 139 页。
④［美］威廉·詹姆士：《实用主义》，陈羽纶、孙瑞禾译，商务印书馆 1979 年
　版，第 106 页。

的。这就是在芝加哥讲授得很成功的真理是'工具'的观点"①。这里说的芝加哥讲授，就是指实用主义的另外一位创建人杜威建立芝加哥学派并在芝加哥发表演讲，认为"真理是工具"这一最基本的真理观。当然，"真理是工具"与实用主义的"效用说"是直接相关的。这同时涉及传统理性主义的"符合论"真理观，认为只有"符合"某种"客体"的观念才是"真理"。这是一种客观主义的真理观。

实用主义同意这种"符合论"真理观，但却从"人本主义"的视角将之加以改造。他在"符合"之外提出了"引导"与"配合并适应环境"的原则。他说："的确，摹写实在是与实在符合的一个很重要的方法，但决不是主要的方法。主要的事是被引导的过程。任何观念，只要有助于我们在理智上或在实际上处理实在或附属于实在的事物；只要不使我们的前进受挫折，只要使我们的生活在实际上配合并适应实在的整个环境，这种观念也就足够符合而满足我们的要求了。"②他在这里将"符合"除了摹写之外又赋予了引导和配合适应环境的重要内容，明显将人为的痕迹加强了。他说："既然真理并不就是实在，而只是我们关于实在的信念，那就必然含有'人的因素'。"③既然"真理是工具"，那么真理就不是实体，而是一种"使用"，于是真理就具有了"适用性"这样的特点。他在厘清实用主义真理观与非实用主义真理观的区别时说道："实用主义者所说的真理，只限于指观念而言，也就是限于指观念

---

① [美]威廉·詹姆士：《实用主义》，陈羽纶、孙瑞禾译，商务印书馆 1979 年版，第 33 页。

② [美]威廉·詹姆士：《实用主义》，陈羽纶、孙瑞禾译，商务印书馆 1979 年版，第 109 页。

③ [美]威廉·詹姆士：《实用主义》，陈羽纶、孙瑞禾译，商务印书馆 1979 年版，第 128 页。

的'适用性'而言;而非实用主义者所说的真理,一般似都是指客体而言。"①也就是说,实用主义的真理是指观念的适用性,而不是指观念与客体的符合。

这种"适用性",显然是由真理的工具性决定的。正因为真理是工具,所以真理就是工具的使用过程。詹姆士说,真理的"真实性实际上是个事件或过程,就是它证实它本身的过程,就是它的证实过程,它的有效性就是使之生效的过程"②。

(四)论实用主义的经验:彻底的经验主义与期望的满足

在詹姆士看来,实用主义最后归结为彻底的经验主义。他说:"实用主义代表一种在哲学上人们非常熟悉的态度,即经验主义的态度,在我看来它所代表的经验主义的态度,不但比素来所采取的形式更彻底,而且也更少可以反对的地方。"③因此,他认为,实用主义就是彻底的经验主义。他在《真理意义的序言》中对于彻底的经验主义做了详细的阐释。他说:"彻底经验主义首先包括一个假定,接着是一个事实的陈述,最后是一个概括的结论。它的假定是:只有能以经验中的名词来解释的事物,才是哲学上可争论的事物。(当然,不能经验的事物也尽可以存在,但绝不构成哲学争论的题材。)事实的陈述是:事物之间的关系,不管接续的也好,分离的也好,都跟事物本身一样地是直接的具体经验的

①[美]威廉·詹姆士:《实用主义》,陈羽纶、孙瑞禾译,商务印书馆 1979 年版,第 158 页。

②[美]威廉·詹姆士:《实用主义》,陈羽纶、孙瑞禾译,商务印书馆 1979 年版,第 103 页。

③[美]威廉·詹姆士:《实用主义》,陈羽纶、孙瑞禾译,商务印书馆 1979 年版,第 29 页。

对象。概括的结论是：经验的各个部分靠着关系而连成一体,而这些关系本身也就是经验的组成部分。总之,我们所直接知觉的宇宙并不需要任何外来的、超验的联系的支持;它本身就有一连续不断的结构。"①这一段话比较全面地阐释了彻底的经验主义的内涵。首先,认为哲学的对象不是主体也不是客体,而只是经验;其次,认为事物之间的关系与事物本身都是一种直接的具体的经验;其三,认为我们的对象乃至宇宙都是连成一体的经验,经验是连续不断的一条河流。同时,在詹姆士看来既然检验经验之真假是看其"效用",那么一个真的经验就是一个其效用能够满足我们期望的经验。他说,"反应的是真是假,就看它们能不能满足我们的期望:能满足我们的期望的,就是'真'的反应,要不就是'假'的"②。满足期望包含非常复杂的内涵,既有精神的心理的满足,也有身体的肉体的满足。

(五)论实用主义的宗教观:在确有价值的意义上神学是"真的"

实用主义宗教观,是其哲学观的重要组成部分。詹姆士充分运用了实用主义的调和性特点,认为实用主义是对于经验主义方法与人类宗教需要的一种调和。他说:"实用主义是经验主义思想方法与人类的比较具有宗教性的需要的适当的调和者。"③这种"调和",就是运用实用主义的彻底经验主义的方法从多重的角

---

①〔美〕威廉·詹姆士:《实用主义》,陈羽纶、孙瑞禾译,商务印书馆1979年版,第158—159页。
②〔美〕威廉·詹姆士:《实用主义》,陈羽纶、孙瑞禾译,商务印书馆1979年版,第38页。
③〔美〕威廉·詹姆士:《实用主义》,陈羽纶、孙瑞禾译,商务印书馆1979年版,第211页。

度审视了宗教的真实性问题。首先,他从经验主义的价值论的角度论证了宗教的真实性,他说:"如果神学的各种观念证明对于具体的生活确有价值,那末,在实用主义看来,在确有这么多的价值这一意义上说,它就是真的了。"①其次,他从效用说的角度论证了宗教的真实性问题。他说:"根据实用主义的原则,只要关于上帝的假设在最广泛的意义上能令人满意地起作用,那这假设就是真的。不管它还有什么旁的疑难问题,但经验表明,这假设确是有用的;问题只在于怎样来建立它、确定它,使它和其他实用的真理很好地结合。"②最后,他干脆从纯感觉的角度论证了上帝的存在。他说:"'有没有上帝',就等于说'有没有希望'。……这话的真实意义并不是真指在任何形式上有上帝存在,而只是指这样说能令人感觉舒服。"③这充分反映了实用主义的无原则性,它不回答上帝是否存在这样根本性的问题,而是从表象的"舒服"的角度来进行模棱两可的回答。

　　詹姆士的上述实用主义哲学思想虽然并不涉及美学问题,但却涉及实用主义的产生、发展与内涵。只有在充分了解这些的基础上,我们才能进一步阐释实用主义美学与艺术观,特别是"艺术即经验"的重要美学与艺术观。这样,也才能够对实用主义美学中"经验"内涵有更深的理解。

---

①[美]威廉·詹姆士:《实用主义》,陈羽纶、孙瑞禾译,商务印书馆1979年版,第40页。

②[美]威廉·詹姆士:《实用主义》,陈羽纶、孙瑞禾译,商务印书馆1979年版,第152—153页。

③[美]威廉·詹姆士:《实用主义》,陈羽纶、孙瑞禾译,商务印书馆1979年版,第158页。

五、杜威的《艺术即经验》:实用主义的经验自然主义美学

　　杜威(John Dewey,1859—1952)是 20 世纪美国著名的哲学家、教育家和心理学家。英国著名哲学家罗素认为:"杜威是实用主义最著名的代表,而实用主义是美国出现的第一个最有特点的哲学流派。"①从 1894 年开始,他与他的学生们组成美国实用主义的重要学派——芝加哥学派,并产生了极大的影响。1931 年,杜威应哈佛大学之邀前往举办演讲会,做了一系列题为"艺术哲学"的演讲,后编成《艺术即经验》一书,并于 1934 年出版。这本书集中地阐释其实用主义美学思想,成为当代最具美国特点的美学与艺术理论体系。杜威在该书中以"艺术即经验"为核心观点,全面论述了艺术与生活、艺术与人生、艺术与科学、内容与形式等一系列重要问题。他将美国资产阶级的民主观念与商业观念贯注于其经验论美学之中,将艺术从高高的象牙之塔拉向现实的社会人生,对于当代、特别是我国的美学建设产生过重要影响。杜威的美学思想也经过了一段曲折的道路。由于其反对先锋艺术的保守立场与理论的模糊性等种种原因,他的美学思想从 20 世纪 30 年代提出后即走向沉寂,逐步被分析美学所取代。从 20 世纪后期开始,以 1979 年罗蒂出版《哲学和自然之镜》为标志,他的实用主义美学思想重新引起人们的重视。

(一)经验自然主义的美学研究方法

　　要掌握杜威的"艺术即经验"的实用主义美学思想,必须要了

---

① [英]罗素:《西方哲学史》,重庆出版社 2010 年版,第 318 页。

解其经验自然主义的美学研究方法。经验自然主义的方法就是实用主义的方法，就是一种强调经验的第一性，强调经验与自然具有连续性的方法，也就是一种重效果、重行动的特有的当代美国式的方法。例如，对于战争中的情报，实用主义认为情报无真假之分，只由战争结果之胜败决定其为好与坏。这种方法当然同18世纪英国经验论的理论有继承关系。但它主要产生于美国特有的拓荒时代，当时所遵循的实业第一的原则、效率首位的教育、利益取向的政治，以及19世纪以达尔文进化论为代表的科技的发展及其对实证的强调。

对于这种方法，杜威将其看作一种"哲学的改造"，旨在突破古希腊以来，特别是工业革命以来的理性主义和本质主义传统以及主客二分的思维模式。杜威认为，这种方法立足于突破古希腊以来由主奴对立所导致的知识与实用的分裂，他试图通过经验对其加以统一。这是杜威实用主义哲学与美学的最重要的贡献和最富启发性之处，但长期以来没有引起足够的重视。

首先是主观唯心主义的经验论。他对其哲学与美学的核心概念"经验"做了主观唯心主义的界说。他突破传统的主客二分方法，将经验界定为主体与客体的合一、感性与理性的合一，以此与传统的二元论划清界限。而他的经验论又与自然主义的实践观紧密相联系。这里所说的实践，是作为有机体的人为了适应环境与生存所进行的活动。他说，"经验是有机体与环境相互作用的结果"①，也就是说，他认为经验并非是人对于环境简单的认知，而是作为生物体的人对于环境主动性中的一种内涵丰富的整体反映。

────────────

① [美]杜威：《艺术即经验》，高建平译，商务印书馆2005年版，第22页。

其次,以生物进化论作为其重要理论基础。杜威将达尔文的生物进化论,特别是适者生存理论作为自己的哲学与美学的理论基础。这种对于人与环境适应的强调,固然有生物进化论的弊端,但十分重要的是,杜威将人的生命存在放在突出的位置,因此也可以说这是一种"自然主义的人本主义"(Naturalistic Humanism)。

再次,工具主义的方法论。杜威主张真理即效用的真理观,这是一种工具主义的理论。在此基础上,他又将其改造为控制环境的一种工具。他说:"对环境的完全适应意味着死亡。所有反应的基本要点就是控制环境的欲望。"①这种控制就是朝着一定的目标对环境运用"实验的方法"进行的一种"改造"。所谓"实验的方法",就是对"逻辑的方法"的一种摒弃,采取假定——实验——经验的解决问题的路径。这就是一种实验的工具主义的方法,也就是我们所熟悉的"大胆假设,小心求证"。在《艺术即经验》之中,这种工具主义方法的具体运用就是采用一种与本质主义方法相对的"描述"的方法,也就是一种"直观的""直接回到事实"的方法。杜威将艺术界定为"经验",就是一种抓住其最基本事实的"描述",虽不尽准确,但却具有极大的包容性。

(二)艺术即经验论

"艺术即经验"是杜威美学思想的核心命题。他的《艺术即经验》一书的主旨就是恢复艺术与经验的关系,"把艺术与美感和经验联系起来"。这就是西方当代美学所谓的"经验转向",将艺术由高高在上的理性拉向现实的生活实践与生活经验。

---

① 转引自[美]威尔·杜兰特:《哲学的故事》,文化艺术出版社1991年版,第532页。

首先,杜威将其美学与艺术研究的出发点归结为"活的生物"(live creature),这是别开生面的。"活的生物"是杜氏实用主义美学的关键词之一,要给予充分的重视。他说:"每一个经验都是一个活的生物与他生活在其中的世界的某个方面相互作用的结果。"①这一方面充分强调了审美的"感性"特点,同时强调了人的审美的感性与动物感性的必然联系。他说:"为了把握审美经验的源泉,有必要求助于处于人的水平之下的动物的生活。"②在此,他批判了传统的"蔑视身体、恐惧感官,将灵与肉对立起来"③的观念。而且,他还强调了五官在审美之中的参与作用,他说:"五官是活的生物藉以直接参与他周围变动着的世界的器官。"④这就与古典的主要借助于视听的无利害的"静观美学"划清了界限。更重要的是,在这里,杜威提出了人与自然的全新的关系的观点。他打破了传统的人与自然对立的观念,而力主人与自然统一的观念,提出人在自然之中而不是在自然之外。他说,人"通过与世界交流中形成的习惯(habit),我们住进(in-habit)世界。它成了一个家园,而家园又是我们每一个经验的一部分"⑤。杜威认为,"艺术的源泉存在于人的经验之中"⑥,而这种经验就是"活的生物"在某种能量的推动下与环境相互作用的结果。他说,"有

------

① [美]杜威:《艺术即经验》,高建平译,商务印书馆2005年版,第46页。

② [美]杜威:《艺术即经验》,高建平译,商务印书馆2005年版,第18页。

③ [美]杜威:《艺术即经验》,高建平译,商务印书馆2005年版,第21页。

④ [美]杜威:《艺术即经验》,高建平译,商务印书馆2005年版,第22页。

⑤ [美]杜威:《艺术即经验》,高建平译,商务印书馆2005年版,第112—113页。

⑥ 转引自伍蠡甫主编:《现代西方文论选》,上海译文出版社1983年版,第218页。

机体与周围环境的相互作用,是所有经验的直接或间接的源泉,从环境中形成阻碍、抵抗、促进、均衡,当这些以合适的方式与有机体的能量相遇时,就形成了形式"①,而艺术的任务就是恢复审美经验与日常经验的联系。他说,艺术哲学的任务,是旨在"恢复作为艺术品的经验的精致与强烈的形式,与普遍承认的构成经验的日常事件、活动,以及苦难之间的连续性"②。

　　他还进一步打破了艺术与日常工艺以及精英与大众的壁垒。这种对于艺术经验与日常经验延续关系的探讨,正是杜威式的美国资产阶级民主在审美与艺术领域中的表现。它打破了文化艺术的精英性和神秘性,而将其拉向日常生活与普通大众。杜威特别强调审美经验的直接性,认为这是美学所必需的东西。他说,美学"所关心的是要强调某种实际上的审美必然性:审美经验的直接性。对于非直接性的就不是审美的这一点,无论怎么强调都不过分"③。由此,他反对在艺术欣赏中过分地强调联想,因其违背审美直接性的原则。同时,他也反对从古希腊开始的将审美经验仅仅归结为视觉与听觉的理论,而将触觉、味觉与嗅觉等带有直接性的感觉都包含在审美的感觉之内。他说:"感觉的性质之中,不仅包括视觉与听觉,而且包括触觉与味觉,都具有审美性质。但是,它们不是在孤立状态,而是相互联系中才具有的;不是作为简单而相互分离的实体,而是在相互作用中具有的。"④因此,审美经验不同于日常经验之处,就在于它是一种"完整的经验""具

---

①〔美〕杜威:《艺术即经验》,高建平译,商务印书馆2005年版,第163页。
②〔美〕杜威:《艺术即经验》,高建平译,商务印书馆2005年版,第1—2页。
③〔美〕杜威:《艺术即经验》,高建平译,商务印书馆2005年版,第130页。
④〔美〕杜威:《艺术即经验》,高建平译,商务印书馆2005年版,第132页。

有令人满意的情感的质"①,因而构成"理想的美"。

　　对于这种完整性,他称为是"一个经验"(an experience),这是把握杜氏美学思想的一把钥匙。他说:"把对过去的记忆与对将来的期望加入经验之中,这样的经验就成为完整的经验,这种完整的经验所带来的美好时期便构成了理想的美。"②这种完整经验的理想美具体表现为有序、有组织运动而达到的内在统一与完善的艺术结构。杜威认为,这个完整的经验以现在为核心,将过去与将来交融在一起,使人达到与环境水乳交融的境界,从而使人成为"真正活生生的人"。这就是一种处于审美状态的人和审美境界,"这些时刻正是艺术所特别强烈歌颂的"③。艺术即"活生生的人"的"完整的经验",是"理想的美"。这就是杜威对于艺术即经验的中心界说。正因为杜威把经验界定为人作为有机体生命的一种生机勃勃的生存状态,所以他认为,不断的变动和完结终止都不会产生美的经验,而只有变动与终止、分与合、发展与和谐的结合才能产生美的经验。所谓"需要—阻力—平衡"才是审美经验的基本模式。他说,"我们所实际生活的世界,是一个不断运动与到达顶峰、分与合等相结合的世界。正因为如此,人的经验可以具有美"④。这种分与合的结合,实际上是人与周围环境在由不平衡到平衡、

①转引自汝信编:《西方美学史》第 4 卷,中国社会科学出版社 2008 年版,第187 页。

②转引自伍蠡甫主编:《现代西方文论选》,上海译文出版社 1983 年版,第226—227 页。

③转引自伍蠡甫主编:《现代西方文论选》,上海译文出版社 1983 年版,第227 页。

④转引自伍蠡甫主编:《现代西方文论选》,上海译文出版社 1983 年版,第225—226 页。

由不和谐到和谐的过程。他说，"生命不断失去与周围环境的平衡，又不断重新建立平衡，如此反复不已，从失调转向协调的一刹那，正是生命最剧烈的一刹那"①。这也就是美的一刹那。由此可见，杜威的美论是一种主体与环境由不平衡到平衡的过程中所产生的强烈的、同时也是完整的审美经验，即生命的体验。

　　正是从艺术即经验的基本界说出发，杜威主张，"艺术产品，是艺术家与听众之间的联系环节"②。他认为，艺术品只有在创造者之外的人的经验中发生作用，或者说被接受，才是完整的。他甚至认为，即便在艺术创作过程中，艺术家也应该将自己化身为读者与观众，像了解自己的孩子一样与自己的作品一起生活，掌握其意义，这时"艺术家才能够说话"③。这就说明，杜威较早地将接受美学引入了自己的美学体系之中。杜威的实用主义的工具主义在其美学理论中的表现，就是他认为艺术与其他经验一样都是具有工具性的。而艺术经验的工具性的特点即为"在事情的结果方面和工具方面之间求得较好的均衡"④。这也就是要求作为完整经验的美与作为工具性的善之间取得某种统一与平衡。

（三）艺术的内容与形式不可分论

　　由主客混合、感性与理性统一的自然主义经验决定，杜威提出了艺术的内容与形式的不可分论。在他看来，内容与形式是任何艺

①转引自伍蠡甫主编：《现代西方文论选》，上海译文出版社1983年版，第226页。

②［美］杜威：《艺术即经验》，高建平译，商务印书馆2005年版，第115页。

③蒋孔阳、朱立元主编：《二十世纪西方美学名著选》上，复旦大学出版社1987年版，第334页。

④［美］杜威：《经验与自然》，傅统先译，商务印书馆1960年版，第8页。

术的最基本的要素,两者之间的关系成为美学研究的核心课题。因此,他在《艺术即经验》一书中列专章来讨论这一重要课题。高建平将之译为"实质与形式",但从约定俗成来说,译成"内容与形式"也是可以的。杜威的基本观点是内容与形式不可分论,任何企图将两者分开的理论都是"根本错误的"①。他主张"内容与形式的直接混合",并认为"除了思索的时候而外,形式与内容之间是没有界线可分的"②。其原因是,他认为:"在作品中内容与形式是相对的。而从欣赏的角度看,内容与形式也是不可分的。

　　审美经验本身也是内容与形式的高度统一,其最后的根源则是自然主义的经验论。他认为,从自然主义经验论来看,人与环境的和谐平衡这个最根本的自然的生物的规律要求审美的艺术经验中内容与形式不可分。他说:"由于形式与质料在经验中结合的最终原因是一个活的生物与自然和人的世界在受与做中的密切的相互作用关系,区分质料与形式的理论的最终根源就在于忽视这种关系。"③这里的"受"(undergo)与"做"(do)都是杜氏经验美学的重要概念,所谓"受"指环境给予人的刺激与影响,此时人具有被动性;而"做"则指人对环境的作用,人具有主动性,都是经验的重要组成部分。这里的"受"和"做"在活生生的"人"的行动中的统一,杜威认为是一种"交往作用的"关系,即相互主体性的关系,也是一种"可逆性"的关系,是杜威乃至西方现代"身体意

---

①转引自伍蠡甫主编:《现代西方文论选》,上海译文出版社 1983 年版,第443 页。

②转引自蒋孔阳、朱立元主编:《二十世纪西方美学名著选》上,复旦大学出版社 1987 年版,第 347 页。

③[美]杜威:《艺术即经验》,高建平译,商务印书馆 2005 年版,第 146 页。

识"理论的重要内涵,是对于传统"身心分离"理论的彻底突破。当然,从总的方面来说,杜威本人还是倾向于形式的。他认为,审美经验就是"把经验里的素材变为通过形式而经过整理的内容",起关键作用的还是主体,是主体通过形式对素材的整理,从而使其成为内容。这就是理性主义的工具主义在艺术理论中的体现。

(四)艺术是人类文明的显示

对于审美与艺术的作用,杜威给予了充分的肯定。他首先认为,艺术是人类文明的记录与显示。他说:"审美经验是一个显示,一个文明的生活的纪录与赞颂,也是对一个文明质量的最终的评判。"①审美与艺术的作用集中表现在文明的传承与交流。他说:"文化从一个文明到另一个文明,以及在该文化之中传递的连续性,更是由艺术而不是由其他某事物所决定的。"②他认为,哲人与艺术家会一个接一个地逝去,但他们的作品却沉留下来成为文化传承的载体,从而"成为文明生活中持续性的轴心。"③而且也正是通过艺术,不同民族之间得以进行文化的对话与交流。他认为,各个民族的文化艺术尽管各异,但在"存在着一种有秩序的经验内容的运动"上却是有着一致性的,这就可以使之"进入到我们自身以外的其他关系和参与形式之中""可以导致一种将我们自己时代独特的经验态度与远方民族的态度的有机混合"。④

---

① [美]杜威:《艺术即经验》,高建平译,商务印书馆 2005 年版,第 362 页。
② [美]杜威:《艺术即经验》,高建平译,商务印书馆 2005 年版,第 363 页。
③ [美]杜威:《艺术即经验》,高建平译,商务印书馆 2005 年版,第 362 页。
④ [美]杜威:《艺术即经验》,高建平译,商务印书馆 2005 年版,第 368、370、
　371 页。

最终,杜威特别强调了审美与艺术的教育作用。他说:"这些公共活动方式中每一个都将实践、社会与教育因素结合为一个具有审美形式的综合整体。它们以最使人印象深刻的方式将一些社会价值引入到经验之中。"①在《艺术即经验》一书的最后,他引用了一首诗来阐明艺术对于人类的潜移默化的培育作用。这首诗说道:"但是艺术,绝不是一个人向另一个人说,只是向人类说——艺术可以说出一条真理潜移默化地,这项活动将培育思想。"②

杜威还论述了艺术与科学的关系,他认为,两者从经验的角度看是有着一致性的,而且科学可以给艺术与审美提供方法的启示。但两者的表现方式却是不同的,"科学陈述意义;而艺术表现意义"③。

总之,杜威尝试用新的实用主义方法,突破传统美学与艺术理论,提出艺术即经验的重要命题,回应 20 世纪新时代提出的一系列新的课题,产生了广泛影响。他在《经验与自然》一书的序言中说道:"本书中所提出的这个经验的自然主义的方法,给人们提供了一条能够使他们自由地接受现代科学的立场和结论的途径。"④这就是杜威借助实用主义方法对审美与艺术所进行的全新的阐释,旨在突破传统二元对立的纯思辨方法。他破除西方古典美学中艺术与生活、内容与形式以及灵与肉的两极对立的观点,而以经验为纽带将其紧密相联系,成为其美学与艺术理论中的精彩之点,形成新的实用主义美学流派,产生了广泛影响。但其在一定程度上抹杀审美经验的社会性,而其理论自身在审美经

---

① [美]杜威:《艺术即经验》,高建平译,商务印书馆 2005 年版,第 364 页。
② [美]杜威:《艺术即经验》,高建平译,商务印书馆 2005 年版,第 387 页。
③ [美]杜威:《艺术即经验》,高建平译,商务印书馆 2005 年版,第 90 页。
④ [美]杜威:《经验与自然》,傅统先译,商务印书馆 1960 年版,第 3 页。

验与日常经验关系上也存在自身的矛盾性,这是其难以避免的缺陷。但事实证明,杜威仍然是 20 世纪初期美国最有影响力的美学家。他的美学是一种改变了美国艺术家思维方式的理论,多数美国的美学家和艺术家都承认,不了解杜威美学就不会了解战后美国的美学和艺术所发生的深刻变化。

六、理查德·罗蒂:新实用主义

理查德·罗蒂(Richard Rorty,1931—2007),美国当代著名哲学家。1956 年获普林斯顿大学博士学位;1961 年起在普林斯顿大学哲学系任教;1982 年辞去普大哲学系教席,到弗吉尼亚大学任社会人文科学教授。他自称是"新实用主义者",实际上是在 20 世纪后半期"后现代"时代背景下对于分析哲学的突破与对实用主义的改造,也是一种试图沟通英美分析哲学与欧陆现象学的可贵探索。他并没有直接探索美学论题,但他的新实用主义是"解构性的后哲学文化",是一种打破学术边界的哲学理论,也是一种更加重视文化与文学的哲学理论。从这个角度说,他的哲学涉及美学。更为重要的是,他的哲学的解构性与突破性,大大拓展了我们的想象力,对于新时期美学的发展具有重要启示作用。

罗蒂著有《哲学和自然之镜》(1979)、《实用主义的后果》(1982)与《后形而上学希望》(2003)等专著。罗蒂的"新实用主义"包含着十分丰富的内涵。事实上,罗蒂已经突破了杜威的美与经验的必然联系的观点,认为如果将美归结为经验不免落入本质主义的窠臼。对于美是什么的问题,罗蒂并没有明确回答。在他看来,美是一种教化的过程,美是谈话,美是协同,等等。总之,一旦为美确定了某种稳定的内涵,就必然走上本质主义之路,而他是反对这样做的。他的哲学和美学就是不下定义,也不做任何确定。

(一)反对"镜式本质"

1.摆脱"镜式本质"

他认为,传统哲学的基本特点就是一种"镜式本质",将心看作一面镜子,从中映照着事物。他认为,这是一种必须摆脱的"镜式本质"论。他说:"我们的镜式本质(经院学者的'理智的灵魂')也就是培根的'人之心',它'远远不是一面明净平匀的镜子,在其中事物的光线应按其实际的入射来反射……,而是像一面中了魔的镜子,满布着迷信和欺骗,如果它没有被解除魔法和被复原的话'。"①他认为,之所以必须要摆脱镜式本质,就是因为对于事物的把握并非如镜子式的按照光线的实际入射来反映,这种直接的反映布满着迷信和欺骗。首先,反映的对象并非感性的形式,而是各种理性的形式,这就使物质性的镜子无法反映;其次,镜子是实体的,仅仅局限于一种视觉隐喻,而人的反映器官则是大脑与复杂的机体,不仅凭借视觉而且凭借多种感官,因此镜式本质论是不科学的、荒谬的。罗蒂在摆脱镜式本质的理论前提下力主反对一切本质主义,这正是其基本的哲学立场。

2.批判传统认识论

罗蒂在摆脱镜式本质的基础上提出必须批判传统的认识论。他说:"不存在一个其本质有待被发现并且自然科学家最擅长于

①[美]理查德·罗蒂:《哲学和自然之镜》,李幼蒸译,商务印书馆 2009 年版,第 55 页。

此道的称为'认识'的活动。"①又说:"按我的观点,杜威、塞拉斯和费耶阿本德的伟大功绩在于,他们指出了通向一条非认识论哲学之路,并部分地做出了示范,从而它也是一条放弃了对'先验性'怀抱任何希望的道路。"②在他看来,传统认识论赖以建立的"身心二元对立"的基本立足点是难以成立的。因为,这种二元论是以身与心、感性与理性的二元分离为其前提的,但实际上,身与心、感性与理性是无法分离的。因此,他认为,"理性作为把握普遍性机能的概念,在证明心与身的区别性的前提中就不再适用了"③。

3.批判唯科学主义

罗蒂在批判镜式本质与传统认识论的同时,必然会批判在西方哲学与美学中占据重要地位的唯科学主义,这就将自己与分析哲学与美学划清了界限。他说:"'分析的'哲学是另一种康德哲学,这种哲学的主要标志是,把再现关系看成是语言的而非心理学的,……基本上未曾改变笛卡尔—康德的问题体系,因此并未真地赋予哲学一种新的自我形象。因为分析哲学仍然致力于为探求、从而也是为一切文化建立一种永恒的、中立的构架。"④他这里所说的"永恒的中立的构架",我个人理解就是一种唯科学主义。他说:"唯科学主义被定义作那种把合理性看作应用准则的

---

① [美]理查德·罗蒂:《后形而上学希望》,张国清译,上海译文出版社 2003 年版,第 22 页。

② [美]理查德·罗蒂:《哲学和自然之镜》,李幼蒸译,商务印书馆 2009 年版,第 397 页。

③ [美]理查德·罗蒂:《哲学和自然之镜》,李幼蒸译,商务印书馆 2009 年版,第 66 页。

④ [美]理查德·罗蒂:《哲学和自然之镜》,李幼蒸译,商务印书馆 2009 年版,第 23 页。

观点,其根源正是一种对客观性的愿望,……它具有超历史的性
质。"①这里,他将唯科学主义的缺陷归结为:准则、客观性与超历
史等,恰好与其新实用主义之非准则性、协同性与历史性相违背。
因此,他认为,对于这种唯科学主义必须予以批判。

(二)后现代相对主义的实用主义

1.后现代相对主义的实用主义

实用主义兴起于19世纪后半期与20世纪前期的美国,20世
纪中期实用主义逐渐淡出,但20世纪后期实用主义又在美国兴
起,代表人物即为罗蒂与舒斯特曼。由于时代的变迁,这一时期
的实用主义被称为"新实用主义",罗蒂就自称是"新实用主义
者"。罗蒂的新实用主义继承了传统实用主义的效果至上性与
调和性,但却抛弃了传统实用主义的工具主义的唯科学主义立
场和经验理论,自称为"后现代相对主义"的实用主义。罗蒂指
出:"我本人过去二十年的研究工作一直遵循着今日统称为'后
现代相对主义'的观点,这正是20世纪初叶由詹姆斯和杜威以
'实用主义'名称提出的同一类观点。……《哲学和自然之镜》与
美国实用主义一致采取的基本观点是:我们使用的语言不是用
来代表现实的,不能按其代表现实的优劣加以评价,语言起源于
不时改变语言以适应社会实践的需要。"②这里的所谓"后现
代",显然是指20世纪后期的由信息社会与后工业社会所带来

---

① [美]理查德·罗蒂:《哲学和自然之镜》,李幼蒸译,商务印书馆2009年
版,第491页。
② [美]理查德·罗蒂:《哲学和自然之镜》,李幼蒸译,商务印书馆2009年
版,第4页。

的"解构性"理论的兴起,并进入新实用主义的理论阶段。而"相对主义"则指新实用主义对于传统哲学学科性与稳定性的抛弃,走向更大的模糊性。但罗蒂保留了实用主义的重视社会实践的理论遗产。

2.实用主义的兼容并包特性

罗蒂之所以由分析哲学立场转向新实用主义,主要是看中了实用主义的兼容并包的特点。他使用了一个非常著名的"旅馆走廊"的比喻来形容实用主义兼容并包的基本特点,在《后形而上学希望》一书中,他借用了乔瓦尼·帕皮尼对实用主义的描述:"实用主义'就像是一家旅馆里的一条走廊。众多的房间向它敞开。在一个房间里,你可以发现一个人正在撰写美学著作;而他的邻居正跪拜着祷告神灵;第三个房间住着一位化学家,他正在研究一个物体的属性……他们全都拥有着这条走廊,并且所有人都必须穿越这条走廊'。他的寓意是,出于实践的目的关注信念的含义提供了沟通秉性与秉性之间,学科与学科之间,哲学学派之间的差异的惟一途径。特别是,这些关注提供了调和宗教和科学的唯一途径。"①这个形象的比喻,揭示了实用主义的兼容性与开放性,但也不免鱼龙混杂、良莠不分的特点。

3.把客观性归结为协同性

罗蒂明确提出哲学中客观性与协同性的对立,认为新实用主义是一种"协同性哲学"②。在他看来,古代希腊以来的西方传统

①[美]理查德·罗蒂:《后形而上学希望》,张国清译,上海译文出版社 2003 年版,第 82 页。

②[美]理查德·罗蒂:《哲学和自然之镜》,李幼蒸译,商务印书馆 2009 年版,第 497 页。

哲学是一种由协同性转向客观性的哲学,力主一种追求所谓真理的"符合论哲学",即科学主义的哲学,而实用主义哲学则是一种由客观性转向协同性的哲学。他说:"那些希望把客观性归结为协同性的人(我们称他们作'实用主义者'),既不需要形而上学,也不需要认识论。用詹姆士的话说,他们把真理看作那种适合我们去相信的东西。"①这样,罗蒂就以对于"协同性"的强调,进一步清洗了传统实用主义理论与分析哲学理论之中的科学色彩,加强了新实用主义的人文色彩。

4.用希望取代知识

罗蒂的新实用主义"竭力主张我们用希望取代知识"②。他说:"如果说实用主义有什么不同之处的话,那么就在于它以更美好的人类未来观念取代了'现实''理性'和'自然'之类的观念。"③他更进一步对杜威的"对代理人观点至上性的坚信"加以解释,"我把这个至上性解释为,开辟出成为新人类的新途径的需要,创造出这些新人类居住的新天堂、新地球的需要,优先于对稳定、安全和秩序的愿望"④。显然,这种新人类、新地球和新天堂,肯定是对人类未来的希望而言的,明显带有乌托邦的色彩。

---

① [美]理查德·罗蒂:《哲学和自然之镜》,李幼蒸译,商务印书馆 2009 年版,第 484 页。
② [美]理查德·罗蒂:《后形而上学希望》,张国清译,上海译文出版社 2003 年版,第 76 页。
③ [美]理查德·罗蒂:《后形而上学希望》,张国清译,上海译文出版社 2003 年版,第 7 页。
④ [美]理查德·罗蒂:《后形而上学希望》,张国清译,上海译文出版社 2003 年版,第 76 页。

（三）教化哲学

1. 教化哲学是非主流哲学

罗蒂倡导一种区别于传统主流哲学的"教化哲学"。他说："我将用'教化'（Edification）一词来代表发现新的、较好的、更有趣的、更富有成效的说话方式的这种构想。……无论在哪种情况下，这种活动都是（尽管两个词在字源学上有关系）教化的，而不是建设的。……因为教化性的话语应当是反常的，它借助异常力量使我们脱离旧我，帮助我们成为新人。"①这说明，罗蒂倡导的"教化哲学"，是一种迥异于主流哲学的哲学形态，罗蒂将它的特点概括为：新颖性、有趣性、成效性、反常性、谈话性与非主流性，以及塑造新人等，这的确富有极大的吸引力。

罗蒂又进一步论述了"教化哲学"的"治疗性"特点。他说，我曾经讨论过"这种哲学治疗活动，对事物的反本质主义描述使得这种哲学治疗活动成为可能"②。在他看来，"教化哲学"的治疗特点在于它的非学科性与质疑性，通过谈话中的质疑或解构达到一种教化的效果。简要地说，教化就是质疑，就是阐释。教化哲学就是一种解构论哲学与阐释论哲学。

2. 教化哲学是沟通欧美哲学的桥梁

罗蒂所说的"教化哲学"之"教化"，实际上来自德国的解释学哲学家伽达默尔。他说，伽达默尔"以 Bildung（教育，自我形成）

---

① [美]理查德·罗蒂：《哲学和自然之镜》，李幼蒸译，商务印书馆 2009 年版，第 378—379 页。

② [美]理查德·罗蒂：《后形而上学希望》，张国清译，上海译文出版社 2003年版，第 51 页。

概念,取代了作为思想目标的'知识'概念。认为当我们读得更多、谈得更多和写得更多时,我们就成为不同的人,我们就'改造'了我们自己,这正相当于以戏剧化的方式说,由于这类活动而适用于我们的语句,比当我们喝得更多和赚得更多时适用于我们的语句,往往对我们来说更重要"①。也就是说,教育过程比教育结果更加重要。罗蒂继承了伽达默尔的"Bildung"中"自我形成"之意,用英语"Edification(教化)"代之,这就是"教化哲学"之由来,说明罗蒂的"教化哲学"吸收了欧陆现象学哲学之精华,从而成为沟通欧陆与英美的桥梁。他自己在叙述哲学史时说道:"这就是蒙特费欧里所提倡的那种架桥工作,而且他这样去努力是完全正确的。"②罗蒂的新实用主义对于欧陆与英美哲学的沟通及其"教化哲学"的提出就是一种成功的"架桥"工作。

3.教化哲学是一种文化哲学

罗蒂所坚持的"后现代解构论"立场决定了他对于学科边界的打破以及对于文化的重视,他倡导一种"无先导性哲学的后哲学文化"。所以,我们称罗蒂的"教化哲学"是一种文化哲学。他说:"实用主义者乐于见到的不是更高的祭坛,而是许多画展、书展、电影、音乐会、人种博物馆、科技博物馆。总之,是许多文化的选择,而不是某个特权的核心学科或制度。"③他甚至将哲学称作另一种文学样本,说道:"我认为我们最好把哲学只看作古典与浪

---

① [美]理查德·罗蒂:《哲学和自然之镜》,李幼蒸译,商务印书馆2009年版,第377—378页。

② [美]理查德·罗蒂:《哲学和自然之镜》,李幼蒸译,商务印书馆2009年版,第433页。

③ 转引自刘放桐:《新编现代西方哲学》,人民出版社2000年版,第628页。

漫之间的对立在其中表现十分突出的另一种文学样式。"①他认为,文学不是认识,而是美学升华的理想,艺术与科学成为自由自在的生命花朵。他还在一定程度上继承了分析哲学语言分析传统,认为语言的描述可以发现一个前人认为不可能的自我。

罗蒂的"新实用主义"吸收了传统实用主义的"效果至上"与"调和性"理论观点,并从后现代解构论立场对之进行了改造。他在很大程度上突破了分析哲学之"唯科学主义"立场,但吸收其语言分析的特点。他有力地批判了西方传统哲学的"镜式本质论"和认识论,对于传统哲学学科进行了彻底的颠覆。罗蒂的重要价值并不是为我们提供了新的理论,而是为我们大大拓展了学术的想象力与批判力,开阔了我们的视野。他的无所不在的解构立场与模糊的相对主义方法使得哲学与美学场域中难留有价值的成果。

七、舒斯特曼的《实用主义美学》:身体美学

理查德·舒斯特曼(Richard Shusterman,1949—),牛津大学哲学博士,美国佛罗里达亚特兰大大学人文学院教授。1979年罗蒂出版《哲学和自然之镜》一书后,实用主义再度兴起,被称为新实用主义。舒氏是继其后以新实用主义为武器阐释美学与艺术问题,成为当代新实用主义美学的代表人物之一。其代表作《实用主义美学》在继承杜威实用主义美学的前提下有诸多创新,受

---

① [美]理查德·罗蒂:《哲学和自然之镜》,李幼蒸译,商务印书馆2009年版,第474页。

到国内外美学界的高度重视，被译介到多个国家。他还著有《生活即审美》(2007)、《身体意识和身体美学》(2009)等。

（一）实用主义方法的新突破

在新的后现代语境下，舒斯特曼创造性地运用实用主义"调和"的方法，进一步解决后现代时期的理论对立。具体言之，就是试图运用新实用主义"有机统一"的方法，搭建沟通分析与解构美国与欧洲、东方与西方、精英与大众的桥梁，以图探索理论与实践新的途径。特别是对于分析与解构的"调和"，具有理论与实践的意义。他说："按照我的想法，实用主义是分析和解构之间最好的调解和选择。"①这里所说的"调和"，即是实用主义的有机统一能够将分析论美学之对于"单子"之重视与解构论美学之对于"延异"之重视"调和"起来，因为这两者都包含着有机统一的因子。同时，舒斯特曼的新实用主义还将新的阐释视角吸收进实用主义之中。他说："当代实用主义者像斯坦利·菲什一样，不断坚持解释包含我们所有有意义的和有智力的人类活动，以至于'解释是圈里的唯一游戏'。"②

（二）对"审美经验终结论"的回应

实用主义经验论是实用主义的主要理论武器，但随着时间的推移却遭到了严格的批判。舒氏指出："尽管审美经验长期被看

---

① [美]理查德·舒斯特曼：《实用主义美学》，彭锋译，商务印书馆 2002 年版，第 116 页。
② [美]理查德·舒斯特曼：《实用主义美学》，彭锋译，商务印书馆 2002 年版，第 159 页。

作艺术领域内最基本的美学概念,它却在最近半个世纪受到了越来越多的批评。不仅它的价值而且它的存在都已经受到质疑。"①这种质疑来自各种理论形态。分析哲学说它造成一种理论的紧张,必须予以"抛弃"②;后现代西方马克思主义文论则认为审美经验理论不能用来界定高级艺术③;存在论美学则认为,审美经验不符合艺术是真理的敞开这样的存在论艺术观④;阐释学美学认为审美经验理论的直接性与艺术的历史性不相适应⑤;如此等等,被学术界看作"审美经验的终结"⑥。舒斯特曼对此进行了回应。他探索了实用主义哲学在阻止审美经验消失上的作用。他重新界定了审美经验的作用:"不是去定义艺术或是去证明批评判断的正确性,它是指导性的,提醒我们在艺术中和生活的其他方面什么是值得追求的东西。"⑦为此,他提出哲学首先应该"提醒我们审美经验作为一种提升的、有意义的、有价值的现象

①[美]理查德·舒斯特曼:《生活即审美》,彭锋译,北京大学出版社 2007 年版,第 18 页。

②[美]理查德·舒斯特曼:《生活即审美》,彭锋译,北京大学出版社 2007 年版,第 21 页。

③[美]理查德·舒斯特曼:《生活即审美》,彭锋译,北京大学出版社 2007 年版,第 23 页。

④[美]理查德·舒斯特曼:《生活即审美》,彭锋译,北京大学出版社 2007 年版,第 23 页注②。

⑤[美]理查德·舒斯特曼:《生活即审美》,彭锋译,北京大学出版社 2007 年版,第 24 页。

⑥[美]理查德·舒斯特曼:《生活即审美》,彭锋译,北京大学出版社 2007 年版,第 18 页。

⑦[美]理查德·舒斯特曼:《生活即审美》,彭锋译,北京大学出版社 2007 年版,第 43 页。

学经验,仍然是一个有着多重涵义的概念"①。其次是认为阻止审美经验消失的最好方法是"通过对审美经验概念的更大关注来更充分地认识到它的重要性和丰富性"②。总之,他认为,解决"经验终结论"的最好方法是进一步厘清实用主义经验论之"经验"的作用,不是对于艺术的定义和证明,而是指导和提醒,起到一种很宽泛的非介入或介入性极少的作用。他认为,这样做的结果是,"经验论美学"的可塑性和接受度都可增强。

(三)论通俗艺术

第一,对于通俗艺术的合法性的辩护。

20世纪后期,通俗艺术悄然兴起,但在艺术界和理论界引起争论,对其批判之声不绝。舒斯特曼站在实用主义立场之上对这些批判给予了还击,对于通俗艺术的合法性给予了辩护。他说:"为了挑战这种有力的联合,本章再次表达了我对通俗艺术的实用主义辩护。我不仅批判隔离性的秘教和对高级艺术的总体宣称,而且我也深刻怀疑高级艺术产品与流行文化产品之间的任何本质的和不可逾越的划分。"③他对通俗艺术采取的是实用主义的"中间立场"。他说:"我的中间立场是一种改良主义,既承认通俗艺术严重的缺点和弊端,也认可它的优点和潜能。它主张通俗艺术应该被改善,这既因为它还有许多尚待改进的地方,也因为

①[美]理查德·舒斯特曼:《生活即审美》,彭锋译,北京大学出版社2007年版,第43页。
②[美]理查德·舒斯特曼:《生活即审美》,彭锋译,北京大学出版社2007年版,第43页。
③[美]理查德·舒斯特曼:《生活即审美》,彭锋译,北京大学出版社2007年版,第47页。

它能够且常常获得真正的审美优点和服务于有价值的社会目的。"①他认为:"改良主义认为通俗艺术因其许多缺点而应该改善,但它之所以能被改善是由于它可以并且常常达到了真正美学上的长处并致力于有价值的社会目的。"②

　　舒斯特曼逐一对各种批判通俗艺术的言论进行了反驳。首先是对于通俗艺术"审美经验短促性"的反驳。他说:"在我们这个不断变化和充满期望的世界中,不存在永久的满足,对于消逝的愉快和期望更多的欲望来说,惟一的终点就是死亡。"③这是从历史的发展中论述"短促性"对任何艺术都难以避免。

　　其次,对于通俗艺术"反智性"的反驳。他说:"即使通俗艺术无需严肃的智性努力就能使人高兴,这也并不意味着它就不能通过智性努力受益和使人高兴。"④这是以事实论述了通俗艺术包含"智性"的一面。

　　再次,对于通俗艺术"太肤浅"的反驳。针对摇滚乐队对时局问题的抗议和人权的关怀,他说:"它已经被证明是为了有价值的政治和人道主义目标的合作性行为的一种有效来源。"⑤在这里,

---

①〔美〕理查德·舒斯特曼:《生活即审美》,彭锋译,北京大学出版社2007年版,第49页。
②〔美〕理查德·舒斯特曼:《生活即审美》,彭锋译,北京大学出版社2007年版,第80—81页。
③〔美〕理查德·舒斯特曼:《生活即审美》,彭锋译,北京大学出版社2007年版,第52页。
④〔美〕理查德·舒斯特曼:《生活即审美》,彭锋译,北京大学出版社2007年版,第60页。
⑤〔美〕理查德·舒斯特曼:《生活即审美》,彭锋译,北京大学出版社2007年版,第61页。

舒氏以摇滚乐对时局的抗议和人权关怀，有力地反驳了对通俗艺术"太肤浅"的指责。

复次，对于通俗艺术"非原创性"的反驳。他举例反驳道："通俗艺术的技术，已经帮助创造了像电影、电视连续剧和摇滚录像片等新的艺术形式；而且这种富有冒险和不可预测的创造力量，进而威胁到要削弱高级艺术及其监护人的权威，这在一定程度上可能正是激发他们指责通俗艺术在创造上软弱无力的原因。"①这还是以通俗艺术创新性的事实反驳对其"非原创性"的攻击。

又次，对于攻击通俗艺术"缺乏形式的复杂性"的反驳。他认为："许多通俗艺术作品，为制造审美效果的多样性而自觉地相互暗指和相互引用，其中包括一些复杂的涉及艺术历史关联的形式结构。"②

最后，对于攻击通俗艺术"缺乏审美的自律性和反抗性"的反驳。他根据美国通俗艺术的发展兴盛对这一攻击给予了反驳，指出："美国通俗艺术最为兴盛，而且在美学和文化合法性上对高级艺术的束缚形成了成功的挑战。"③他说，他并不是为了辩护通俗艺术的合法性而要攻击高级艺术。"我所挑战的并不是高级艺术，而是高级艺术对价值的排斥性的要求，以及它的那些反对通

---

① [美]理查德·舒斯特曼：《生活即审美》，彭锋译，北京大学出版社 2007 年版，第 66 页。

② [美]理查德·舒斯特曼：《生活即审美》，彭锋译，北京大学出版社 2007 年版，第 71 页。

③ [美]理查德·舒斯特曼：《生活即审美》，彭锋译，北京大学出版社 2007 年版，第 75 页。

俗美学的理论家。"①

第二,对通俗艺术娱乐性的辩护。

他认为,社会上存在一种将艺术与娱乐对立的倾向。他说:"一个很不常见的做法是把通俗艺术或娱乐看作高级文化的对抗性的对立者。"②这种看法的根源是古希腊柏拉图的诗与真对立的观点。他说:"这可以上溯至柏拉图对艺术的贬斥:艺术通过假装真理与智慧但又缺乏对真知识的正确认识的模仿品来提供具有腐蚀性的娱乐,并相应地刺激我们灵魂中的低劣部分来加剧道德的堕落。"③舒氏对于通俗艺术的娱乐性给予了自己的辩护。

首先,从词源学的角度对于"娱乐"的正面含义进行了考辨。舒氏认为,"这个语源分析意味着一个容易理解的哲学启示,即保养自身的一个好(如果不是必须的)方法是愉快地并且以乐趣来填满自己"④。

接着,舒氏从快乐与生活这两个实用主义的基本美学概念入手来为通俗艺术的娱乐性进行辩护。他从历史考证出发引证了亚里士多德和进化论对于快乐与生活关系的论述:亚里士多德认为,"不论我们是为了快乐而选择生活还是为了生活而选择快乐,它们似乎被缚在一起不容许分离";进化论主张"一些生活中很强

---

① [美]理查德·舒斯特曼:《生活即审美》,彭锋译,北京大学出版社 2007 年版,第 77 页。

② [美]理查德·舒斯特曼:《生活即审美》,彭锋译,北京大学出版社 2007 年版,第 83 页。

③ [美]理查德·舒斯特曼:《生活即审美》,彭锋译,北京大学出版社 2007 年版,第 83 页。

④ [美]理查德·舒斯特曼:《生活即审美》,彭锋译,北京大学出版社 2007 年版,第 85 页。

有力的快乐与营养和生殖的活动密切相关，这些活动对物种的生存是必须的（或起码在新的遗传技术引入之前如此）"①。他说："快乐除了使生活甜美，还提供了值得活下去的承诺以便让延续的生活更有可能。审美的娱乐当然对这种充实生命的快乐有所贡献。"②这就论证了通俗艺术的娱乐性所包含的快乐因素对于生活和生命所具有的重要价值。

第三，对于"拉普"给予了美学的阐释与充分的肯定。

他认为，通俗艺术是当今审美能量汇聚之所。"拉普"具有这样的特性。从审美的角度说，"拉普"虽然挑战了传统审美惯例，但"仍然满足审美合法性所需要的最重要的惯例标准"③。

（四）身体美学

舒氏的美学思想具有创建性，同时也充满内在矛盾。因而颇受争议的美学学说，是他首创的"身体美学"（Somasthetic）。从美学发展史上看，舒氏的身体美学显然是杜威"活的生物"说的继承和发展。舒斯特曼说："笔者正在倡导一个名为'身体美学'的领域，它将身体经验与艺术翻新重新置入哲学的核心，旨在使哲学重新成为生活的艺术。"④

---

① ［美］理查德·舒斯特曼：《生活即审美》，彭锋译，北京大学出版社 2007 年版，第 98—99 页。
② ［美］理查德·舒斯特曼：《生活即审美》，彭锋译，北京大学出版社 2007 年版，第 99 页。
③ ［美］理查德·舒斯特曼：《实用主义美学》，彭锋译，商务印书馆 2002 年版，第 268 页。
④ ［美］理查德·舒斯特曼：《身体意识与身体美学》，程相占译，商务印书馆 2011 年版，第 28 页。

　　什么是身体美学呢？他说："身体美学可以被暂时定义为一门兼具批判与改良双重性质学科,它将身体作为感性审美欣赏与创造性自我塑造的核心场所,并研究人的身体体验与身体应用。"①对于极为敏感的"身体"概念,他也进行了自己的解说,将之与纯粹的"身体快感"区分。他说："我经常喜欢使用'身体'一词而不是'肉体'一词,目的是为了强调我所关心的是那个富有生命活力和感情、敏锐而有目的取向的'身体',而不仅仅是那个单纯由骨肉聚集而成的物质性'肉体'。"②

　　舒氏特别提出了"身体是最初的乐器"的思想。他说："除了吉他、提琴、钢琴甚至还有鼓之外,我们的身体就是制作的最初乐器。"同时,身体对于欣赏音乐也是"基本的、不可替代的媒介"。主要是对于身体的感受、感觉和运动经过"更好地调整以便去审美地感知、应对和表演"③。他还从审美媒介的角度提出身体"作为最重要的中介,现在被提高到了建构者和真实场所的地位"④。因为,"身体比更新的电子媒体更为基本、熟悉和有机,因此它就变得如此直接以至于遮蔽了它那旧的媒体形象"⑤。

---

① [美]理查德·舒斯特曼:《身体意识与身体美学》,程相占译,商务印书馆2011年版,第33页。
② [美]理查德·舒斯特曼:《身体意识与身体美学》,程相占译,商务印书馆2011年版,第5页。
③ [美]理查德·舒斯特曼:《生活即审美》,彭锋译,北京大学出版社2007年版,第174页。
④ [美]理查德·舒斯特曼:《生活即审美》,彭锋译,北京大学出版社2007年版,第193页。
⑤ [美]理查德·舒斯特曼:《生活即审美》,彭锋译,北京大学出版社2007年版,第193页。

　　可见，舒氏提出身体美学即是对古希腊以来身心二分论的抛弃，对于美学作为感性学的回归，对于摇滚等通俗艺术感官娱乐性的肯定、身体作为最初的"乐器"、身体是具有建构性和真实场所性基本媒介地位的论述，以及他对人的包括身体在内的美好生存的期许等理论都是具有创新价值的。但他的身体美学所包含的分析哲学的、实用主义经验的与实践执行的三个向度的内在统一性能否做到理论的自洽性，则需要进一步论证。

　　总之，舒氏理论的创建性与内在矛盾性是共存的，需要我们进一步研究。

第六讲　欧陆审美经验现象学美学：美与间性

　　欧陆现象学美学也是以"经验"作为美之界定，但它的经验又相异于实用主义之经验。欧陆现象学美学是以现象学作为其最基本的方法，而现象学的最大贡献是消解了主体与客体、人与自然的根本对立走向两者的"间性"，所以我们以"美与间性"作为其对于美的基本范畴。所谓"间性"，即是"主体间性"（intersubjectivity）之意。这里的"间性"，当然也是一种"经验"，是一种"完满"的感觉。但这种"完满"的感觉是由主体与客体、人与自然的"间性"形成的。这种"间性"的具体表现就是"共生""诗意地栖居"与"家园"。因而，实际上，欧陆现象学美学最后走向生态美学。

　　在这里，需要特别指出的是，"间性"是 20 世纪西方哲学与美学的一个非常重要的关键词，也是一个非常重要的理论方法，标志着整个西方哲学与美学进入一个全新的人与自然共生的新时代。"间性"与"现象学"、"存在论"、"审美经验现象学"、"诠释学"、"教化"（bildung）、"肉身间性"等都是"同格"的，也就是说，具有相近的内涵。"间性"是交互主体性，对象具有"准主体"性质，主体与客体是"可逆的"。"现象学"是一种"悬搁"，将主客关系搁置一旁。对人文学科研究来说，现象学是一种非常好的方法，也是一种视角。

在现代欧陆哲学与美学视野中，所有的概念都应从现象学方法的视角审视才有可能理解。没有现象学，就没有存在论与诠释学以及身体现象学或身体美学，而存在论也只有在现象学的方法之中才能成立。存在论之中的"此在与世界"，其实就是此在与世界的间性，此在与世界的对话，此在对世界的诠释。"天地神人四方游戏"也是一种间性，游戏就是间性。审美经验现象学也只有从现象学和间性的角度才能理解。首先是主客二分的悬搁，其次是审美对象与审美知觉的间性关系，知觉对于对象的诠释；诠释学之中诠释者与文本，也是一种间性的关系，当然，两者的对立需要现象学的悬搁。这里的诠释者就是审美经验现象学之中的知觉经验，也就是欣赏者。教化（bildung）反映了欣赏者与对象、主体与客体、现代与历史的一种间性关系，所谓"教化"不是上位者教化下位者，也不是历史教化现代或他者教化主体，而是一种平等的对话，在对话中形成的效果历史，教化就是间性；"肉身间性"更需要从现象学与间性的视角理解，肉身与世界是一种间性的关系，肉身就是世界（自然），世界（自然）就是肉身，只有这样才能理解梅洛-庞蒂的身体现象学美学思想及其对于塞尚的诠释性的解释。《塞尚的疑惑》一文中提出的"自然"与"原初"都是经过现象学的悬搁后回到"身体与世界"之"间性"的自然与原初。

这里需要说明的是，欧陆现象学中的"间性"（主体间性），其理论来源与康德的不诉诸概念但却要求共通性的"二律背反"密切相关。主与客、人与自然、此在与世界、对象与知觉（包括对象的准主体性）的间性，都是一种二律背反。正因此，才具有张力、魅力，无穷的意味，才是美的。其实，梅洛-庞蒂在《塞尚的疑惑》中也提到塞尚的绘画是一种感觉与真实的二律背反，塞尚不在感觉与真实之间二选一，而是将两者混合，走向一种"间性"之路，这正是塞尚的成功之处。

一、现象学方法的提出及其重要意义

（一）现象学方法的提出

19世纪与20世纪之交，由于自然科学对物质的研究挤占了传统哲学的"物质"研究领域，心理科学的研究挤占了传统哲学的"精神"的研究领域，加之传统哲学主客二分思维模式的弊端的充分暴露，哲学出现危机。在这种情况下，德国哲学家胡塞尔于1900年出版《逻辑研究》第一卷，提出极为重要的现象学方法，提出"回到事物本身"即"意向性"的口号。在这里，"意向性"既是事物本身，也是事物得以呈现的过程。倪梁康认为，"胡塞尔所提出的现象学思想以及他所运用的现象学方法不仅为欧洲大陆本世纪最重要的哲学思潮——现象学运动的产生和发展提供了基础，而且它还影响了现象学运动以后的西方哲学、心理学/病理学、美学/文学/艺术论、社会哲学/法哲学、神学/宗教理论、教育学、逻辑学/数学/自然科学，甚至经济学等等学科的问题提出与方法操作"①。胡塞尔现象学哲学分为三个阶段。第一阶段是1900年现象学以及"描述"的现象学方法的提出；第二阶段是从1910年开始现象学哲学的进一步完善，提出"现象学还原""先验自我"与"主体间性"等重要概念；第三阶段是1936年在《欧洲科学的危机与先验现象学》一书中将现象归结为"生活世界"，而不是自我创造物。现象学并不是一种统一的哲学派别，而是一种共同运用现

①《胡塞尔选集》，倪梁康编译，上海三联书店1997年版，第2页。

象学方法的运动。其现象学方法更加具有理论与实践的价值意义,表现为从传统的主客二分的认识论模式向"主体间性"的现代哲学与美学模式的转变。现象学哲学的两个基本概念为"走向事情本身"的现象学基本原理与"主体间性"的重要理论。

首先是"走向事情本身"的现象学基本原理与"意向性"基本概念。海德格尔说,现象学本来就意味着一个方法概念,这个方法的基本原理就是"走向事情本身"。所谓"走向事情本身",就是通过将一切实体(包括客体对象与主体观念)加以"悬搁"的途径,回到认识活动中最原初的"意向性",使现象在意向性过程中显现其本质,从而达到"本质直观",亦即"现象学还原"。在这过程中,主观的"意向性"具有巨大的构成作用。因此,"构成的主观性"成为胡塞尔现象学的首要主题。"意向性"概念是德国哲学家郎贝特提出的,该概念最早是中世纪经院哲学所用,布伦塔诺用以沟通精神现象之表象、判断与情感等,成为其基本特征。布氏之用意为突破康德割裂现象界与自在之物、人与自然的对立,将它们在"意向性"之中加以沟通起来。

其次是"主体间性"(Intersubjectivity)。这是胡塞尔在1931年《笛卡尔式的沉思》的第五沉思中为克服自己理论中的"唯我论"色彩而提出的。他说:"我就是在我之中,在我的先验还原了的纯粹意识生活中,与其他人一道,在可以说不是我个人综合构成的,而是我之外的、交互主体经验的意义上来经验这个世界的。"[1]其内涵是"把一切构造性的持存都看作只是这个唯一自我的本己内容"。也就是说,在意向性活动中,"自我"(唯一自我的本己

---

① [德]埃德蒙德·胡塞尔:《笛卡尔沉思与巴黎讲演》,张宪译,人民出版社 2008年版,第128页。

内容)与自我构造的一切现象(构造性的持存)都是同格的,因而意向性活动中的一切关系都成为"主体间的关系"。在这里需要说明的是,现象学尽管不完全否定客体的存在,认为在人的知觉之外的客体仍然会作为"物"而存在,但这个"物"还不是对象,只有经过人的知觉的构成,客体才成为"对象",一切的"对象"都是构成性的,它与知觉紧密相连,构成相互主体性的关系。这里提到的"主体间性"是非常重要的,成为对工具理性割裂主客及人与自然的重要突破,并成为新时代"共生"与"生态美学"的重要理论根基。

(二)现象学的存在论转向

1927年,胡塞尔的弟子海德格尔出版《存在与时间》一书,标志着现象学向存在论的转向。海氏指出:"存在论只有作为现象学才是可能的。"①其意义在于:第一,海氏将胡塞尔的先验现象学中的先验主体构造的现象代之以存在,并使现象学成为对存在意义的追寻;第二,海氏的"走向事情本身",即是回到"存在",而其"悬搁"的则是存在者;第三,"人"只是存在者的一种,即"此在"。对存在的领悟本身就是"此在"的存在规定,因为人这种存在者具有自我认识能力。当代存在论哲学观与美学观的出发点,即是回到作为"此在"即人的存在。回到人的存在,即是回到人的原初,回到人的真正起点,也就是回到美学的真正起点。

存在论美学观的意义在于,回到人的存在,就是回到最原初的出发点,不同于传统美学从某种定义出发或从人与现实的审美关系出发,而是从人性出发,从人与动物的最初的区别出发。诚

---

① [德]马丁·海德格尔:《存在与时间》修订译本,陈嘉映、王庆节合译,生活·读书·新知三联书店2012年版,第42页。

如席勒所言,审美是人摆脱自然同对象发生的第一个自由的关系;《礼记·乐记》篇也说"知声而不知音者,禽兽是也"。因此,审美的生存是一种真正的人道主义。存在论美学力主"存在先于本质",因此也是对本质主义美学的彻底突破。

(三)现象学方法所具有的划时代的突破意义

现象学方法的突破与开创,是突破了古希腊以来到近代以实证科学为代表的主客对立的认识论知识体系,开创了由机械论到整体论,由认识论到存在论,由人类中心到非人类中心的哲学与美学的新阶段。

而其对于美学的作用,是现象学还原的"悬搁"的方法同美学作为感性学的非功利直观特别契合。胡塞尔认为:"现象学的直观与'纯粹'艺术中的美学直观是相近的。"①在存在论现象学之中,现象的显现、真理的敞开、主体的诠释与审美的存在都是一致的。而在当代,存在论美学观应该成为主导性的世界观,也就是说,人们都应以"悬搁"功利的主体间性的态度去对待自然、社会与自身并获得审美的生存,诗意的栖居。这应该成为不同于原始时代的巫术世界观、农耕时代的宗教世界观、工业革命时代的工具理性世界观的一种当代世界观。

(四)现象学经验美学的基本内涵

第一,关于审美对象。现象学否定了传统美学将审美对象界定为一种客体(或为自然物或为艺术品)的理论,而是将审美对象作为意向性过程中的一种意识现象,通过现象学还原,在主

---

①《胡塞尔选集》,倪梁康选编,上海三联书店1997年版,第1203页。

观构成性中显现出来。审美对象成为意向性活动中的一个过程。

在审美对象显现的意向性活动中起关键作用的是主观构成力,即主体的感性能力与审美知觉。无论对象本身的情况如何(美或不美,动人或不动人),只要主体的感性能力没有对其感知,那就不能构成审美对象。正如杜夫海纳所言:"这是否说没有'现象的存在'呢? 是否说博物馆的最后一位参观者走出之后大门一关,画就不再存在呢? 不是。它的存在并没有被感知。这对任何对象都是如此。我们只能说:那时它再也不作为审美对象而存在,只作为东西而存在。如果人们愿意的话,也可以说它作为作品,就是说仅仅作为可能的审美对象而存在。"①

审美的普遍有效性问题。审美都是具有普遍有效性的,康德借助于"主观的共同感"来解决这种普遍有效性,杜夫海纳借助于"主观判断的普遍性"即意向的普遍性,而伽达默尔则借助于人类学的"交往理解"与"游戏"的普遍性。

第二,关于艺术本质。现象学否定传统美学的模仿说与反映论等有关艺术实体性本质的理论,从现象学和存在论的独特视角,将艺术本质界定为真理(存在),由遮蔽走向解蔽和澄明的过程。也就是,通过主体的欣赏或诠释,对存在或真理领悟和把握的过程。强调了主体,强调了对存在的体验或感悟。例如,面对一出好戏,如果在观戏中完全不懂,或者呼呼大睡,那这个戏就还不是艺术,只是潜在的艺术。只有审美主体懂了、欣赏了,才成为好戏。

---

① [法]米盖尔·杜夫海纳:《美学与哲学》,孙非译,中国社会科学出版社1985年版,第55页。

　　海德格尔说道:艺术的本质是"存在者的真理自行置入作品"①,艺术即是在作品中加以显现的存在者的存在。他所举梵·高的《鞋》,作品中显现出的农妇的生存状况就是真理,亦是艺术的本质。海氏说,通过大地与世界的争执,由遮蔽走向敞开;又说,在"天地神人四方游戏"中,真理得以敞开,主体间性得以具体化与深化。这里包含有浓厚的生态内涵,意义重大。海氏还说,"人类应该诗意地栖居于这片大地之上"②,这是一种对审美生存与审美栖居的理想。

　　第三,艺术想象。不同于传统美学将艺术想象看作艺术审美的形式、手段和途径,而是从现象学和存在论的维度将艺术想象看作人的审美存在的最重要方式。萨特在论述艺术想象理论时说道:"美是一种只适于意象的东西的价值。"③因为艺术想象能够导致对于现实世界的否定,摆脱虚无荒谬的现实世界,获得绝对自由;艺术想象通过创作和欣赏的结合完成,因为作品只有在被阅读时才是存在的;美是由存在的"浓密度决定的"④,因为艺术家在艺术想象中否定现实世界的表面现象,同时重新把握其深层的存在意义,而美就是由追寻其深层存在意义的浓密度决定的。

　　杜夫海纳在论述艺术想象理论时说道:艺术想象是一种"主观构成性的""归纳性的感性"⑤;艺术想象是一种意向性活动,完

---

① [德]马丁·海德格尔:《人,诗意地安居》,郜元宝译,广西师范大学出版社 2000 年版,第 80 页。

② 《海德格尔诗学文集》,余虹译,华中师范大学出版社 1992 年版,第 200 页。

③ [法]让-保罗·萨特:《想象心理学》,褚朔维译,光明日报出版社 1988 年版,第 292 页。

④ 月人编:《萨特箴言集》,东北朝鲜民族教育出版社 1993 年版,第 84 页。

⑤ [法]米盖尔·杜夫海纳:《美学与哲学》,孙非译,中国社会科学出版社 1985 年版,第 61—72 页。

全凭借"主观构成性"这种感性的组织的统一原则,所谓"审美对象的第一种意义,也是音乐对象和文学对象或绘画对象的共同意义,根本不是那种求助于推理并把理智当作理想对象——它是一种逻辑算法的意义——来使用的意义。它是一种完全内在于感性的意义,因此,应该在感性水平上去体验"[1]。通过感性"完成意义的这种统一与阐明的职能"[2];由此可知,现象学美学之中的艺术想象始终不能脱离感性,从而真正恢复了美学作为感性学的本来面目。

第四,审美诠释学。从海德格尔开始将诠释学引入现象学,成为诠释学现象学,作为当代现象学美学与存在论美学的一种重要资源,并经伽达默尔形成诠释学美学,克服传统美学重文本轻接受,重作者轻读者的倾向,为接受美学开辟了更加广阔的天地。

海德格尔在论述诠释学现象学美学时说道:"此在的现象学就是诠释学。"[3]也就是说存在论现象学将"此在"即人的意义的追寻引入现象学,而诠释则是追寻人的意义的重要方法。海氏又说,诠释是一种"历史学性质的精神科学方法论"[4]。也就是说,"此在"作为此时此地存在着的人就显示了时间性与历史性,只有在历史生存的过程中才能诠释其存在的意义。

伽达默尔在论述诠释学美学时说道:"美学必须被并入诠释

_____

[1] [法]米盖尔·杜夫海纳:《美学与哲学》,孙非译,中国社会科学出版社1985年版,第64页。

[2] [法]米盖尔·杜夫海纳:《美学与哲学》,孙非译,中国社会科学出版社1985年版,第64页。

[3] [德]马丁·海德格尔:《存在与时间》修订译本,陈嘉映、王庆节合译,生活·读书·新知三联书店2012年版,第44页。

[4] [德]马丁·海德格尔:《存在与时间》,陈嘉映、王庆节合译,生活·读书·新知三联书店1987年版,第47页。

学中。"①也就是说，诠释与艺术文本在审美诠释与接受中存在，诠释与文本的历史生存密切相关。所谓"理解本体"，伽氏认为，理解（诠释）是此在自身的存在形式，因而具有本体的性质；所谓"视界融合"，即指诠释（理解）过程中将过去和现在两种视界交融在一起达到一种包容双方的新的视界。这一原则包含了历时与共时、过去与现在、自我与他者的丰富内容，但更多是过去与现在的关系，即从现在出发包容历史，形成新的视界。所谓"效果历史"，即指一切的诠释对象都是历史的存在，而历史既不是纯客观的事件也不是纯主观的意识，而是历史的真实与历史的诠释二者相互作用的结果，这就是"效果历史"。它包含丰富的内容，但主要是自我（历史的诠释）与他者（历史的真实）的关系，两者不是传统认识论的主客二元关系，而是"主体间性"的"你"与"我"之间平等的对话关系。伽氏认为，诠释是一种自身与他者的统一物，是一种关系，因而阐述者与作者是一种"关系中的存在"，是一种"间性"关系。

二、海德格尔的《存在与时间》：
天地神人"四方游戏"

（一）生平与思想

马丁·海德格尔（Martin Heidegger,1889—1976）是 20 世纪最有影响的西方哲学家与美学家之一。他出生于德国的默斯基尔希，在弗莱堡大学学习神学和哲学，1914 年获博士学位。先后

---

① [德]伽达默尔：《真理与方法：哲学诠释学的基本特征》上，上海译文出版社 1992 年版，第 215 页。

在马堡大学和弗莱堡大学任教。主要著作有《存在与时间》(1927)、《林中路》(1950)与《荷尔德林诗的诠释》(1936—1938)等。他的另一部写于 1936 年至 1938 年的《哲学论稿》在他去世后的 1989 年才出版,表现出他的哲学由前期到后期的转变。他曾经参加纳粹党,并于 1933 年 4 月至 1934 年 2 月任弗莱堡大学校长。学术界对这段历史一直存在争论。

海氏是当代存在主义哲学与美学的最重要的代表,终生思考资本主义现代性与传统哲学的诸多弊端,着力阐发其基本本体论哲学与美学思想。其美学思想意义重大,是对胡塞尔现象学的存在论改造并将其引入人学轨道;是诠释学方法的首次运用;是对传统认识论美学的彻底突破与新兴的人生论存在美学与生态存在论美学的建立。

海德格尔最主要的著作《存在与时间》写成于 1927 年,集中反映了海氏的哲学思想。

《存在与时间》的基本内容:

(1)本书的目的

具体探讨"存在"的意义问题,初步目标是把时间诠释为使对"存在"的领悟得以可能的境域。

(2)具体指导线索

存在概念的普遍性不反对探索的特殊性;这种特殊性就是,通过对某种存在者即"此在"的特别诠释这条途径突入"存在"概念。但作为"此在"的"存在者"是历史的,所以对"存在者"的这一番最本己的存在论澄明就必得成为一种"历史学的"诠释。

(3)结构

第一部:依时间性诠释"此在"。分三篇:准备性的此在基础分析;此在与时间性;时间与存在。

第二部:依时间状态问题为指导线索,对存在论历史进行现象学分析。包括康德的图形说与时间性;笛卡尔的"我思故我在"的存在论基础及其在"能思之物"这一提法中对中世纪存在论的继承;亚里士多德论时间。

(4)基本概念

存在者与存在:存在者指实体物之名称;存在指过程,为动词;传统哲学将两者混淆。

"此在"即"存在于此",也就是"人"。它是存在论的出发点,因为只有人是以对存在有所领会的方式存在,才能追问"存在"的意义,而且也只有人才"生存着",因而"生存"也就是人的存在。"此在的本质在于他的存在",说明人的本质是其存在的过程,一切取决于他的选择;"这个存在者在其存在中对之有所作为的那个存在,总是我的存在"①,说明每个人都是一个存在者。由此说明,存在论哲学的人学本性。"此在之生存"是海氏哲学的开始之处,由此与胡塞尔对现象学的理解发生分歧,说明"回到事情本身"也不是回到胡氏的先验意向,而是回到此在的生活世界,继而从本质直观的现象学发展到诠释学现象学。

世界是人的存在方式,是人与其他事物在时间中共在的在世结构,人是"在世之在"。由此说明,存在论哲学彻底改变了人与世界的关系理论,由"主观与客观"的对立到"此在与世界"之在世。海氏的"世界"是个生存论的概念,不是普通的空间概念,是"依寓"与"逗留"之意,不是空间的"在之中"。"世界"是此在在其中理解自身的东西,也是此在让世界之中的存在者获得意

---

① [德]马丁·海德格尔:《存在与时间》修订译本,陈嘉映、王庆节合译,生活·读书·新知三联书店 2006 年版,第 50 页。

义的东西。

时间性是普遍更深刻的显示存在的方式,人的存在是在时间中被揭示的。《存在与时间》的主题是存在的意义在于时间。时间性的三部分为过去、现在与将来,分别对应于存在的三种方式:沉沦态、抛置态与生存态。可以说,时间是此在对存在领会的视域,只有通过时间性存在才成为可以理解的,存在的意义才能被我们领会。

海德格尔的基本本体论:他的基本本体论实际上是对传统本体论的一种反思与批判。他认为,传统本体论的最主要弊端是混淆了存在与存在者的关系,而他则将两者区分开来。所谓存在者就是“是什么”,是一种在场的东西;而所谓存在则是“何以是”,是一种不在场。他认为,在存在者中最重要的是“此在”,即人,这是一种能够发问存在的存在者。“此在”的特点是一种“在世”,即是处于一种“此时此地”之中,而且此在之在世是处于一种被抛入的状态;其基本状态就是“烦”“畏”和“死”。

海德格尔思想的前后期问题:海氏的哲学与美学有一个前后期的区分,大体以1936年为界,前期有明显的人类中心倾向,后期则逐步转入生态整体。海氏的哲学与美学理论直接面对当代资本主义社会制度和工具理性膨胀之压力下的人的现实生存状态,提出审美乃是由遮蔽到解蔽的真理的自行显现,走向人的诗意的栖居。他在1936年所写《荷尔德林和诗的本质》一文中引用了荷尔德林的诗,“充满劳绩,然而人诗意地栖居在这片大地上”。他认为,荷尔德林在此说出了“人在这片大地上栖居的本质”“探入人类此在的根据”①。海氏的这一论述及其有关的理论思想具

①《海德格尔选集》,孙周兴选编,上海三联书店1996年版,第319页。

有重要的理论价值与现实意义,影响深远,对于当代美学与美育建设无疑都是非常重要的理论资源。而他在《哲学论稿》中也提出了对人的主体性的"抑制"问题,说明已经逐步走向人与世界的间性。

海德格尔的真理观:传统的真理观是符合论的真理观,也就是在认识论的思维中判断与对象相符合的就是真理,但这种真理观是主客二分的、预设的,将存在者与存在分开,诠释的是存在者而不是存在。海氏与之相反,提出揭示论的真理观。也就是,不是把真理看作某种实体,而是看成由遮蔽到澄明逐步展开的过程。为此就需要诠释的介入。

海德格尔的现象学方法:海氏运用胡塞尔开创的现象学方法。这是一种"回到事情本身"的方法。也就是通过将一切实体(客体对象与主体观念)加以"悬搁"的途径回到认识活动最原初的"意向性",使现象在意向过程中显现其本质,从而达到"本质直观",也就是"现象学的还原"。在这个过程中,主观的意向性具有巨大的构成作用。因此,"构成的主观性"成为胡氏现象学的首要主题。在现象学方法中,胡氏在著名的《笛卡尔式的沉思》中提出重要的"主体间性"观念。也就是在意向性活动中"自我"与自我构造的现象都是同格的,因而意向性中的一切关系都成为"主体间"的关系。海氏对现象学进行了改造,将其转变为存在论现象学。他将胡氏先验主体构造的意识现象代之以存在并使现象学成为对存在意义的追寻。这样,所谓"回到事情本身"就成为"回到存在",而其悬隔的则是存在者。这样"回到人的存在"就是回到人的原初,回到美学的真正起点。

海德格尔与中西文化交流对话:在海德格尔早期,他认为存在得以自行显现的世界结构是世界与大地的争执,虽然在突破主客二分思维模式方面有了重大进展,但仍然具有明显的人类中心主义倾向。20世纪30年代以后,海氏开始由人类中心主义转向生态整体主义,提出著名的"天地神人四方游戏说"。有充分的材料说明,海氏的生态转向是他同中国古代道家生态智慧对话的结果。关于这一方面,中西有关哲学家进行了认真的研究和考证,以充分的材料说明从20世纪30年代以来海氏就能较熟练地运用老庄的思想。他曾经使用过两个有关老庄的德文译本,并曾在1946年与中国台湾学者萧师毅合作翻译《道德经》八章。他曾较多地使用老庄的理论来论证自己的观点。首先,海氏的"天地神人四方游戏说"这样的生态思想与老子《道德经》第二十五章"故道大,天大,地大,王亦大。域中有四大,而人居其一焉"一脉相承。他还用老子的"知其白,守其黑"来诠释其"由遮蔽走向澄明"的思想,用老子"三十辐共一毂,当其无,有车之用"来说明其"存在者"与"存在"的区别。也就是说,他以车轮因辐条汇集形成空间方能转动来比喻存在是不在场的,因而才能有用。他又用老子的"道可道,非常道"来说明其"道说不同于说",用庄子的"无用之大用"说明其"人居住着"是不具功利性的,用庄子与惠子游于濠梁之上谈论鱼之乐的对话,来比喻站在通常的立场上无法理解水中自由游泳的鱼之乐,而只有从存在论的视角才能体味到这一点,由此说明存在论和认识论的区别等。还有其他一些理论观点的对话和影响,内容十分丰富,形成中西古今交流对话的一个带有专门性的领域。

海氏曾将自己的理论比喻为由东西交流对话而形成的一种由共同本源涌流出来的歌唱。他在《从关于语言的一次对话而来》一文中说道:"运思经验是否能够获得语言的某个本质,而这个本质将保证欧洲—西方的道说(Sagen)与东亚的道说以某种方式进入对话中,而那源出于唯一的源泉的东西就在这种对话中歌唱。"①我国有的哲学家则将海氏美学中的生态观念说成是"老子道论的异乡解释"。

以上都从不同的视角阐述了海氏理论的形成与发展所凭借的中西交流对话途径。同样,我国美学工作者从 20 世纪 90 年代中期以来着力于建设生态美学观,既从我国的实际出发,同时又极大地借鉴西方,特别是海德格尔的包含生态内涵的哲学与美学观念。我们借鉴海德格尔当代存在论哲学—美学理论,将当代生态美学观归结为以马克思主义唯物实践观为指导的生态存在论美学观。特别借鉴海氏后期有关"天地神人四方游戏"和"人诗意地栖居于大地上",以及"家园意识"等的重要理论观念。

(二)美学思想

第一,艺术就是自行置入作品的真理。

海氏突破传统认识论理论中有关真理的符合论思想,从其存在论现象学出发将真理看作存在由遮蔽到解蔽的自行显现,而这也就是美与艺术的本源。他于 1935 年写作了著名的《艺术作品的本源》一文,成为存在论美学的重要经典。该文作为"艺术之谜"的解答给了我们全新的视野,他说:"艺术作品以自己的方式开启存在者之存在。这种开启,也即解蔽(Entbergcn),亦即存在者之真理,是在作品中发生的。在艺术作品中,存在者之真理自行设置入作品。艺术就是自行设置入作品的真理。"②在这里,"艺术"就是此在即观赏者在观赏过程中逐步显现的艺术作品。

---

①《海德格尔选集》,孙周兴选编,上海三联书店 1996 年版,第 1012 页。
②《海德格尔选集》,孙周兴选编,上海三联书店 1996 年版,第 259 页。

非常重要的是,这里的"艺术作品"并非通常意义上客观的艺术作品,而是欣赏者在观赏过程中逐步呈现的,实际上是欣赏者的知觉所构成的;"自行置入",即是观赏过程中作品之真理由遮蔽到解蔽,而真理则是存在者之存在,是一个逐步展开与显现的过程。

1.海氏跳开传统的由作家与作品入手研究审美或艺术本质的研究路径,而是直接从艺术的本源入手。这是与他的"存在先于本质"的哲学思维密切相关的。他不是从传统的客体或主体出发,而是从与存在直接有关的艺术出发。

2.突破了传统的认识论有关艺术本源的认识论与体验论的结论,直接从人的存在的视角探索艺术的本质。

3.突破传统的美学观,将美与真理直接衔接,认为"西方艺术的本质的历史相应于真理之本质的转换",并认为真理、存在与无蔽是同格的。因此,认为"美是作为无蔽的真理的一种现身方式"①。

4.从物之美过渡到人之美。他的"艺术是真理的自行置入"是论述了一种全新的人之美,存在之美,因为"没有人便无存在"②。

5.在"世界与大地的争执"中实现存在者的由遮蔽到无蔽,以此代替传统的感性与理性的矛盾。这种争执是一种诠释的境域,也是人的存在得以敞亮的可能,如梵·高《鞋》中的劳动的女性,希腊神殿的民族性的彰显。

6.鲜明的时代性。海氏面对资本主义的深重经济与社会危机、社会制度的诸多弊端与工具理性的重重压力、人的极其困难的生存困境,思考人的存在之谜,探问人是什么,人在何处安置自己的存在。他认为,工具理性的膨胀已经使人类处于技术统治的

①《海德格尔选集》,孙周兴选编,上海三联书店1996年版,第302、276页。
②《海德格尔选集》,孙周兴选编,上海三联书店1996年版,第307页。

"黑暗之夜"。他说："这片大地上的人类受到了现代技术之本质连同这种技术本身的无条件的统治地位的促逼，去把世界整体当作一个单调的、由一个终极的世界公式来保障的、因而可计算的贮存物（Bestand）来加以订造。"①因此，人的存在只有突破资本主义社会制度和工具理性的重重压力，才能由遮蔽走向敞开，实现真理的自行置入，人才得以进入审美的生存境界。在这里，主观的构成作用十分明显。所谓真理的自行显现是在意向性过程中主观构成的结果。人"在世"，周围世界进入此在的关系中，但审美是世界与人的一种"机缘"。也就是说，世界所有的事物对于人来说都是"在手"的，而只有人对之产生兴趣的东西才是"上手"的东西，这个东西就与人有了机缘，如果这个东西具有美的属性，那人就与之发生审美关系，在主观意向构成中逐步由遮蔽走向解蔽，由昏暗走向澄明，从而真理自行显现，这就是人与对象审美关系发生的过程。这种"解蔽"的过程不是通过实物的描绘、制作程序的讲述以及对实际器具的观察，而是通过对艺术作品的"观赏"与"诠释"，例如对梵·高的《鞋》与希腊神殿的诠释，就是通过诠释揭示出农妇艰苦而本真的生存状态的。

第二，人诗意地栖居于这片大地上。

"人诗意地栖居于这片大地上"是海氏对诗和诗人之本源的发问与回答。"人是谁以及人把他的此在安居于何处？"②艺术何为？诗人何为？海德格尔回答说，它就是要使人诗意地栖居于这

①［德］马丁·海德格尔：《荷尔德林诗的阐释》，孙周兴译，商务印书馆 2014年版，第 217 页。

②［德］马丁·海德格尔：《荷尔德林诗的阐释》，孙周兴译，商务印书馆 2014年版，第 51 页。

片大地上。他认为诗人的使命就是在神祇(存在)与民众(现实生活)之间,面对茫茫黑暗中迷失存在的民众,将存在的意义传达给民众,使神性的光辉照耀宁静而贫弱的现实,从而营造一个美好的精神家园。海氏认为在现代生活的促逼之下人失去了自己的精神家园,艺术应该使人找到自己的家园,回到自己的精神家园。同时,"人诗意地栖居于这片大地上"也是海氏的一种审美的理想。他所说的"诗意地栖居"是同当下"技术地栖居"相对立的。所谓"诗意地栖居"就是要使当代人类抛弃"技术地栖居",走向人的自由解放的美好的生存。

第三,天地神人四方游戏说。

海氏后期突破人类中心主义的束缚,走向生态整体理论,被称为"生态主义的形而上学家"。最著名的就是他提出"天地神人四方游戏说"。早在1936年他就在《哲学论稿》中提出,"作为基本情调,抑制贯通并调谐着世界与大地之争执的亲密性";"作为这种争执的纷争,此一在的本质就在于:把存有之真理,亦即最后之神,庇护如存在者之中"[①]。这里,实际上已经提出"神人一体"的问题,成为争执抑制的具体化,为此后"四方游戏说"奠定了基础。1946年海氏又发表《论 Humanismus 的信》,熊伟将"Humanismus"译为"人道主义",宋祖良译为"人类中心论"。宋祖良说,该文的主旨是对人类中心论及科技主义之束缚的突破,成为海氏后期较为彻底的生态世界观的纲领。此后,海德格尔于1950年在《物》一文中提出"四方游戏说",指出壶之壶性在倾注之赠品泉水中集中表现。泉水来自大地的岩石,大地接受天空的雨露,

---

① [德]马丁·海德格尔:《哲学论稿》,孙周兴译,商务印书馆2014年版,第44页。

水为人之饮料,也可敬神献祭,"这四方共属一体"。海德格尔于 1959 年在《荷尔德林的大地和天空》一文中指出:"于是就有四种声音在鸣响:天空、大地、人、神。在这四种声音中,命运把整个无限的关系聚集起来。"①

　　海氏的"四方游戏说"包含极其丰富的内容。四方中之"大地",原指地球,但又不限于此,有时指自然现象,有时指艺术作品的承担者。而"天空"则指覆盖于大地之上的日月星辰,茫茫宇宙。而所谓"神",实质是指超越此在之存在。而所谓"人",海氏早期特指单纯的个人,晚期则拓展到包含民族历史与命运的深广内涵。所谓"四方"并非是一种实数,而是指命运之声音的无限关系从自身而来的统一形态。"游戏"是指超越知性之必然有限的自由无限。"游戏"在西方美学中早就使用,康德用它形容知性力与想象力的自由融合,席勒用它形容感性世界与理性世界的融合,黑格尔则用以形容感性与理念的直接统一融为一体。海氏则用之形容天地神人自由统一。他甚至用"婚礼"来比喻"四方游戏"之无限自由性。这无疑是对其早期"世界与大地争执"之人类中心主义的突破,走向生态整体理论。正是通过这种四方世界的游戏与可靠持立,存在才得以由遮蔽到解蔽,走向澄明之境,达到真理显现的美的境界。海氏认为:"在这里,存在之真理已经作为在场者的闪现着的解蔽而原初地自行澄明了。在这里,真理曾经就是美本身。"②

---

①[德]马丁·海德格尔:《荷尔德林诗的阐释》,孙周兴译,商务印书馆 2014 年版,第 206 页。

②[德]马丁·海德格尔:《荷尔德林诗的阐释》,孙周兴译,商务印书馆 2014 年版,第 194 页。

第四,诗就是通过语言去神思世界。

海氏哲学理论中语言观是非常重要的组成部分。首先,他认为他所说的"语言"不是以其为知识对象的语言,也不是具体的话语,而是作为人的存在的"道说"。他认为,人正是通过语言的"开启而明晓"而成为特殊的存在者,语言是"存在之家"。他说,"唯语言才使存在者作为存在者进入敞开领域之中"①,在无机物、植物与动物中没有语言,所以没有任何敞开性。而语言本身就是根本意义上的诗,"诗乃是存在者之无蔽的道说"②,诗就是通过语言去神思存在。对于"神思",海氏说道:"存在决不是存在者。但因为存在和存在物的本质不可计算,也不可从现存的东西中计算推衍出来,所以它们必然是自由创造、规定和给予的。这种给予的自由活动就是神思。"③也就是,诗通过语言给予存在与存在物第一次命名,诗意的生存成为人们追求的目标。

第五,美是"此在"在时间境域中对存在的领悟。

关于时间问题,是海氏存在论的重要观点。他的《存在与时间》的主题就是存在的意义在于时间。海氏列出了此在各种存在状态:过去(沉沦态)、现在(抛置态)、将来(生存态)。因此,在海氏的存在论美学中,美不是静态的实体,而是一个逐步展开的过程;美也不纯粹是客观存在,而是与欣赏者密切相关,是在欣赏者的诠释中美逐步展开。因此,存在论美学必然导向诠释学。海氏说:"现象学描述的方法上的意义就是解释。"又说:"通过诠释,存

①《海德格尔选集》,孙周兴选编,上海三联书店1996年版,第294页。
②《海德格尔选集》,孙周兴选编,上海三联书店1996年版,第294页。
③[德]马丁·海德格尔:《荷尔德林与诗的本质》,刘小枫译,载北京大学文艺美学研究会编《文艺美学》,内蒙古人民出版社1985年版,第328—329页。

在的本真意义与此在的本己存在的基本结构就向居于此在本身
的存在之领悟宣告出来。"①审美与时间性的关系向我们提出了
一个美的永恒性与现时性的问题。我们过去常说经典作品的美
的魅力是永恒的,但美又是在时间的境域中展开的,如何理解呢?

总的来说,在海氏的现象学理论中,永恒的美是不存在的,美
都是在时间中生成的。例如,过去远古时期的工具,现在可能成
为艺术品,成为经典。而今天的经典,也可能随着历史的发展而
消失其价值。总之,一切都在时间中变动,都是当时人的自由的
创造,不存在任何永恒。海氏常用的梵·高的《鞋》就是海氏的一
种及时性的解读、诠释。当然,这种诠释并不排除某种"前见"。
例如,他对古希腊神殿的诠释。

由此可见,在海氏的美学理论中,四方游戏、诗性思维、真理
显现、美的境界与诗意地栖居都是同格的。他后期的美学思想中
不仅包含着深刻的当代存在论思想,而且包含着深刻的当代生态观
的缘由。这正是他以诗性思维代替技术思维、以生态平等代替人类
中心、以诗意栖居代替技术栖居的必然结果。总之,海氏的当代存
在论美学思想在审美对象、艺术本质、语言观上均有大的突破。

由于现象学所凭借的"意识结构"之先验性,就使其在本质上
脱离了"生活世界",无论是其"悬搁"或"诠释"都带有某种主观意
识的随意性,从而在很大程度上堕入唯心主义并脱离生活与艺术
的实际。例如,海氏对梵·高的《鞋》的著名诠释,其所凭借的鞋
不是农妇的鞋,而是梵·高本人的鞋,这就使其诠释具有了某种
虚妄性与随意性。而海氏的存在论哲学未免又将"存在"绝对化
与空心化。所以,阿多诺批评海德格尔的基础本体论哲学是一种

---

①《海德格尔选集》,孙周兴选编,上海三联书店 1996 年版,第 72 页。

一切皆空的"虚无主义",导致了一种概念与语言的"独裁",是一种非历史的行径,并为法西斯的独裁提供了口号。这一批判尽管有片面之处,但也值得我们深思。

三、伽达默尔的《真理与方法》: 诠释与对象的视界融合

伽达默尔(Hans-Georg Gadamer,1900—2002)是当代德国最著名的诠释学哲学家和美学家,是胡塞尔和海德格尔的学生。他先后任教于马堡大学、莱比锡大学、法兰克福大学和海德堡大学。1960年出版代表性论著《真理与方法》,标志着当代诠释学哲学的诞生。该书的副标题为"哲学诠释学的基本特征",从艺术、历史与语言三个方面诠释了"理解"的基本特征。书名《真理与方法》,实际上指的是在海德格尔的真理观与狄尔泰的方法论之间进行选择。伽氏的选择是,超越启蒙主义以来理性主义的科学方法,而从诠释学理论出发去探寻真理的经验。这里的"经验",是指现象学的原初的经验。也就是说,伽氏的诠释学是以追寻存在的意义为其旨归的"本体论"的诠释学,不同于传统的探寻客观知识为其主旨的认知诠释学。该书的最重要贡献,是在胡塞尔现象学和海德格尔诠释学的基础上进一步完善与发展了现代诠释学哲学理论,并将之用于美学领域,提出美学实际上归属于诠释学的重要命题。

(一)美学的诠释学哲学原则

伽氏的现代诠释学是对西方古代诠释学理论继承发展的结果,特别是对德国生命哲学家狄尔泰客观主义诠释学和海德格尔存在论此在诠释学继承发展的结果。但它又有着自己鲜明的特

点：第一，在对待理解者"偏见"的态度上，传统诠释学是将其看作消极因素而力主消除，但伽氏则将其看作有益的视界，是一种"前见"，说明"诠释"的本质是一种与"他者"的对话，在"他者"的共同参与下创造意义。第二，在诠释学循环方面的不同含义。传统诠释学循环是部分与整体之间的诠释循环，而伽氏则是"前见"与理解之间的循环关系，具有本体的意义。第三，对于"诠释"的不同理解。传统诠释学将诠释看作方法，而伽氏则将其看作本体，提出"诠释本体"的核心观点。第四，不同的真理观。传统诠释学是一种符合论的命题真理观，而伽氏的当代诠释学则是一种本体论的真理观，将"理解"作为此在之存在方式，其本身就是真理。第五，当代诠释学哲学原则是关系性、对话性、开放性和历史性，这也是传统诠释学所没有的。

（二）对艺术经验的诠释

伽氏探讨了艺术经验、历史经验与语言领域的真理问题。他特别重视艺术经验的探讨，认为，"艺术的经验在我本人的哲学解释学中起着决定的，甚至是左右全局的重要作用"①，并以其当代诠释学理论通过游戏、象征与节日三个基本概念探讨艺术经验的人类学基础，对艺术经验做了全新的诠释。

首先，关于"游戏"。他说，如果我们在艺术经验的关联中去谈游戏，那么，游戏是"指艺术作品本身的存在方式"②。也就是

---

① 转引自蒋孔阳、朱立元主编：《西方美学通史》第 7 卷，上海文艺出版社 1999 年版，第 230 页。
② [德] 汉斯-格奥尔格·伽达默尔：《真理与方法：哲学诠释学的基本特征》，洪汉鼎译，上海译文出版社 1999 年版，第 130 页。

说,伽达默尔认为,从艺术经验的角度审视游戏,游戏就是艺术作品本身的存在方式。他认为,游戏的特点首先是其特具的"此在"的本体性特征,说明"游戏"是人的一种此时此地原初的生命活动的呈现;游戏还具有游戏者与观者"同戏"的特点,这是艺术的本质,也是其人类学基础,人性特点之所在;再就是,游戏还是一种"创造物",艺术家通过自己的艺术创造实现艺术的"转化",即由日常的功利生活转入审美的生活。最根本的是,游戏具有一种"观者本体"的基本特征。伽氏指出,"观赏者就是我们称为审美游戏的那一类游戏的本质要素"①。他认为,艺术表现实质上是通过接受者(观者)的再创造使之获得艺术本身存在方式的过程。游戏只有在被玩时才具体存在,而作为具有游戏特点的艺术作品也只有在被观赏时才具体存在,也就是说,只有依赖于观者的艺术经验,艺术作品才具体存在。这种"观者本体"的作用表现在两个方面:一是只有通过观者的欣赏和创造,艺术才能超越日常功利进入审美状态;二是只有通过"观者"的意向性构成作用才能使作品成为审美对象。这种对于观者构成功能的突出强调就使诠释论美学有别于认识论美学,也有别于完全不讲文本的"接受美学"。

其次,关于"象征"。伽氏认为,象征是艺术作品的显现方式。他说:"总之,歌德的话'一切都是象征'是解释学观念最全面的阐述。"②象征之所以成为艺术作品的显现方式,完全是由艺术作为游戏的非功利性质决定的。而这里所说的象征,不是一物对于另

---

① [德]汉斯-格奥尔格·伽达默尔:《真理与方法:哲学诠释学的基本特征》,洪汉鼎译,上海译文出版社1999年版,第166页。
② 转引自王岳川:《现象学与解释学文论》,山东教育出版社1999年版,第223页。

一物的象征，而是指一物对于"存在""意义"的象征。由此形成巨大的"诠释学空间"，召唤理解者沉浸在"在与存在"本身的遭遇之中，体认那流逝之物中存在的意义。

最后，关于"节日"。因为伽氏以海德格尔的存在论现象学为其哲学基础，所以特别重视艺术存在的时间特性问题。他认为，节日就是艺术存在的时间特性。时间性是诠释学美学不同于传统美学的重要内容，包含历史性、现时性与共时性等内涵。而节日庆典则是伽氏研究艺术经验时间性的重要对象。因为，庆典具有同时共庆性、复现演变性和积极参与性等特点，由此区别于日常的经验进入特有的审美世界，并使作为诠释的艺术具有了现时性。这种节日庆典的狂欢共庆性进一步成为艺术的人类学根源。

（三）对艺术作品意义的理解

对于艺术作品意义的理解成为诠释学美学的核心。正是因为诠释具有本体的性质，所以作品只有在诠释中才能存在。而其中心问题是理解的历史性，主要包含"时间间距""视界融合"与"效果历史"等内容。

首先是"时间间距"，指两次理解之间的差距。伽氏指出，"艺术能够通过它自身的现时意义（Sinnpäsenz）去克服时间的距离"[1]。事实证明，只有通过两次理解的交流，出现新的理解才能消除时间的"间距"。在这里，关键是对前人理解，也就是对"前见"的态度。传统的所谓"客观重建说"，是否定前见的。但伽氏却对"前见"总体上持一种肯定的态度，认为"前见"是一种重要的

---

[1] ［德］汉斯-格奥尔格·伽达默尔：《真理与方法：哲学诠释学的基本特征》，洪汉鼎译，上海译文出版社 1999 年版，第 217 页。

历史传统。在理解过程中通过与"他者"的对话对其进行过滤,去伪存真,消除时间间距,形成新的理解。

其次是"视界融合"。这是诠释学的核心概念,指文本的原初视界与诠释者现有视界的交融产生一种新的视界,更多地包含过去与现在、古与今对话交融之内涵。在这里,从"观者本体"的角度出发,视界交融的重点是诠释者,是当下。

最后是"效果历史",指历史的真实与历史的理解相互作用产生的效果。伽氏指出:"一种名副其实的诠释学必须在理解本身中显示历史的实在性。因此我就把所需要的这样一种东西称为'效果历史'(Wirkungsgeschichte)。"①这里,重点是主体与客体的交融,通过理解消除两者的疏离,求得新的统一。主体与客体两者之间是一种互为主体的对话关系。

(四)审美理解的语言性

语言是伽氏诠释学理论的三大领域之一,构成其美学思想的本体论基础。伽氏认为,所谓诠释学就是把一种语言转换成另一种语言,因而是在处理两种语言之间的关系。他认为,审美理解的基本模式是一种对话,对话都需预先确定一种共同语言,同时也创造一种共同语言。而人则是一种具有语言的存在,通过艺术的语言,审美主体不仅理解了艺术作品,同时也理解了自身。

(五)关于审美教化

伽氏诠释学美学具有浓郁的人文色彩,他特别地强调了审美

①[德]汉斯-格奥尔格·伽达默尔:《真理与方法:哲学诠释学的基本特征》,洪汉鼎译,上海译文出版社1999年版,第385页。

的教化。他说："教化后来与修养概念最紧密地联系在一起，并且首先意指人类发展自己的天赋和能力的特有方式。"①"教化"（Bildung）是一个非常特殊的德文词汇，既不同于中国"教化"自上而下的功能，也不同于英语"Culture"（文化）的内涵，是一种来自中世纪，同时又经过改造的词汇，是通过平等的对话主体主动地认识自己、塑造自己的过程。这是主体与客体对话的过程，也是主体诠释的过程，当然也是主体在诠释中自我教育的过程。教化成为精神科学（人文学科）相异于科学主义归纳性的重要特征。伽达默尔将之看作是其人文主义教化、判断力、共同感与趣味四概念的首位概念。在他看来，人是通过教化才能成为诠释主体的，只有在教化中的人才具有理解与创造意义的能力，并且能不断提高这种能力。这就将其诠释学美学引向文化，引向造就人类的素质。而且，他充分论述了自席勒以来强调审美教育的重大意义。他说："一种通过艺术的教育变成了一种通向艺术的教育。在真正的道德和政治自由——这种自由本应是由艺术提供的——的位置上，出现了某个'审美国度'的教化，即某个爱好艺术的文化社会的教化。"②在此，伽氏不仅深入论述了审美教化的内涵，而且论述了其导向道德和政治自由的巨大作用。将诠释学美学引向审美教化，又将审美教化强调到改造国家社会的高度，这恰恰表明了伽氏强烈的社会责任意识。

　　伽氏还论述了当代审美教化的特点。首先，是审美观念的刷

---

①［德］汉斯-格奥尔格·伽达默尔：《真理与方法：哲学诠释学的基本特征》，洪汉鼎译，上海译文出版社 1999 年版，第 12 页。

②［德］汉斯-格奥尔格·伽达默尔：《真理与方法：哲学诠释学的基本特征》，洪汉鼎译，上海译文出版社 1999 年版，第 106 页。

新直接影响到审美教化，这就是"对 19 世纪心理学和认识论的现象学批判"①。这种批判标志着当代审美观念的转型，要求从科学认识论转到以现象学为哲学基础的当代诠释学美学的轨道上来。由此，在审美教化过程中突出了观者主体的作用和同戏共庆的人类学特征。再就是对于审美教化所凭借的艺术作品，伽氏也做了自己的诠释。那就是，他提出了"审美体验所专注的东西，应当是真正的作品"②这样的见解。所谓"真正的作品"，就是目的、功能、内容、意义等非审美要素的抛弃。也就是说，伽氏认为，真正的作品只能同审美体验相联系，在游戏中存在，通过象征显现。在这里，伽氏对审美教化，即美育，做了诠释学的全新的理解。尽管伽氏的诠释学美学有着十分明显的主观唯心主义和相对主义的弊病，但其对美学和美育的全新理解却对我们深有启发。

四、梅洛-庞蒂：肉体间性

梅洛-庞蒂（Maurice Merleau-Ponty, 1908—1961）是继海德格尔之后欧洲最重要的现象学理论家，毕业于巴黎高等师范学院。1945 年出版其代表作《知觉现象学》，他被称为法国最伟大的现象学哲学家，提供了最详尽系统的现象学美学论著。他有机会阅读了胡塞尔晚年的手稿，得以继承其现象学的新成果，而且由于时代的发展，使他形成了自己特有的身体现象学。身体现象学

①［德］汉斯-格奥尔格·伽达默尔：《真理与方法：哲学诠释学的基本特征》，洪汉鼎译，上海译文出版社 1999 年版，第 107 页。
②［德］汉斯-格奥尔格·加达默尔：《真理与方法：哲学诠释学的基本特征》，洪汉鼎译，上海译文出版社 1999 年版，第 109 页。

是在海氏存在论现象学的基础上逐步发展起来的,成为崭新的生命论哲学。这种身体现象学是生态现象学的新发展,为我们提供了人与自然生态共生共荣新关系的新的理论支点。

(一)"身体本体论"是生态现象学的新发展

梅洛-庞蒂在海氏"此在本体论"的基础上将之发展为"身体本体论"。在这里,"此在"变成了"身体"。"身体"是人与世界的"媒介物",是人与世界关联的"枢纽",是人的存在的基础。他说:"身体是在世界上存在的媒介物,拥有一个身体,对一个生物来说就是介入一个确定的环境,参与某些计划和继续置身于其中。"①这里的"身体",并不是生理的身体,而是存在的身体,是意向的身体,也是生存的身体。所谓意向的身体,就是意向性所达到的身体;所谓生存的身体,就是人的生理机能与精神机能借以凭借的身体。由此,才产生了著名的"幻肢"现象。也就是,截肢者仍然会在自己的意向中呈现其被截的肢体,从而产生幻觉。当然,这也是截肢者的一种生存的记忆与愿望。梅氏认为,这是一种"习惯身体"而不是"当前身体的层次"②。正是这种意向的存在的身体,成为人与自然生态的"媒介物"与"枢纽"。梅氏认为,这个身体就是真正的先验,就是生命。他说:"胡塞尔在他的晚期哲学中承认,任何反省应始于重新回到生命世界(Lebenswelt)的描述。"③这就将身体现象学推向

---

① [法]莫里斯·梅洛-庞蒂:《知觉现象学》,姜志辉译,商务印书馆 2001 年版,第 116 页。

② [法]莫里斯·梅洛-庞蒂:《知觉现象学》,姜志辉译,商务印书馆 2001 年版,第 117 页。

③ [法]莫里斯·梅洛-庞蒂:《知觉现象学》,姜志辉译,商务印书馆 2001 年版,第 459 页。

了生命现象学,从而将生态现象学推向新的阶段。在生命的层次上,人与自然生态的平等共生就具有了更强的理论合理性。

(二)"肉身间性"(Intercorporedlity)是人与自然生态共生关系的深化

梅氏的理论中身体与自然生态的关系是一种间性的、可逆的关系,也就是所谓"肉身间性"的关系。这种肉身间性就是一种整体性的关系,共生共荣的关系。梅氏提出著名的"双重感觉"的观点,也就是著名的左手触摸右手的"触摸"与"被触摸"的双重感觉。他说:"我们的身体是通过它给予我的'双重感觉'这个事实被认识的:当我用我的左手触摸我的右手时,作为对象的右手也有这种特殊的感知特性",这是"两只手能在'触摸'与'被触摸'功能之间转换的一种模棱两可的结构"①。这种"双重感觉"存在于身体整体性之中,犹如左手与右手、身体任何部分与其他部分的整体关系。为此,他提出著名的"身体图式"概念。他说:"身体图式应该能向我提供我的身体的某一部分在做一个运动时其各个部分的位置变化,每一个局部刺激在整个身体中的位置,一个复杂动作在每一时刻所完成的运动的总和,以及最后,当前的运动觉和关节觉印象在视觉语言中的连续表达。"②这其实是一种统一性或整一性的感觉能力,不仅身体各部分之间,而且包括身体各种感觉之间,都是一种整体的关系。不仅如此,梅氏还认为,人

---

① [法]莫里斯·梅洛-庞蒂:《知觉现象学》,姜志辉译,商务印书馆 2001 年版,第 129 页。

② [法]莫里斯·梅洛-庞蒂:《知觉现象学》,姜志辉译,商务印书馆 2001 年版,第 136 页。

与世界也是一种整一性共生共荣的关系。在这里,梅氏继承发展了海氏的"此在与世界"关系的理论,认为身体与世界的关系不是一个在一个之中,而是须臾难离不可分离。他说:"不应该说我们的身体是在空间里,也不应该说我们的身体是在时间里。我们的身体寓于空间和时间中。"①他认为,这其实是坚持现象学所必然导致的结果。他认为,人与世界关系中的"身体"是一种"现象身体"即意向性中的身体,这种意向中的"现象身体"不仅包括意向所达到的整一性的身体,而且包括意向所达到的与身体紧密相连的世界。他说:"我们的客观身体的一部分与一个物体的每一次接触实际上是与实在的或可能的整个现象身体的接触。"②"现象身体"的提出是梅氏对于现象学的新创见,意义重大。

(三)生态语言学的新拓展

生态语言学虽是 1972 年提出的,但前文已经说过,其实海德格尔早在 1927 年的《存在与时间》中已经涉及生态语言学的有关问题。梅洛-庞蒂则在其写于 1945 年的《知觉现象学》中进一步对生态语言学有了新的拓展,主要是他将语言与身体紧密相连并由此达到自然生态世界。在这里,梅氏实际上论述的是身体语言学。当然,他这里的身体是现象学的身体,是寓于世界之中的身体。他明确提出:"言语是身体固有的。"③这就将言语与身体紧

①[法]莫里斯·梅洛-庞蒂:《知觉现象学》,姜志辉译,商务印书馆 2001 年版,第 185 页。
②[法]莫里斯·梅洛-庞蒂:《知觉现象学》,姜志辉译,商务印书馆 2001 年版,第 401 页。
③[法]莫里斯·梅洛-庞蒂:《知觉现象学》,姜志辉译,商务印书馆 2001 年版,第 252 页。

密联系。继而提出，言语"是身体在表现，是身体在说话"①。身体如何在说话呢？梅氏认为，是身体通过动作在说话。他说："言语是一种动作，言语的意义是一个世界。"②这就揭示了言语的本质，说明无论作为言语的发声还是说话时的表情，言语都是一种身体的动作。当然，这个动作并不局限于身体本身，而是从现象学的身体而言是紧密联系于世界的。他认为，动作具有深广的世界意义，不同地域人的动作都含有特殊的不相同的意义，"日本人和西方人表达愤怒和爱情的动作实际上并不相同"③。这当然有其环境、地域、文化与水土的差异，揭示了生成语言的自然生态背景。梅氏还进一步阐述了语言的文化本质，认为言语是对"身体本身的神秘本质的"揭示，明确说明言语通过身体所蕴含的深刻文化内涵。主要是言语与生存的紧密联系，"言语是我们的生存超过自然存在的部分"④。

（四）现象学自由观是对人类改造自然生态的限制

关于自由观，传统认识论一直认为自由是对必然的认识与掌握。在传统认识论看来，只要认识并掌握了事物的必然规律，人类就获得了自由，可以放手地去改造自然生态，肆意进行所谓"人

---

①［法］莫里斯·梅洛-庞蒂：《知觉现象学》，姜志辉译，商务印书馆 2001 年版，第 256 页。
②［法］莫里斯·梅洛-庞蒂：《知觉现象学》，姜志辉译，商务印书馆 2001 年版，第 240 页。
③［法］莫里斯·梅洛-庞蒂：《知觉现象学》，姜志辉译，商务印书馆 2001 年版，第 245 页。
④［法］莫里斯·梅洛-庞蒂：《知觉现象学》，姜志辉译，商务印书馆 2001 年版，第 255 页。

化自然"的活动,由此产生一系列严重的破坏自然生态的环境事件,导致人类目前已经难以维持基本的生存权利。梅氏一反传统认识论自由观,提出现象学自由观。现象学自由观是经过意向性悬搁之后的自由观,也就是经过意向性将客观的必然性与主观的选择性统统加以悬搁,最后剩下受到主客体限制的相对的自由性。梅氏认为,"没有决定论,也没有绝对的选择"①。这就将客观的决定论与主观选择的绝对性全部加以悬搁。他对现象学的自由进行回答道:"自由是什么? 出生,就是出生自世界和出生在世界上。"②在这里,无论"出生自世界"还是"出生在世界",都要受到出生与世界两个要素的制约,自由不是绝对的,不可能存在无任何制约的人对自然的"人化"。梅氏明确指出,"被具体看待的自由始终是外部世界与内部世界的一种会合"③。外部世界与内部世界都会对自由形成约束,"甚至在黑格尔的国家中的介入,都不能使我超越所有差异,都不能使我对一切都是自由的"④。梅氏认为,黑格尔所推崇的作为最高理性体现的"国家"也不会具有绝对自由的权力。这就对工具理性时代的认识论自由观进行了深刻的批判,提出一种崭新的现象学相对自由观,对于人的肆意掠夺自然进行了必要的约束。

---

① [法]莫里斯·梅洛-庞蒂:《知觉现象学》,姜志辉译,商务印书馆 2001 年版,第 567 页。
② [法]莫里斯·梅洛-庞蒂:《知觉现象学》,姜志辉译,商务印书馆 2001 年版,第 567 页。
③ [法]莫里斯·梅洛-庞蒂:《知觉现象学》,姜志辉译,商务印书馆 2001 年版,第 568 页。
④ [法]莫里斯·梅洛-庞蒂:《知觉现象学》,姜志辉译,商务印书馆 2001 年版,第 569 页。

(五)现象学生命哲学走向东西生态哲学的融通

梅洛-庞蒂于 1960 年在《符号》一书中指出,东方的古代智慧同样应当在哲学殿堂中占据一席之地,西方哲学应当向印度哲学和中国哲学学习。梅氏甚至在对灵感的论述中提出艺术创作中呼吸的问题。他说,艺术创作的灵感状态中"确实是有存在的吸气与呼气,即在存在里面的呼吸"①。这已经是与中国古代生命论艺术理论中的阴阳与呼吸相呼应了,进一步说明东西方艺术在生命论中的相遇。由此可见,梅氏在《符号》一书中有关中西文化的论述,说明他认识到现象学生命哲学充分体现了中西哲学的融通。他所说的生命哲学是相异于西方传统认识论语境下人类中心的生命论哲学、主客二分对立的生命哲学,而是力主万物一体、主客模棱两可与间性的生命哲学。这就与东方的万物齐一、生生不已与天人合一的生命论哲学具有了相通性。身体与生命成为沟通东西方哲学的桥梁。

(六)梅洛-庞蒂使得生态存在论美学走向"身体—生命美学"

梅洛-庞蒂的身体哲学不仅开启了生态哲学的新篇章,而且开启了生态美学的新篇章。他在晚年写作了非常重要的《塞尚的疑惑》一文,通过印象派画家塞尚对于艺术创作中现实与知觉关系的疑惑,将其身体哲学与现象学直观的方法成功地运用于艺术创作理论,创造了一种新的身体——生命美学,这是一种新的生态美学形态。

---

① [法]莫里斯·梅洛-庞蒂:《眼与心》,刘韵涵译,中国社会科学出版社 1992 年版,第 137 页。

我们现在考虑，为什么梅洛-庞蒂选中塞尚作为诠释他的审美与艺术观的典型呢？通过研究，我们发现原来塞尚的作品与创作经验非常符合现象学，特别是知觉现象学直观的基本观点。梅洛-庞蒂在"身体—生命美学""本质直观""身体本体"与"肉身间性"等理论的指导下，借助塞尚提出了"师法自然"与"原初体验"等极为重要的美学观点。

塞尚（1839—1906）出生并活跃于法国，被西方誉为"现代绘画之父"。他的绘画活动处于西方印象派绘画之后。梅洛-庞蒂于1948年在《意义与非意义》一书中写了《塞尚的疑惑》一文。塞尚的疑惑是什么呢？梅洛-庞蒂告诉我们，塞尚主要有三个疑惑：其一是外界评价的疑惑。对于塞尚的创新与勤奋，外界并不理解，而是不予认可，并加以贬抑。二是对于艺术选择的疑惑。当时绘画界在古典主义的"真实"与印象派的"感觉"之间徘徊，塞尚没有进行选择，而是追求两者的二律背反的"感觉的混沌"。第三个是创新的疑惑。塞尚追求艺术的创新，但深感"说出第一句话之难"。对于这些疑惑，其实塞尚自己做出了自己的回答，梅洛-庞蒂将之总结为"师法自然"与"原初体验"。所谓"师法自然"是梅氏所记塞尚在其晚年去世前的一个月所说的对于自己的疑惑和焦虑的看法。塞尚的一生除了绘画还是绘画，绘画是他的全部世界，他的存在之本。他没有门徒，没有家人的支持，没有评论家的鼓励，在母亲去世的那个下午、在被警察跟踪的时光他都在画画，他不断地被人质疑，甚至说他的画是一个醉酒的清洁工的涂鸦，如此等等。面对这一切，塞尚在生命最后的回答是："我师法自然。"可以说这是他对自己一生艺术创作的总结。在这里，梅洛-庞蒂引用这个观点说明，他非常赞同这个观点。这个"师法自然"包含极为丰富的内容，是梅氏特有的"自然本体"的观点。这里的自然既不是客观的大自然,也不是主观的意念中的自然,当然也不是中国道家的"道法自然",而是知觉现象学中的自然,即是作为整体性的"身体图式"中的自然,是知觉中身体与世界可逆性的自然,可以说是身体与世界共同的"自然"。梅氏曾说,画家"正是在把他的身体借用给世界的时候,画家才把世界变成绘画"①。他对"自然"极为推崇,借塞尚的话说:"我们所有的一切皆源于自然,我们存在于其中;没有什么别的更值得铭记的了。"又说:"古典派是在作一幅画,我们则是要得到一小块自然。……应该向这完美绝伦的杰作顶礼膜拜,我们的一切来自于它,我们借助于它而存在,并忘却其他一切。他们(指古典主义画家)创造绘画;而我们做的是夺取自然的片段。"②他举出法国画家雷诺阿的油画《大浴女》,明明是画家对着大海画的,但画面呈现给我们的却是四位浴女在河水中浴后歇息与远景洗浴的景象,特别表现了河中蓝蓝的水。其实,画这幅画时,雷诺阿是面对着大海画的,但茫茫的大海变成了河流,海水的蓝色变成河水的蓝色。这其实本真地道出了梅氏所谓"师法自然"之"自然"的具体内涵,自然不是现实,不是观念,而是最原初的诗性感受。在这幅画里,梅氏认为,雷诺阿不是表现大海或大河,只是表现了一种对于海水这种液体的询问与解释,雷诺阿之所以这样画,"是因为我们向大海询问的只是它解释液体、显示液体并把液体与它自己交织在一起,以便使液体说出这、说出

---

① [法]莫里斯·梅洛-庞蒂:《眼与心》,刘韵涵译,中国社会科学出版社1999年版,第128页。

② [法]莫里斯·梅洛-庞蒂:《眼与心》,刘韵涵译,中国社会科学出版社1999年版,第45页。

那,简而言之,使之成为水的全部显现中的一种方式"①。这就是所谓"师法自然"。

梅氏还对这种"师法自然"做了进一步的阐发,那就是艺术家需要一种"原初的体验"。他说:"在这里,把灵魂与肉体、思想与视觉的区别对立起来是徒劳的,因为塞尚恰恰重新回到了这些概念所由提出的初始经验,这种经验告知我们,这些概念是不可分离的。"②这个"原初的体验"是一种未经人类的知识和社会的环境所影响的体验。首先,这不是一些"人造客体"即通常所谓的"环境"。他说:"我们生活在一个由人建造的物的环境当中,置身家中,街上,城市里的各种事物当中,而大部分时间我们只有通过人类的活动才能看见这些东西。对人类的活动,它们能成为实用的起点。我们早已习惯把这些东西想象成必要的,不容置疑地存在着的。然而塞尚的画却把这种习以为常变得悬而未决,他揭示的是人赖以定居的人化的自然之底蕴。"③例如,梅氏认为,巴尔扎克在《驴皮记》中所写的"桌布的洁白""新落的雪""对称的玫瑰红"与"黄棕色的螺旋纹"等都能在绘画中表现,但诸如"簇拥"这样的人造景象就不好表现了。他还认为,"原初的体验"与科学的透视是不相容的,"激活画家动作的永远不会只是透视法,几何学,颜色配合或不论什么样的知识。一点点作出一幅画来的所有动作,只有一个唯一的主题,那就是风景的整体性与绝对充实

---

① [法]莫里斯·梅洛-庞蒂:《世界的散文》,杨大春译,商务印书馆 2005 年版,第 45、69 页。

② [法]莫里斯·梅洛-庞蒂:《眼与心》,刘韵涵译,中国社会科学出版社 1999 年版,第 49 页。

③ [法]莫里斯·梅洛-庞蒂:《眼与心》,刘韵涵译,中国社会科学出版社 1999 年版,第 50 页。

性——塞尚恰当地称这为主题"①。最后呈现给我们的是一个未经人类影响的前文明时期的风景。梅氏具体描写道:"而自然本身也被剥去了为万物有灵论者们预备的那些属性:比如说风景是无风的,阿奈西湖的水纹丝不动,而那些游移着的冰冷之物就像初创天地的时候那样。这是一个缺少友爱与亲密的世界,在那里人们的日子不好过,一切人类感情的流露都遭禁止。"②可见,这是一个回到人类本源的原初世界,也是人的原初体验。这与维柯的"原始诗性思维"非常相像,也是万物有灵时期人凭借身体感官所进行的人与自然统一的思维。这正是一种生态的审美的艺术的思维,需要我们很好的借鉴与运用。

梅氏的生态审美观是很彻底的,他借助胡塞尔的思想提出了"地球根基"的思想,说道:"当我们居住在其他星球时,我们能移动或搬动的我们的思想和我们的生活的'地面'或'根基',然而,即使我们能扩展我们的祖国,我们也不能取消我们的祖国。由于按照定义,地球是独一无二的,是我们成为其居民时行走在它上面的土地,所以,地球的后裔能与之进行交流的生物同时成了人,——也可以说,仍将是独一无二的更一般的人类之变种的地球人。地球是我们的时间和我们的空间的母体:由时间构成的任何概念必须以共存于一个惟一世界的具体存在的我们的原始时期为前提。可能世界的任何想象都归结为我们的世界观。"③这

①[法]莫里斯·梅洛-庞蒂:《眼与心》,刘韵涵译,中国社会科学出版社1999年版,第51页。
②[法]莫里斯·梅洛-庞蒂:《眼与心》,刘韵涵译,中国社会科学出版社1999年版,第50页。
③[法]莫里斯·梅洛-庞蒂:《符号》,刘韵涵译,商务印书馆2003年版,第224页。

里的"地球"按照"肉身间性"理论也就是"身体",在这里"地球根基"也就成为"身体根基"。"自然之外无他物"就成为真正的生态整体论,关爱地球与关爱身体是一个事物的两面,人与生态真正地统一了起来。

现象学开辟了生态哲学的新天地,也开辟了生态美学的新天地,在中西古今结合的背景下,我们还有许多工作要做。

五、杜夫海纳的《审美经验现象学》:审美对象与审美主体的相互主体性

杜夫海纳(Mikel Dufrenne,1910—1995)是法国著名美学家,曾任法国美学学会主席、世界美学学会副主席,主要著作有《审美经验现象学》(1953)、《美学与哲学》(1967—1976)。

(一)现象学的美学研究路径

杜夫海纳的美学研究的最主要特点就是坚持现象学的哲学立场,运用现象学本质直观的方法。也就是通过意识的构成性来解决审美经验与审美对象的循环,实现心与物、主体与客体、意识活动与意识对象的辩证统一,探讨审美的经验。这是一种属人的现象的意义的自身显现之过程。这种现象学立场不同于通常的唯物、唯心之哲学立场,也不同于通常的心理主义。这种现象学循环,实际上是经验与对象、心与物的一种"主体间性"关系。其具体研究的出发点,是从欣赏者的经验出发。现象学美学的出发点不是艺术家本人的经验,而是欣赏者的经验,而欣赏者所凭据的作者是欣赏过程中作品所显示出来的作者,而不是历史上创作

出这个作品的作者。其主要研究的着力点,是描述艺术引起的审美经验。研究的中心是审美对象和审美知觉的相互关联,亦即欣赏者和对象之间的交流沟通。方法是通过不可避免的知觉和对象的两分法来把握审美经验。具体路径为由审美对象即作品的客观分析到审美知觉本身的研究,最后研究这些审美经验意味着什么,以先验的本体论的思考,力图摆脱二分关系。得出的结论是美是存在于审美感知中的性质。他说:"美不是一个观念,也不是一种模式,而是存在于某些让我们感知的对象中的一种性质,这些对象永远是特殊的。美是被感知的存在在被感知时直接被感受到的完满(即使这种感知需要长时间的学习和长时间的熟悉对象)。首先,美是感性的完善,它以某种必然性的面目出现,并能立刻打消任何对其加以修改的念头。其次,美是某种完全蕴含在感性之中的意义,没有它,对象将毫无意义,至多是令人愉快的、装饰性的或有趣的事物而已。"①很明显,杜氏所说的"完满",实际上是一种诉诸感觉的"经验",是一种感觉经验的"完美的和谐"。也就是说,是在主与客、人与自然"间性"中感觉的一种"完美的和谐"。

　　在这里,需要特别说明的是,审美对象与审美主体之间也是一种"主体间性"的关系。审美对象具有"准主体"性质,也就是说,审美对象是知觉建构的对象;而审美主体则具有"准客体"性质,也就是说审美主体是呈现在客体之上的。我们只有从这种"主体间性"的角度才能够理解审美经验现象学。

---

①[法]米盖尔·杜夫海纳:《美学与哲学》,孙非译,中国社会科学出版社1985年版,第19—20页。

(二)审美对象现象学

1.为什么从审美对象入手

首先提出的问题是,审美经验现象学为什么从审美对象入手?

第一,杜氏认为,从对象入手具有研究的准确性。如果不从对象入手而从知觉入手,就会导致审美对象从属于知觉,结果会赋予对象更宽泛的意义,从而缺乏准确性。因此,应该从审美对象入手,从艺术作品出发,给审美对象下定义。再从现象学方法的角度来看,所谓现象学就是研究对象在意识中的呈现,所以必须从对象入手。

第二,从欣赏者的角度来看,欣赏者的经验必然指向审美对象,而艺术家的经验却往往指向审美知觉,从而导致心理主义弊端。所以,从欣赏者的角度说也应从审美对象出发。

2.何为审美对象

接着上面提出的问题是,何为审美对象? 也就是说,审美对象的存在方式。杜氏认为,审美对象就是被知觉的艺术作品。杜氏说,审美对象"必须在艺术作品之上加上审美知觉"①。也就是说,杜氏认为审美对象的存在方式是知觉。这就将审美对象与一般的艺术作品区别开来了,说明审美知觉是审美对象的基础。一幅画对于搬运工来说是物,而对于爱好者来说则是画。杜氏说:"审美对象是奉献给知觉的,它只有在知觉中才能自我完成。"②

①[法]米盖尔·杜夫海纳:《审美经验现象学》,韩树站译,文化艺术出版社1996年版,第22页。
②[法]米盖尔·杜夫海纳:《审美经验现象学》,韩树站译,文化艺术出版社1996年版,第254页。

在这里,审美对象与艺术作品的区别就是,艺术作品只有在与审美知觉相连时才能成为审美对象。而审美知觉也不是一般的知觉,而是一种感性完满的知觉。

3. 审美对象的特性

下面研究的问题是审美对象的特性,杜氏的回答是,审美对象的特性是感性,它也是审美对象的形态。杜氏认为,审美对象不是论证,不是说教,而是显现,是感性要素的组合。他说,审美对象的根本现实性首先在于感性当中,只有在以感性形式呈现的欣赏中,审美对象才得以再现,否则只处于沉睡状态。"观众通过观看对象使之达到再现,使之显示出沉睡在它身上的感性,而没有人观看就不会唤醒它。"①又说,博物馆关门后,艺术作品"再也不作为审美对象而存在,只是作为东西而存在。……仅仅作为可能的审美对象而存在"。他还进一步划清了一般感性与审美感性的区别,认为一般感性(知觉)走向实用或知识,而在艺术和审美中感性则成为目的,成为对象本身,是一种被直接感受到的完满。

4. 感性的要素

感性的要素包括形式、意义与世界。杜氏对形式给予了特别的重视,认为形式是作品的灵魂,犹如灵魂是肉体的形式。同时,杜氏认为感性的另一个要素是意义。审美对象是内在于感性的意义。他指出,"意义内在于感性"②,不同于传统的观点所认为的内容与形式的对立,这是一个中心的概念。在这里,关键是感

---

① [法]米盖尔·杜夫海纳:《审美经验现象学》,韩树站译,文化艺术出版社1996年版,第40页。
② [法]米盖尔·杜夫海纳:《审美经验现象学》,韩树站译,文化艺术出版社1996年版,第79页。

性具有本体的地位,具有存在的意义,感性就是对象,就是主体,就是此在。杜氏还认为,审美对象不容许知觉离开给定之物(即形式),要求其停止在给定之物并交出其意义。并认为,在审美对象的情况下,所指内在于能指。再一个就是所谓"世界"。他认为,"审美对象同主体性一样,是一个特有世界的本原,这个特有世界不能归结为客观世界"①,而是主体(作者)通过感觉即"感知表现的世界的一种特殊方式"所呈现的"世界"②。但这个世界又不能同主体画等号,而是审美对象借以存在并包含的"特有世界",构成"此在与世界"的须臾难离的关系,审美对象的时间性、空间性与深层意义都在这个世界结构中呈现。他还认为,意义通过时空的先验构架来安排感性,使不同的艺术在复杂性和形式方面各有不同,由此说明传统的时间艺术与空间艺术的区别是错误的。

5.审美对象的"准主体"性质

杜氏的一个非常重要的观点是,审美对象具有"准主体"性质,也就是认为审美对象跨越外在性,具有表现性,既是客观对象,又表现了主体世界。他说,在这里,审美对象与知觉主体互为主体,交流对话。又说,审美对象是一个作者的作品,在它身上含有制造它的主体的主体性。

(三)审美知觉现象学

1.审美知觉现象学的重要性

杜氏首先指出了审美知觉现象学的重要性,认为审美知觉是

---

① [法]米盖尔·杜夫海纳:《审美经验现象学》,韩树站译,文化艺术出版社1996年版,第234页。
② [法]米盖尔·杜夫海纳:《审美经验现象学》,韩树站译,文化艺术出版社1996年版,第234页。

审美对象的存在方式,审美对象是在知觉中才能领会的感性事物的存在。其重要性表现在,知觉具有一种构成性。在(感性)呈现阶段,知觉是肉体,表现为身体审美即身体美学;在再现阶段,知觉经过了对象化,成为形象,成为一种想象的美学;在表现的感觉阶段知觉是深层的我,是一种存在的美学。他认为,审美知觉是一种感知、见证、呈现的状态,而不是完全感动自失的心理意义的状态。

2.审美知觉的阶段

对于审美知觉的阶段,他将其分为三个阶段:第一,呈现阶段,即知觉的产生是一种整体的、前反思的和身体合一的知觉阶段。首先,审美对象呈现于肉体,它的价值在很大程度上是以吸引肉体的这种能力来衡量的。但审美对象不仅为肉体而存在,伟大的作品不那样去讨好肉体或向肉体让步;肉体必须经过训练才能用于审美经验,审美对象有时还会使肉体困惑,甚至是拒绝肉体。在这里,杜氏吸收了梅洛-庞蒂的身体美学。第二,表象和想象阶段。他认为,知觉倾向于对象化,把感知到的初步内容塑造成可辨认的实体和事件。先是形象,即是使对象作为再现物呈现;再就是想象,是精神与肉体之间的纽带。但在审美知觉中不起主要作用,如果不感知而去想象,审美对象就会消失得无影无踪。杜氏说,想象力是统一感性的能力。这是对于萨特关于想象理论的反思与批判。第三,反思和情感阶段。他认为,知觉发展为一种客观反思的形式,并趋向于可理解和认识的,同时因其感情特质而与审美对象固有的表现性联系在一起。审美知觉是需要理解力的。他认为,想象力给予给定物带来了丰富性,理解力给予给定物以严格性的保证,它还赋予给定物以客观性,使我们与对象保持距离,并使我们把这个对象作为整体来把握。

3.审美知觉的能力表现为审美对象的深度

他认为,审美知觉所导致的审美对象的深度,首先需要某种惊异性,但最重要的还是对世界本原的呈现,即存在之由遮蔽到澄明。他说:"审美对象的深度就是它具有的、显示自己为对象同时又作为一个世界的源泉使自身主体化的这种属性。而我们通过感觉进入的正是这个世界。"①

4.情感在知觉构成中发挥的特殊作用

首先是情感可以加深审美对象的深度。他认为,情感就涉及欣赏者和审美对象这两者的审美深度。情感特质,在于它是"主体中的最深的东西,正如它是审美对象中的最深的东西一样"②。

5.知觉对对象的构成作用

杜氏认为:"如果我仅是一只瞬间性的耳朵,如果我的耳朵没有受过训练,进一步说,如果我不让音乐在我呈现给声音的这个自我中回荡并得到反响,我如何能感觉到音乐呢?"③

(四)对象与知觉的协调——走向相互主体性

1.问题的重要性

对象与知觉两者的协调成为杜氏理论的主导线索,因其出发点就是通过现象学的悬搁途径,消解主客二分,因此,对象与知觉的二分必将走向协调统一。

---

① [法]米盖尔·杜夫海纳:《审美经验现象学》,韩树站译,文化艺术出版社1996年版,第454页。
② [法]米盖尔·杜夫海纳:《审美经验现象学》,韩树站译,文化艺术出版社1996年版,第489页。
③ [法]米盖尔·杜夫海纳:《审美经验现象学》,韩树站译,文化艺术出版社1996年版,第444页。

　　这也是他的现象学美学的中心问题:审美对象与欣赏者如何相聚于审美经验之中? 杜氏说,审美对象与审美知觉的关联是"我们研究的中心"①。在这里,他强调了知觉对对象的巨大构成作用。只有一个经过训练的耳朵才能使至妙的音乐得到回响。

　　2.审美情感特质是沟通对象与知觉的最基本的途径

　　杜氏认为,审美经验运用的是真正的情感经验,这是一个世界能被感觉的条件,而只有审美的情感特质才构成先验并具有产生一个世界的作用。他认为,并非任何情感特质都能构成一种先验,它只有被审美化时才能如此。而思想本身也不能构成一个世界,只有通过情感特质才得以成形和表现。他说,没有哲学家斯宾诺莎的世界,只有艺术家巴尔扎克和贝多芬的世界。②

　　他认为,情感先验所导致的统一性,归根结底来自欣赏者观看现实的目光的统一性。他说,只有主体才能揭示这个世界,而有多少审美对象就有多少世界。③

　　3.本体论是最终的统一:对象与知觉统一于存在

　　杜氏认为,情感先验是以存在为基础的。他说:"赋予审美经验以本体论的意义,就是承认情感先验的宇宙论方面和存在方面都是以存在为基础的。"④所谓存在,就是价值。他说,价值就是

①〔法〕米盖尔·杜夫海纳:《审美经验现象学》,韩树站译,文化艺术出版社1996年版,第22页。
②〔法〕米盖尔·杜夫海纳:《审美经验现象学》,韩树站译,文化艺术出版社1996年版,第492页。
③〔法〕米盖尔·杜夫海纳:《审美经验现象学》,韩树站译,文化艺术出版社1996年版,第574页。
④〔法〕米盖尔·杜夫海纳:《审美经验现象学》,韩树站译,文化艺术出版社1996年版,第581页。

存在。而艺术则成为人性充分展现自己的那个世界。杜氏说：
"人类一经超越兽性阶段,艺术就出现在历史的初期。"①对于真
正的艺术家,存在与创作之间没有界限,他的行为处于主客的区
分之外,并体现出相互主体性。他说"艺术家无规律之可言",因
为"规律要求受苦,要求人与自然、与别人决裂。艺术则相反。它
要求并体现相互主体性:它要求别人都是自我"②。也就是说,他
认为,艺术的规律性要求人与自然、人与他人决裂,而艺术与之相
反,要求人与自然相融,要求别人都是自我,都包含某种存在。他
认为,形而上学的"真"来自一种与审美态度并非无关的态度。因
为,审美就是对真理即存在的探求。在他的现象学美学中,真理
与美是同格的,而艺术的特点就在于它的意义全部投入感性
之中。

　　对于杜氏审美经验现象学的成就,爱德华·S.凯西指出：
"《审美经验现象学》是现象学美学领域出现的唯一最全面的、最
完善的著作。"③权威现象学家施皮格伯格指出,《审美经验现象
学》"是现象学运动中美学方面不仅篇幅最大而且很可能是内容
最广泛的著作",它由于"它的体系结构以及它丰富的具体洞察而
很出色"④。

---

① [法]米盖尔·杜夫海纳:《审美经验现象学》,韩树站译,文化艺术出版社
　1996年版,第594页。
② [法]米盖尔·杜夫海纳:《审美经验现象学》,韩树站译,文化艺术出版社
　1996年版,第597页。
③ [英]爱德华·S.凯西:《〈审美经验现象学〉英译本前言》,载《审美经验现象
　学》,文化艺术出版社1996年版,第606页。
④ [美]赫伯特·施皮格伯格:《现象学运动》,王炳文、张金言译,商务印书馆
　2011年版,第792—793页。

　　杜夫海纳的贡献是,以现象学为出发点提出美不是观念,不是模式,是感知对象中的一种经验的生存论美学观,完全区别于传统的现存论美学观;强调以身体的感觉为基础,恢复 Aesthetic (美学)作为感性学的原意;对现代艺术进行了理论的概括;提出了"相互主体性"这一重要问题;试图以审美知觉为基础,统一主体与对象,并做了卓有成效的努力;具体诠释了审美与存在的关系;对审美想象与情感,先天与后天的关系等重要问题发表了自己独有的看法;同时他批判了现实社会中工业理性对于自然的"暴力"与"强加",倡导一种"按照物质的启示和根据动作的自发性行事的"审美的态度。他说:"这里,科学的态度是由技术的态度来加以说明的。这技术的态度恰恰不是艺术性的技术态度而是工业的态度。工业对自然使用暴力,把思想上所想要的形式与功能强加给自然,而不是按照物质的启示和根据动作的自发性行事。"①

　　同时,其局限也是非常明显的。其表现为对新时期纯粹美学——新的审美范畴能否建立存有疑义;在美学与哲学、生活的关系上犹疑;没有完全摆脱主客二分思维模式与人类中心主义的束缚。

---

①[法]米盖尔·杜夫海纳:《美学与哲学》,孙非译,中国社会科学出版社1985年版,第58页。

第七讲　后现代解构论美学：
美与解构

一、后现代解构论美学产生的背景

后现代解构论美学是在后现代状况下产生的,那么什么是后现代状况呢？

第一,所谓"后现代状况",就是 20 世纪中期以来以信息技术、知识经济与大众文化为标志的经济与文化状况。福柯在 1966 年《词与物》一书中将现代定为 1800—1950 年,其基本特征是"自我表象",哲学形式是"人类中心主义";而将当代（后现代）定为 1950 年至今,基本特征为"下意识",哲学形态为"考古学",即以解构为目的对结构的起源的考察,因而也就是"解构主义"。1979 年,利奥塔的《后现代状况》一书出版。这是一种以后现代话语代替哲学知识论话语的纲领,从经济、政治、哲学与文化等多个视角探索了后现代理论。对于后现代状况,利奥塔说道："当许多社会进入我们通称的后工业时代,许多文化进入我们所谓的后现代化时,知识的地位已然变迁。至少在 50 年代末期这一转变就形成了。"①又说,所谓后现代就是"让我们向统一的整体开战,让我们

---

① [法]利奥塔：《后现代状况》,岛子译,湖南美术出版社 1996 年版,第 34 页。

成为不可言说之物的见证者,让我们不妥协地开发各种歧见差异,让我们为秉持不同之名的荣誉而努力"①。可见,利奥塔将后现代定位于 20 世纪 50 年代末期,其内涵是对统一性的否定,对于歧见差异的开发。同时,据我们掌握的资料,1956 年美国的白领超过蓝领,可以作为在经济上进入后现代的标志。西方马克思主义又将后现代称为"晚期资本主义"。

第二,关于后现代的特点,一般的理解所谓后现代即是对于启蒙主义倡导的主体性、工具理性与结构主义哲学的一种反思与超越,可分建构与解构两种。② 在时间上又可分为现代之后、现代后期以及与现代同时等三种观点。

第三,基本命题:

(1)反本质主义:是对于西方现代本质主义哲学观的反驳。在本体论上,是对认识本体论的反驳,不承认存在一个稳定的本体,从而走向多元本体,本体的滑动;在认识论上,反对传统的主客二分,力主主客的混合;在真理观上,反对传统的符合论真理观,赞同揭示论真理观;在价值论上,认为反对本质的追求是人类的唯一价值,力主价值的多元;在方法论上,反对传统的科学实证的方法,力主阐释的方法。

(2)去中心:反对现代哲学对于中心的追求,力主去中心,主张中心的多元。为此,反对一切的中心,包括认识中心、人类中心、文化中心、男性中心、欧洲中心等。德里达通过结构主义的方

①[法]利奥塔:《后现代状况》,岛子译,湖南美术出版社 1996 年版,第211 页。

②[美]大卫·格里芬编:《后现代精神》,王成兵译,中央编译出版社 2011 年版,第 236 页。

法进行解构,他说,在结构主义之中,中心既在结构之内又在结构之外,因而中心不复存在。

(3)文学的扩界与日常生活审美化:后现代状况力主文化与文学的扩界,并将这种扩界伸张到日常生活领域与经济生产领域,主张日常生活审美化,甚至走向艺术的终结。

(4)文学艺术的发展新趋势:包括大众文化的兴起、消费文化的发展、视觉艺术的转向与网络文化的兴起。

(5)知识考古学:这是福柯倡导的一种解构论的方法,这里是运用考古学对未知文物的发掘以掌握新知识的方法,对之加以改造,成为从人们不注意的知识缝隙中发掘历史新内涵的方法,摆脱了传统的、从正史研究历史的途径。而福柯是从所谓"记忆中的历史"即民间传说、神话、故事中发掘历史,是一种对正统知识与历史的解构。

(6)内部拆解法:这是德里达运用的"解构法",主要指在其《论文字学》一书中对于传统"语音中心"的反驳,将文字的辅助地位加以扩大,使之代替"语音中心"。通过文本内部的拆解方法,从内部寻找矛盾因素,反对语音中心,力主文字中心。

第四,关于"后现代"的争论:首先是哈贝马斯对后现代的反对。他坚持用启蒙主义现代性对抗后现代性,不同意因工具理性的弊端而否定启蒙理性,并从整体上否定现代主义价值观,例如科学、民主等;同时,哈贝马斯倡导一种他认为包含在现代性之中的"交往对话"理论,以之代替后现代理论。

再就是对于中国有没有后现代产生的分歧。有些学者认为,中国还处于前现代与现代共存时期,没有什么后现代。我们认为,中国在经济上处于现代化中期,但生态文明的到来又意味着后现代在经济社会领域的开始,而思想文化领域则早已存在后现代现象。

二、德里达:解构的哲学与美学

(一)生平与思想

1.德里达生平

雅克·德里达(Jacques Derrida,1930—2004),当代法国著名的哲学家、美学家。著名的解构论哲学的创立者与代表人物,也是当代最具震撼力的哲学家之一,他的理论与逝世均引起巨大反响。德里达是最具争议的理论家之一。1992年春,英国剑桥大学授予他荣誉博士称号,受到某些分析哲学家的反对,但最后还是通过;2004年10月,德里达逝世后的第二天,美国《纽约时报》发布"讣告"——"解构论哲学家德里达将自己解构了",由此引发4000余人联合捍卫德里达及其解构论哲学。德里达的解构理论始终面临着一种被自己所创立的解构方法所解构的问题。但德里达及其解构理论,无疑又具有不可忽视的划时代意义。他长期以来被分析哲学家们攻击为"缺乏清晰、严谨和明确的边界",但这恰恰是德里达所着力解构的目标。

德里达出生于法属阿尔及利亚近郊的犹太家庭,19岁赴法,入巴黎高等师范学院,师从著名黑格尔派哲学家伊波利特,并潜心攻读哲学史,受到萨特、加缪存在主义哲学的深刻影响。他1960年任教于巴黎大学,1965年回巴黎高等师范学院教授哲学史。20世纪70年代起,德里达定期赴美讲学,影响逐步扩大。特别是耶鲁大学,每年邀请德里达访问并主持学术研讨会,一批优秀的学者都不同程度地接受解构论哲学并将其应用于文学批评实践,在全美乃至在整个西方引起巨大反响,被称为"耶鲁学派"。

其中影响最大的则是被称作"耶鲁四人帮"的保尔·德曼、希利斯·米勒、哈罗德·布鲁姆与杰弗里·哈特曼。米勒在我国颇具影响,他于 2004 年 1 月在《文学评论》发表《全球化时代文学研究还会继续存在吗?》一文,提出信息时代文学的终结,引起广泛争论,即为我国有关文学边界与日常生活审美化争论的开端,同解构理论密切相关。

德里达于 1966 年在美国霍普金斯大学召开的"批评语言和人文科学国际座谈会"上发表《人文科学话语中的结构、符号和游戏》的重要学术演讲,使其一举成名,这篇演讲也被誉为当代解构理论的奠基之作。1967 年,德里达出版《论文字学》《书写与差异》与《言语与现象》三本著作,又称为"解构三部曲",全面推出其解构理论。此后,德里达又出版了许多论著。但其基本理论已经包含在早期的三部著作之中。他曾多次到中国,在北大和复旦发表演讲。他于 2001 年 9 月 14 日,在上海社会科学院的演讲中指出:"事实上,今天中国文化已经渗透着西方文化的许多影响,你还有需要解构的东西。"

2.德里达解构理论产生的历史条件

第一,20 世纪 60 年代席卷欧洲的学生运动。

1968 年,由于国际范围内资本主义国家内部的危机和矛盾的尖锐发展,爆发了席卷欧洲的学生运动,直接威胁到资本主义国家的国家机器。由于种种原因,这场学潮很快平息。受到挫折的知识分子和学生对在学潮中持思想中立立场的结构主义理论家及其理论进行了批判。人们对结构主义产生了极大的怀疑,对其稳定性和整体性进行了批判。他们由否定政治和社会转向否定为之提供理论支撑的语言体系以及次序、结构,由政治上对民主、平等的要求转向对语言和社会结构中多元平等的呼唤。这就是解构理论产生的社会背景。

第二,西方社会文化深度发展的必然要求。

20世纪中期以后,西方迅速进入后工业社会,随着网络的发展、文化产业的勃兴、环境问题的日益突出、后现代艺术的发展,出现了许多崭新的经济文化现象,需要哲学理论给予说明和阐释。这些经济文化现象有学科与文化的边界问题,精英文化与大众文化的关系问题,人与自然的和谐平等问题,等等。这些问题都要求对传统的哲学理论进一步突破,提出新的哲学维度和理论创新。

第三,从哲学与美学本身来看,解构理论的提出,是 20 世纪以来突破主客二分思维模式这一思潮继续深入发展的必然结果。

20世纪以来,从尼采开始,对传统特别是近代以来本质主义、认识论哲学与主客二分思维模式进行了突破和批判,出现了生命哲学、实用主义哲学、现象学哲学、存在论哲学等。但仍然不够彻底。德里达认为,结构主义及其语言理论就是主客二分思维模式与本质主义哲学留下的最后堡垒,应该予以突破。其实,结构主义的提出在很大程度上是试图对西方传统的"理念""主体"与"绝对精神"的突破,试图驱逐人文学科中"人"的因素,使之具有自然科学那样的"科学性"。列维·施特劳斯就是试图通过对人类学中结构的发现摆脱传统形而上学中的"种族中心"与"欧洲中心",重新认识野蛮人的智慧与边缘社会的价值。但诚如德里达所说,结构主义仍然不能摆脱对"中心"的诉求,仍然没有离开传统"中心论",需要进一步的解构。所以,德里达的解构论是结构主义的新发展,或者说是一种后结构主义。在德里达的解构论之中,仍然包含着结构主义的要素,也有人认为是一种激进的结构主义。解构理论的出现,是 20 世纪以来突破主客二分思维模式这一思潮继续深入发展的必然结果。

第四,解构理论的提出同德里达出生于犹太民族的东方背景密切相关。

德里达出生于法属阿尔及利亚的犹太家庭,无论从身份、地域或语言来看,德里达从小就备尝边缘化的痛苦。他说:"作为犹太人和排犹主义的受害者,并不能幸免于当时充斥四周的反阿拉伯主义之苦,无论是公开的还是暗中的。不管怎样说,文学或曰'能够讲述一切'的允诺,是在我当时所处的家庭及社会环境中召唤我或指示我的主要原则。"①因此,他天然地要向人种中心、地域中心与语言中心等各种以"中心"为标志的理论挑战,而主张消解这一切的中心,并与之对立,呼唤东方文化的复兴。这是一个同德里达个人出身直接有关的解构理论应运而生的文化背景。

3.德里达的解构理论及其有关范畴

第一,解构——作为解构理论特有的哲学思维和理论观念。

所谓解构(deconstruction),是相对于"结构"的二元对立与稳定而言的,但又不是颠覆,不是颠倒结构中双方的位置,而是反对任何形式的中心,否认任何名目的优先地位,消解一切本质主义的思维方式。德里达说:"解构运作最重要的是在某一特定的时候推翻等级次序。"②

解构是对一切传统的本体论的批判,对于一切"在场的形而上学"的超越。所谓"传统的本体论",即传统哲学中以一个物质

①[法]雅克·德里达:《文学行动》,赵兴国等译,中国社会科学出版社1998年版,第6页。

②转引自杨大春:《文本的世界——从结构主义到后结构主义》,中国社会科学出版社1998年版,第214页。

或精神实体作为世界的本源。"解构"不承认存在这种"本源"。所谓"在场的形而上学",就是将上述实体作为"现成的事物"或"本质",解构也是对这种"本质"和"形而上学"的超越。所以,解构论也就是反本质主义。

解构反对传统的逻各斯中心主义。首先说一下什么是"逻各斯中心主义",这里的"逻各斯"即希腊语的"logos",意为语言、定义,泛指理性与本源,是一种关于世界客观真理的观念,是对世界中心性的渴求。它是自柏拉图以来一种形而上学的二元对立,力主所谓"中心决定结构",包括一系列二元结构,如内与外、初与终、中心与边缘等,被一一区别对待。解构理论要打破这种传统的"逻各斯中心主义",力主消解中心,消解逻各斯即理性。

解构是德里达所运用的特有方法,也就是在传统中寻找其自身的解构因素,对其进行研究,将其扩展,从而达到拆解这一理论体系的方法或路径,是一种以子之矛攻子之盾的从内部瓦解的方法。所以,德里达是从哲学史的研究入手进行解构的。这也是其理论庞杂、难以理解的原因之一。

第二,若干主要范畴。

解中心(deconstruction):德里达解构理论的核心范畴之一。德里达运用了结构主义理论自身的悖论对其予以消解。他说:"中心可以悖论地被说成既在结构内又在结构外,中心乃是整体的中心,可是既然中心不隶属于整体,整体就应当在别处有它的中心。中心也就并非中心了。"①

延异(Ladifférance):这是德里达自造的一个词,是"区分"与

---

① [法]雅克·德里达:《书写与差异》,张宁译,生活·读书·新知三联书店 2001年版,第503页。

"推迟"两个词的结合。他认为,一个词的意义不仅取决于它与其他词的差别(索绪尔这样认为),而且是存在于这个词在时间的流动中与其他词的交叉、贯串,从而使其意义的出现推迟并具有模糊性、多义性、边缘性。这就是所谓"能指的滑动",在这里,差别强调共时,而流动强调历时。

替补(supplementarite):德里达的一种解构策略,具体体现在文字学之中。他认为,传统语言学之言语与文字是二元结构,文字是言语的替补,说明在这一排他逻辑的背后还存在着一种增补逻辑,这就是一种不安定因素,从而构成语言中心主义的解构力量。

痕迹:德里达认为,所谓"痕迹"既非自然的东西,也非文化的东西;既非物理的东西,也非心理的东西;既非生物学的东西,也非具有灵性的东西。它是"无目的的符号生成过程得以可能的起点"[①]。也就是说,它是意义解构后作为能指的符号得以自由滑动的起点。它既是起源的消失,又是起源的并未消失。因此,"痕迹成了起源的起源"[②]。它实际上相当于现象学"悬搁"之后的情形。因此,德里达说:"关于痕迹的思想不可能与先验现象学决裂。"[③]

撒播:是指通过解构,语言摆脱了控制之后在自由的游戏运动中的状况,犹如在自然中撒种的一种植物自我生长的状况。也是指意义的消解,所指的自由滑动的状况。德里达说:"既不会有语言的历史线条,也不会有语言的静止画面。但有语言的旋转。

[①] [法]雅克·德里达:《论文字学》,汪堂家译,上海译文出版社 2015 年版,第 65 页。

[②] [法]雅克·德里达:《论文字学》,汪堂家译,上海译文出版社 2015 年版,第 87 页。

[③] [法]雅克·德里达:《论文字学》,汪堂家译,上海译文出版社 2015 年版,第 88 页。

文化的这种运动是根据自然中的最自然现象:即大地与四季来安排的并且有相应的节奏。语言被撒播开来,它们本身从一个季节过渡到另一个季节。"①这是一种"延异"的方向,四面八方的扩散,是一种充满能量和创造力的自我的运动,没有主体,不受人的控制,不是人的意识决定了语言的意义,而是语言的自我运动印迹决定了人的意识。德里达将撒播与蜡版刻写中的印记加以比较,他根据弗洛伊德的蜡版理论提出原型写作的刻写理论,即原型写作是先验地将原型刻在人的大脑上。弗氏的上述理论来源于柏拉图的记忆理论,这一理论被称为"蜡版假说"。他认为,人对事物获得印象,就像有棱角的硬物放在蜡版上所留下的印记一样。人对事物获得了印象之后,随着时间的推移,该印象将缓慢地淡薄下去乃至完全消失。这就像蜡版表面逐渐恢复了光滑一样。所谓"光滑的蜡版",相当于完全遗忘。这种学说虽然也不完善准确,但还是影响了许多人。所谓"撒播",就像蜡版中的印记和痕迹。

互文性(intertextuality):是指"任何文本都是其他文本的吸收和转化"。说明文本的互用,符号的关联,语言在自由活动中留下的痕迹,在差异中显出价值。德里达由此证明,"作者已死",文本绝对意义的消失。既打破了文本的边界,又打破了学科的边界。

(二)德里达解构主义美学思想

1.反对一切文学的本质

德里达是反本质主义的,当然也反对文学的本质,但他并不反对对于文学是什么的探寻,但探寻并不意味着要寻找文学不变

---

① [法]雅克·德里达:《论文字学》,汪堂家译,上海译文出版社 2015 年版,第 318 页。

的本质。他说："应该宣告，不论在什么情况下都不存在文学的本质，不存在文学的真实，无所谓存在或存在的文学。……当然这一切都不应阻止我们——正相反——试图发现在'文学'的名目下被再现出来并加以确定的东西究竟是什么、为什么。"①如果非要说文学的本质的活，德里达认为，"是一种经验，而非文学的本质"②。他还是将文学归结为"经验"，既对文学进行了阐释，又无稳定的本质。

2.论文字学——解构哲学与美学之经典

第一，文字成为一切语言现象的基础。

德里达认为，从古希腊以来，由于逻各斯中心主义的统治，形成语言中心主义、语言与文字的二元对立、语音对于文字的统治，文字成为搬运尸体的工具，符号的符号。这是一种二元对立，应该通过"去中心"，消解这种语言中心主义的二元对立。德里达强调，应该通过对语言中心主义的解构，确立文字学是一切语言现象的基础的观念。他指出："文字先于言语而又后于言语，文字包含言语。"③其方法是通过寻找文本内部的"替补"，说明文字是语音的替补，从而逐步代替了语音，成为正宗。这样的解构策略，将语音中心进行了拆解与解构。

第二，文本之外无他物。

这是德里达解构论美学的核心内容。他说："如果我们认为

①［法］雅克·德里达：《文学行动》，赵兴国等译，中国社会科学出版社1998年版，第113页。

②［法］雅克·德里达：《文学行动》，赵兴国等译，中国社会科学出版社1998年版，第12页。

③［法］雅克·德里达：《论文字学》，汪堂家译，上海译文出版社2015年版，第348页。

文本之外空无一物,那么,我们的最终辩护可以这样来进行:替补概念和文字理论。"①解构理论通过"替补"策略不断地解构,对"在场"进行消解,最后只剩下"文本"——文字、符号,别无他物。这就是一种对意义和本源的解构,对作者的放逐。

第三,汉字为哲学性文字。

首先是对西方人种中心主义的批判。德里达反对索绪尔语言学中对表音(拼音)文字的特别推崇和强调。他说:"我们有理由把它视为西方人种中心主义。"②他认为,作为象形文字的汉字是一种哲学性文字。他说:"中文模式反而明显地打破了逻各斯中心主义"③,是一种未受逻辑中心主义污染的伟大发明。他借用莱布尼茨的话说:"汉字也许更具哲学特点,并且似乎基于更多的理性考虑,它是由数、秩序和关系决定的。于是,只存在不与某种物体相似的孤零零的笔划。"④德里达认为,莱布尼茨之所以认为汉字具有哲学意味,"是因为它同声音分离了开来,从而具有恒久性,本身成为一个自足的世界,澄怀观道,独立于绵绵历史之中"⑤。所以,中国考古发现中的古文字对于今人并无障碍,这在西方是难以想象的。莱布尼茨是17—18世纪德国著名哲学家,

①[法]雅克·德里达:《论文字学》,汪堂家译,上海译文出版社2015年版,第237页。
②[法]雅克·德里达:《论文字学》,汪堂家译,上海译文出版社2015年版,第55页。
③[法]雅克·德里达:《论文字学》,汪堂家译,上海译文出版社2015年版,第115页。
④[法]雅克·德里达:《论文字学》,汪堂家译,上海译文出版社2015年版,第116页。
⑤陆扬:《德里达·解构之维》,华中师范大学出版社1996年版,第32页。

中国文化的热爱者,他通过传教士了解中国哲学,据说中国的阴阳八卦模式对于他创立二进制数理逻辑大有启发。德里达对汉字的肯定还表现在他对于美国意象派诗人庞德与美国东方学家费诺罗萨的评价。他说:"这就是费诺罗萨的著作的意义,他对庞德与其诗学的影响是尽人皆知的:这一无以化解的意象的诗学,有如马拉美的诗学,最先打破了最为坚固的'西方'传统。中国的表意文字赋予庞德文字的那种瑰奇想象,因此是具有无以估量的历史意义。"①无疑,在德里达看来,包括汉文字在内的中国文化是弥补西方逻各斯中心主义的一剂良方。这又是后现代语境下中国传统文化价值的重新发现与中西文化的又一次对话。

3.解构哲学的阅读理论

第一,阅读即辨认言语的分延(即延异)。

他说,阅读活动是"在言语中辨认文字,即辨认言语的分延和缺席"②。这是一种全新的解构理论的阅读观。阅读不是把握作者原意、文本内涵和读者视角,而是着眼于文本自身言语的"分延",在能指的滑动中,在意义的区分和推延中,辨认其意义的交叉、模糊、流动与内在矛盾。说白了,这种阅读就是解构,是求异而非求同。

第二,解读文本就是对痕迹的追随。

德里达认为,解读文本就是对痕迹的追随。③ 由于痕迹是玄虚的,因而对痕迹的追随也就是意义的消解。由此可见,德里达

---

①[法]雅克·德里达:《论文字学》,转引自陆扬:《德里达·解构之维》,华中师范大学出版社1996年版,第38页。

②[法]雅克·德里达:《论文字学》,汪堂家译,上海译文出版社2015年版,第204页。

③胡经之编:《西方文学理论名著教程》下卷,北京大学出版社2003年版,第561页。

的阅读理论就是以其《论文字学》为范式的解读理论,无论是分延还是痕迹都是一种解构。

第三,读者是由作品在阅读中创造出来的。

什么是读者呢?德里达认为,没有预先存在的读者,读者是由作品在阅读过程中创造出来的。他说:"按定义来讲读者并不存在,他不能在作品之前、作为它真正的'接受者'而存在。……读者将会由作品'形成''培训'、教导、构想,甚至生产——让我们说创造出来。"①

第四,阅读需依靠"书页中那些文字"。

解构论者并不承认阅读是读者的一种随心所欲地对文本的为所欲为,而是主张阅读需要一种文本自身的物质性。乔纳森·卡勒在其《论解构》中指出,虽然解构无须像传统阅读那样在作品中读出什么统一的内容和主题,但解构并不"使阐释成为一种无奇不有的自由联想过程"。米勒更加明确指出,在阅读中"需要依靠某种东西,或者说是要有个立足点。那就是书页上的那些文字"。"无论出现在什么场景,词语都会保持着自身某种历史性的力量。"②解构论更加强调的是阅读要凭借文本的细读,他们自身也正是特别注重文本的细读。

4.作为解构之批评——"替补"作为一种新的解构批评逻辑

"替补"逻辑,是德里达解读卢梭在《爱弥儿》时运用的解构论

①[法]雅克·德里达:《文学行动》,赵兴国等译,中国社会科学出版社1998年版,第40页。
②郭伟:《论解构批评与人文主义的历史交锋——回顾一场三十年前的学术论争》,《当代外国文学》2014年第1期,第144页。

批评模式。卢梭在该书中尽管主张自然中心,但又悖论地潜伏着一种以文化替补自然的模式,在自然中心之外,又提出"人是通过教育培养而成"的重要观点,从而形成解构自然中心的解构式批评模式,成为德里达批评理论的示范。因为卢梭认为,自然状态是美好的原初状态,而文化则使人成为贪婪,社会成为罪恶。但卢梭又认为,只有文化才能使人脱离动物性而具有人性。因此,文化成为自然状态的"替补"项,但最后这个"替补"项代替了主体项自然。这就是替补的解构功能。再就是,他在对柏拉图的《斐德若篇》中"药"一词的分析中也得出了作为替补的文字最终取代语音的结论。1968 年,他的《柏拉图的药》一文通过对《斐德若篇》一文的解读,批判柏拉图与苏格拉底的逻各斯中心主义。《斐德若篇》是柏拉图最重要的对话之一,写苏格拉底与少年斐德若有关爱与灵魂的对话。在该文中,柏拉图借苏格拉底之口,称文字是一剂药,但药有良药与毒药两种,柏拉图在游移中向文字是毒药倾斜。这个观点主要是通过两个故事表述的:一个是埃及的瑙克拉提这个地方住着一位古神塞乌斯,他发明了包括文字在内的许多好东西,并将其献给国王,并说文字"可以作为一种治疗",也就是具有药的作用,但国王却将其弃之不顾,也就是说,这暗喻着国王认为文字是一种不好的药(毒药)。另一个故事是,雅典公主与女伴法玛西亚(Pharmacia)玩耍时被风吹到山下摔死,暗喻被(pharmcia)"药"害死。但希腊文的药(pharmakon)是多义词,包含良药与毒药两种含义。苏格拉底因被诉运用言语(文字)蛊惑青年而赐予死刑,他自杀时所用的也恰恰是毒药(毒酒)。如果从毒药的角度,文字就由语音的"替补"从能够药死人的东西上升到主要地位而取语音而代之。当然,德里达在这里是从讽刺的意义上来阐述这个故事的,立足于对柏拉图与苏格拉底逻各斯中心主义的批判。也就是说,在德里达那里,所谓批评也是一种解构式批评。具有代表性的就是,他在《给予时间:假币》一文中对波德莱尔《恶之花》中的《假币》一文的分析。原文的叙述者说,他与一位朋友偶然在街上遇到一个乞丐,叙述者给了乞丐少量的钱,而他的朋友则给了数额巨大的假币。这样,该文试图告诉我们的当然是对叙述者的称赞,对乞丐的同情,对叙述者朋友给乞丐假币的否定。但德里达则运用"替补"的解构方法得出另外的结论:真正帮助他人的不是叙述者而是他的朋友。甚至仅仅是这种"偶遇"的机会。因为,德里达说所谓"赠品"只有在无意识的情况下才能够构成,而其朋友给予假币恰恰是无赠予意识,但却能够产生赠予效果的行为,因为假币照样可能发生货币和资本的作用,而这样的货币和资本是不需要劳动也可获得的;再就是,真正帮助他人的也不是叙述者与其友人,因为他们在街上偶遇乞丐,并非刻意要去资助他,而是这个偶遇给了他们赠予乞丐并因而行善的机会。① 当然,这是指对于正常思维方式的解构。还有一种情况是对主流价值的解构,德里达将之称为"危险的增补",具体指卢梭的《忏悔录》中以非自然的情欲对他的主人与恩人华伦夫人纯洁母爱与爱情的增补。他说,母爱与爱情,"它是无法增补的,就是说它没有必要被增补,它是充足的,且是自足的;而这也意味着它是不可替代的;人们想用来替换它的东西不会赶上它,只能是低劣的凑合"②。显然,德里达认为,这种以情欲增补的爱,是一种危险的增补。

---

① 转引自汝信编:《西方美学史》第4卷,中国社会科学出版社2008年版,第793—795页。

② [法]雅克·德里达:《文学行动》,赵兴国等译,中国社会科学出版社1998年版,第49页。

5.互文性、延异与哲学、美学边界的新阐释

德里达在论述延异与替补时指出:"严格说来,这等于摧毁了'符号'概念以及它的全部逻辑。这种取消边界的做法突然出现在语言概念的扩张抹去其全部界限之时,这无疑不是偶然的。"①

互文性也消解了文本与类别的界限。德里达认为,所有的文本都是复杂的,是一种折叠性的游戏,正是这种折叠性游戏导致文学文本与其他文本的互文性。他说:"而正是在这种折叠的游戏中,记录着文学之间、文学与非文学之间、不同文本类型或非文学文本各要素之间的差异。"②在德里达看来,文学的这种互文性的最大特点是文本的开放性。他认为,文学包含了文学的、科学的、哲学的与会话的多种元素,是完全开放的。他说:"如果不是对所有这些话语开放、如果不是对这些话语的任何一种开放,它也就不会成为文学。"③

6.批评古典戏剧,倡导残酷戏剧

德里达以其解构论立场批评传统的古典戏剧。他说,古典戏剧"它是一种腐坏,也是一种'反常',一种引诱,一种越轨的边缘,越轨的意义和尺度仅仅在戏剧演出的前夜,在悲剧的起源之机才是可见的"④。之所以他要批判古典戏剧,那是因为古典戏剧反

①[法]雅克·德里达:《论文字学》,汪堂家译,上海译文出版社 2015 年版,第 8 页。
②[法]雅克·德里达:《文学行动》,赵兴国等译,中国社会科学出版社 1998 年版,第 12 页。
③[法]雅克·德里达:《文学行动》,赵兴国等译,中国社会科学出版社 1998 年版,第 14 页。
④[法]雅克·德里达:《文学行动》,赵兴国等译,中国社会科学出版社 1998 年版,第 346 页。

映了一种传统的中心论的戏剧价值观。德里达将这种古典戏剧价值观概括为剧本是首要的,演员和导演只是工具与奴性解读者,他们在逼真地解读剧本,表演作者的神学思想,再现舞台之外的上帝、父亲逻各斯和词语织物,舞台上的言谈是保证这些阐释任务的主要手段。

　　而残酷戏剧则正好相反,它贬低言谈的主导地位,而赋予形象、姿态、立体感、身体(生命)、力量以突出位置,它是生命的消费而非言谈的消费,是形象的消费而非声音的消费,它的舞台不再与观众保持距离,不再有观众与演出,而只有狂欢。总之,古典戏剧所有的形而上学的对立,例如表演与表演者、舞台与观众、文本与解释,在此都解构了。他说:"残酷戏剧不是一个表演,在生活是不可表演的范围内,它是生活本身。"①"残酷戏剧的确是梦的戏剧,而且是残酷的梦的戏剧。"②"残酷戏剧是神圣的戏剧。"③最重要的是,德里达认为,残酷戏剧是反重复的戏剧,因为"重复使力、在场、生命同它们自己分离了。分离是经济的和计算的分离姿态"④。相反,德里达认为,新的残酷戏剧的最重要的特点是对"差异"的强调。他说:"残酷戏剧当是差异的艺术,是无节省、无保留、无回返、无历史的耗费艺术。纯粹在场即纯粹差异,其行为

---

① [法]雅克·德里达:《文学行动》,赵兴国等译,中国社会科学出版社1998年版,第343页。

② [法]雅克·德里达:《文学行动》,赵兴国等译,中国社会科学出版社1998年版,第353页。

③ [法]雅克·德里达:《文学行动》,赵兴国等译,中国社会科学出版社1998年版,第354页。

④ [法]雅克·德里达:《文学行动》,赵兴国等译,中国社会科学出版社1998年版,第357页。

应忘记，积极地忘记。"①总之，德里达的残酷戏剧实际上是对当代反叛性的先锋艺术的一种肯定。

（三）评价

1. 值得肯定之处

第一，提出一种新的哲学精神，开创了一个新的时代。

德里达对传统哲学、美学理论与思维模式进行了更加彻底的颠覆，走向新的多元共生的哲学、美学新时代，包含了相异性、开放性与非中心性等新的维度。美国新实用主义理论家罗蒂指出，"德里达是他所在的这个时代最富有想象力的哲学家""人们将记住德里达，但不是因为他发明了一种被称为'解构'的方法……乃是因为他们使他们的读者的想象力获得了解放"②。

第二，德里达的解构论哲学美学的辩证法内涵及其理论合理性。

他的解构论理论告诉我们，任何事物内部都蕴含着自我否定因素，而且具有革命性的作用。这是一种辩证的思想。

第三，解构作为一种新的批评方法具有其应有的价值，即文本内部的拆解法。这种批评方法可以与社会的、美学的、文学的、精神分析的与原型的批评方法等一起，作为　种新的文学批评方法。

同时，德里达提供了一系列新的哲学和美学的思维范畴，具

---

① [法]雅克·德里达：《文学行动》，赵兴国等译，中国社会科学出版社1998
　年版，第359页。
② [美]R.罗蒂：《这个时代最有想象力的哲学家——德里达》，闲云译，《世界
　哲学》2005年第2期，第3页。

有解放思想的作用。

　2.局限

　　德里达的局限主要是不可避免的但又十分严重的内在矛盾性。如无原则与原则、解构与建构、无意义与意义、延异与稳定等,都充满内在矛盾。如果由此取消任何价值取向,那么对于社会核心价值与核心道德的建设则是具有相当危害性的;20 世纪 70 年代在美国爆发了一场关于解构批评的论争,以 M.H.艾布拉姆斯和韦恩·布斯为代表的人文主义者与以耶鲁学派主将希利斯·米勒为代表的解构论者展开的论争。米勒批评艾布拉姆斯的《自然的超自然主义》一书是多元中的一元,是西方形而上学的产物,从而解除了文学研究中一切正确阐释的可能性;艾布拉姆斯则批评米勒等人的解构论是一种毫无根基的相对论和不知所云的怀疑论,必将导致消解一切人文价值的严重后果,而其实际上则是一种排斥一切其他批评方法的独断的靶向性极强的一元论。① 应该说,艾氏对解构论的批评是有一定道理的。解构论的概念与范畴具有内在的不稳定性;同时,解构论哲学与美学具有理论自身的晦涩难懂,他们无所不在的"解构"立场必致最后走向自我解构。

三、福柯:生存论美学

　　米歇尔·福柯(Michel Foucault,1926—1984),与柏格森、萨特齐名的法国当代著名哲学家。1960 年获哲学博士学位,1970 年起任法兰西学院历史与思想教授。著有《癫狂与非理性》

---

① 参见郭伟:《论解构批评与人文主义的历史交锋——回顾一场三十年前的学术论争》,《当代外国文学》2014 年第 1 期,第 140—144 页。

(1961)、《词与物》(1966)、《监督与惩罚》(1975)、《性经验史》
(1976—1984)等。

(一)解构主义的理论与方法

福柯的工作是对现代历史的哲学批判,中心问题是论述现代
理性和人的主体性在西方社会兴起的社会历史条件及其不合理
性。他运用解构的立场与方法,从历史发展的断裂、缝隙与偶然
中质疑并颠覆现代理性与人的主体性的合理性与必然性。其具
体途径是知识考古学。

所谓"知识考古学",是建立在对康德与海德格尔有关"人"的
理解的不满之上,认为前者力主一种先验的"逻辑学的人",而后
者则力主一种时间的"历史性的人",而实际上已经是"人的终
结",人生活在各个时代的断裂层中。他认为,所谓考古学就是
"分析局部话语的方法",即通过对片断性、断裂性、边缘性的话语
的分析,以微小叙事反抗现代性宏大叙事,以局部性与边缘性对
总体性与中心性进行颠覆。也就是对理性、主体性等传统知识结
构本原进行更加深入的知识探寻,在合理性中发掘不合理性,必然
性中发掘偶然,历史发展中发掘断裂。他说,他所设法阐明的"认识
论领域、是认识型",是"撇开所有参照了其理性价值或客观形式的
标准而被思考的知识"。他所宣明的历史"并不是它愈来愈完善的
历史,而是它的可能性状况的历史;照此叙述,应该显现的是知识空
间内的那些构型(les configurations),它们产生了多种多样的经验知
识。这样一种事业,与其说是一种传统意义上的历史,还不如说是
一种'考古学'(unearchéologie)"①。可见,福柯的考古学实际上是

①[法]福柯:《词与物》,莫伟民译,上海三联书店2001年版,"前言"第10页。

在传统知识论之外对于不合理性、偶然性与断裂性的探讨。

认识型(episteme):古希腊词。柏拉图认为,知识是灵魂的一种认知状态,只关涉形相或形式,亦可作范型、范式。

构型(configurations):指构造、结构与形状的外形。

考古学(unearcheologie):一般指通过从地下发掘出早期文化遗迹,发现新的事实,印证历史。福柯知识考古的结果,是西方思想史在17世纪中叶和19世纪初发生了两次断裂。第一次断裂是文艺复兴时期的相似性原则被同一与差异性原则取代,说明文艺复兴的终结和古典时代的开始。《词与物》一书开端所引用的"中国某部百科全书"有关动物分类原则引起西方人发笑的例子就是证明。福柯说:"通过寓言向我们表明为另一种思想具有的异乎寻常魅力的东西,就是我们自己的思想的限度,即我们完全不可能那样思考。"①第二次断裂是标志着古典时代的终结和现代的开端。其表现是古典的表象理论消失了,同一与差异被有机结构取代,人首次进入西方知识领域,人类学产生了,人文学科的空间打开了。福柯用17世纪西班牙画家威那兹克斯的名画《宫中侍女》来说明。古典时期的知识特征是"主客二分",这幅画的画面上只有正在作画的画家和旁观者,真正的被画对象即国王菲利普四世和路易斯王后,并非画面主角,而只从画中的一面镜子里反射出来,但实际上整个画面都是国王与王后眼里看到的对象,他们才是真正的表象主体。这幅画表现了表象的特征,但表象主体是隐蔽的。表象出来的是客体,是自然。所以,自然科学是古典时期最主要的知识形式。

系谱学:一般的系谱学,是指对价值起源中起到区分性作用

---

① [法]福柯:《词与物》,莫伟民译,上海三联书店2001年版,"前言"第1页。

的差异因素的捕捉，这就意味着，任何价值的起源并非是可追溯至单一源头的、本质性的起源，而是呈现为一种差异性的多重力量的分布状态。而这种区分性的差异因素，既意味着对各种价值的批判，又意味着创造性可能。因而，完整的系谱学既包括批判性维度，也包括创造性维度，并不是单维的结构。尼采在其生前的最后一部著作《道德系谱学》中考察了道德的非形而上学起源问题，成为此后"系谱学"的源头之一。福柯的系谱学是在前期知识考古学的基础上发展起来的一种话语理论，旨在对话语背后的社会机制和权力关系进行更深入的发掘。他在《力量/知识》一书中提出，所谓"系谱学"，他认为是"微观物理学"、"政治解剖学的结果和工具"，"它的参照点不是语言和符号的模式，而是战争、战役的模式"①。这里的"战争"，是内在于身体的强力与外在的政治权力的较量。他认为，这种身体内的微观战争是宏观社会组织与经济关系的基础。"系谱学"正是在身体内的微观战争的这一基础上，从微观的角度，从人的身体内部看待现代惩罚制度的影响，由前资本主义对身体的直接奴役到现代资本主义经济从身体内部抽取生产性服务，通过规训从内部控制身体，把一定的力量灌注在身体之内。虽然这是通过语言进行的纪律与规训约束、技术培训和知识教育，但其结果不亚于战争对身体的摧残。在这里，涉及福柯对于话语与权力的特殊理解。他认为，所谓话语不是什么"文本"，而是人的一种实践活动，影响话语的最根本因素是"权力"，统治者通过话语与权力两者的结合来控制社会。

　　总之，福柯就是通过这种对知识和权力的分析与发掘来剖析

---

① 转引自赵敦华：《现代西方哲学新编》，北京大学出版社 2000 年版，第265 页。

资本主义社会及其知识体系的弊端,进行其对社会文化的大规模解构,从而影响文化与社会生活的方方面面。

(二)有关"人的终结"的后现代人学理论

福柯通过自己的知识考古学方法探索了文艺复兴以来人类在"词与物"这个维度知识形态的变化与特点,从而反映人的生物、经济和文化特征。他认为,文艺复兴时期是 1500—1660 年,其基本的知识特征是相似性,知识形式是神秘科学,哲学形式是神学;古典时期为 1600—1800 年,知识形式是自然科学,哲学形式是理性主义;现代为 1800—1950 年,知识形式是人文科学,哲学形式是人类中心主义;此时,人出台了。而当今时代为 1950 年至今,知识形式是反人类科学(即反人类中心主义),哲学形式为"考古学"即解构论哲学。这里,非常重要的观点是:其一,福柯认为,人其实是工业革命发展的结果,人产生了理性,发现了自己,发明了科技,力量空前高涨,使人自认为成为世界的中心。福柯说:"在 18 世纪末以前,人(l'homme)并不存在。生命力、劳动生产或语言的历史深度也不存在。他是完全新近的创造物,知识造物主用自己的双手把他制造出来还不足 200 年。"①其二,指出了"人的终结""人类中心主义的终结",起到振聋发聩的作用。他说:"在我们今天,并且尼采仍然从远处表明了转折点,已被断言的,并不是上帝的不在场或死亡,而是人的终结(这个细微的、这个难以觉察的间距,这个在同一性形式中的退隐,都使得人的限定性变成了人的终结)。"②他还在《词与物》的最后说,"人是近期

---

① [法]福柯:《词与物》,莫伟民译,上海三联书店 2001 年版,第 402 页。
② [法]福柯:《词与物》,莫伟民译,上海三联书店 2001 年版,第 503 页。

的发明。并且正接近其终点"，"人将被抹去，如同大海边沙地上的一张脸"①。事实上，从词与物的关系来看，"人类中心"也是被人自己运用语言创造出来的，随着历史的前进，证明"人类中心"只不过是一个虚妄的事实，这个词并不能反映人的真实位置，所以，人类又运用知识考古学的解构的方法将"人类中心"这个词颠覆，代之以"非人类中心"等新的词语。在福柯看来，这其实也是一种人的解放。"人已从自身之中解放出来了"②，也就是人将自己从"人类中心"的词语中解放出来了。从这个角度说，这是一种旧的人文精神的结束与新的人文精神的诞生。工业革命时期的人终结了，新的后工业革命时代的人产生了。这其实反映了福柯的一种非常新锐的、同时也是与时俱进的后现代人文思想，当然也包括他对资本主义工具理性的规训与惩罚的强有力的批判与控诉。

（三）以"关注自我"为其核心的"生存美学"

福柯晚年，倾其全部精力写作了亘古未有的奇书《性经验史》。这是一部对人性进行另类的深度剖析的巨著。从美学的角度说，该书包含了以"关注自我"为其核心内容的生存美学。在这里需要说明的是，对于书中涉及颇多的性经验与身体、快感、审美的关系，由于内容比较复杂，我们只能暂时放在一边。目前集中精力论述其"生存美学"。

第一，提出"生存美学"的方法是"系谱学"的解构的方法。

福柯在书中指出："总之，我以为，如果不对欲望和欲望主体进行一种历史的和批判的研究，即一种'谱系学'的研究，那么我们就

---

① ［法］福柯：《词与物》，莫伟民译，上海三联书店 2001 年版，第 506 页。
② ［法］福柯：《词与物》，莫伟民译，上海三联书店 2001 年版，第 454 页。

难以分析 18 世纪以来性经验的形成和发展。因此,我不想写出一部欲望、色欲或里比多前后相继的概念史,而是分析个体们如何被引导去关注自身、解释自身、认识自身和承认自身是有欲望的主体的实践。"①也就是说,他从人自身(自我)、身体性快感这样一个独特的视角,从发生在这一切之上的外在政治权力与内在身体强力的微观战争来审视和批判社会制度、社会文化,追求人的解放和审美生存。

第二,"生存美学"的提出。

福柯正是在借助谱系学方法的过程中,在强力与权力的斗争中,也就是在由此形成的各种"责疑"的分析中提出"生存美学"的。具体说,就是在古代对性快感的责疑中提出"生存美学"。他说:"我想指出古代的性活动和性快感是如何在自我的实践中被质疑的,并且展示各种'生存美学'的标准的作用。"②在这里,福柯所说的"自我实践"包括养生法的实践、家庭治理的实践、恋爱行为中的求爱实践等,有点类似于"生活美学"或者现在盛行的"日常生活审美化"③。由此可见,他的"生存美学"是一种个体的美学、身体的美学、自我的美学。与此同时,他还提出一种"生存艺术"的观念,就是指"那些意向性的自愿行为,人们既通过这些行为为自己设定行为准则,也试图改变自身、变换他们的单一存在模式,使自己的生活变成一个具有美学价值、符合某种风格准则的艺术品"④,并由此提出使我们的生活"成为艺术品"的重

①［法］福柯:《性经验史》,佘碧平译,上海人民出版社 2005 年版,第 109 页。
②［法］福柯:《性经验史》,佘碧平译,上海人民出版社 2005 年版,第 130 页。
③［法］福柯:《性经验史》,佘碧平译,上海人民出版社 2005 年版,第 170 页。
④转引自汝信编:《西方美学史》第 4 卷,中国社会科学出版社 2008 年版,第 756 页。

要观点。①

第三，"关注自我"的核心命题。

"关注自我"是福柯《性经验史》也是其"生存美学"的核心命题。他说："关注自我(heautou epimeleisthai)的观念实际上是希腊文化中一个非常古老的论题。它很早就是一个广泛传播的律令。色诺芬笔下的居鲁士不认为他的生存因为征战的结束而完成，他还需要关注自我——这是最珍贵的……"②他认为，"关注自我"是许多哲学学说中常见的一种律令，人的存在被界定为富有关注自我使命的存在，这是他与其他生物的根本区别；对自我的关注不是简单地要求一种泛泛的态度和一种零散的注意力，而是指一整套的事务，包含一种艰苦的劳动，诸如训练、养生、社会实践等；根据一种在希腊文化中源远流长的传统，关注自我是与医学思想和实践紧密联系的；而在关注自我中，"认识自我"显然占有极其重要的地位；关注自我的实践尽管表现不同，但是有着共同的目标，其特征可以用"转向自我"(epistropheeis heautou)的最一般原则来规定③。福柯认为，这是一种行为的改变，同时也是一种自制的伦理，从法律上来看人属于自我，人就是他自己，同时人也"自我愉悦"，获得快感。

第四，"关注自我"中的"身体内涵"。

福柯"关注自我"的生存美学包含十分可贵的身体内涵。他说，"我们不难发现，在塞涅卡的书信或在马克·奥勒留与弗罗东

①转引自汝信编：《西方美学史》第4卷，中国社会科学出版社2008年版，第770页。
②[法]福柯：《性经验史》，佘碧平译，上海人民出版社2005年版，第330页。
③[法]福柯：《性经验史》，佘碧平译，上海人民出版社2005年版，第346页。

（以上均为古罗马政治家与哲学家——引者注）的通信中，他们对自己日常生活的回忆见证了这种关注自我和自身肉体的方式。这种方式得到了极大的强化，远远超过了根本的变化；它表明了人们对身体的担忧大大增强了，但不是要贬低肉体"①。福柯引用了罗马皇帝伽利安有关人的创造的悖论的观点。伽氏说，大自然创造人，但"在创造过程中，遭遇到了一个障碍，即一种内在于它的目的之中的不兼容性。为了完成一个不朽的创造，它费尽了心机。然而，它所使用的材料却使它无法成功"②。这就是创造所追求的不朽与所使用的物质的可腐败性之间不可避免的不一致。为此，大自然（造物主）就创造了克服这种材料可腐败性的计谋。这个计谋或诡计就是三种元素：赋予所有动物的和用来生育的各种器官、不同寻常和激烈的快感能力，以及灵魂中利用这些器官的欲望。当然，伽利安这里主要讲的是性活动。但从身体美学来说，器官、快感和欲望恰恰是身体的三要素。福柯提出的"快感养性法"与"自我呵护"，在这里，器官、快感与欲望三个维度使身体走向愉悦与美好。

此外，福柯还于1969年写作了《作者是什么？》一文，从话语功能的角度研究作者，提出作者不是一般的专有名称，而是话语的一种功能，是法律和惯例体系的产物，不具有普遍和永恒的意义，是一种复杂的、建构出我们称之为"作者"的理性存在与一个真实的个体形象。这就在传统的有关作者的反映论（客观论）和意向性（主观论）之外，提出了一种构成性的作者理论。他还明确表示了对于德里达文字理论的批判，从广阔的社会文化的视角来

---

① ［法］福柯：《性经验史》，佘碧平译，上海人民出版社2005年版，第375页。
② ［法］福柯：《性经验史》，佘碧平译，上海人民出版社2005年版，第376页。

审视和研究作者与文本。

　　总之,福柯的解构论的生存美学所具有的对传统工具理性与人类中心的批判和颠覆是极具启发价值的,他的有关关注自我、自我呵护的生存美学思想也具有一定的现实与时代价值。但他对裂缝与偶然的过分强调,对快感的过分张扬,对权力与话语作用的过分夸张,特别是对马克思主义经济基础决定社会意识理论的明显背离,都是我们所必须同其保持距离之处。

第八讲　20世纪英美分析美学:美与分析

　　要了解分析美学,首先要了解分析哲学。分析哲学是20世纪哲学危机背景下为寻求哲学的新出路而产生的,以语言分析作为哲学方法的当代哲学流派。它可以说是一场反对语言蛊惑的战斗,使哲学成为一种治疗性的哲学。它通过对语言误解的纠正来消除哲学问题,匡正思维模式,把形式分析或逻辑分析作为哲学固有的方法,其特点是重视语言在哲学中的作用,忽视哲学的世界观与价值观意义;重视分析方法,忽视综合方法;重视哲学研究的科学性与精确性,忽视哲学研究的基础性与社会性。

　　分析美学是分析哲学的组成部分,旨在分析解构传统美学的基本命题,在分析过程中阐释美、审美与艺术。有学者认为,分析美学不是以传统美学学科的美、审美与艺术为研究对象,而是以研究传统美学学科中对美、审美与艺术的界定之用语正确与否为研究对象,因而是一种"后美学",或研究美学的美学。这种"后美学"是一种开放的美学,在"后美学"之中,美、审美与艺术都是不稳定的,在一定语境中变动不居。分析美学将科学认知作为其学术追求,它尽管是一个缺乏综合的美学,但其实还是将审美的共同性归为科学认知主义。因此,一般将之归结为科学主义美学。分析美学的一个特点是,它是一种反本质主义的美学,反对一切美的实体,只看到审美的过程与活动,所以也只强调过程与活动。当然,它也是一种描述的美学,只有描述,没有论证。作为科学认知主义的美学,它最后归结为某种知识,并以此为依托。分析美学的方法是分析,以知识为依据分析审美和艺术的过程与活动。对于分析美学的历史发展,我们目前概括为初期的语言分析、中期的符号分析、后期的环境分析三个阶段,并以维特根斯坦、古德曼与卡尔松等三位美学家的主要观点为代表,对分析美学观念、方法等进行梳理与评述,以呈现分析美学的大略风貌。

一、维特根斯坦的《美学对话录》:语言分析

维特根斯坦(Ludwig Josef Johann Wittgenstein, 1889—1951),英国分析哲学大师,数理逻辑学家,分析哲学的创始人。出生于奥地利一个犹太家庭,先后在柏林高等技术学校与曼彻斯特大学就读,青年时期受到分析哲学奠基人弗雷格与罗素的影响。第一次世界大战时期参军,并在战俘营完成20世纪哲学经典之作《逻辑哲学论》(1919),后获得剑桥大学博士学位并任三一学院研究员(1930)、剑桥大学教授(1939)。1947年辞去教授职务,专心于学术研究,成果丰硕。1951年辞世。维特根斯坦具有极大影响的后期著作《哲学研究》,是在他辞世后的1953年出版的。维特根斯坦的思想发展有前后期的区分,前期思想来源于弗雷格与罗素,强调以逻辑分析的方法澄清命题的意义;后期则受到摩尔、莱姆塞以及德国语言学家毛特纳等的影响,强调语言的不同用法与语言的约定俗成性质。可以说,维特根斯坦的思想,有一个从早期的"语言界限"向晚期的"语言使用"的过渡。据称,维特根斯坦对于美

学非常喜爱，曾说："我或许会发现科学问题很有趣，可它们从未真正吸引过我。唯有观念的和美学的问题吸引我的注意力。说实话，我对科学问题的解答漠不关心，但其他类型的问题不是这样的。"[1]作为哲学家，他的美学论述不是很多，他的美学思想集中在1938年的《美学、心理学和宗教信仰的演讲与对话集（1938—1946）》之中，俗称"剑桥演讲录"。20世纪以来，对现代哲学与美学影响最大的理论家有马克思、海德格尔与维特根斯坦。

维氏的哲学与美学研究是由对本质分析的批判发展到语言分析，不是探寻某种本质，而是在语言游戏（使用）中探寻把握美学、审美与艺术的某种途径或方法。维氏认为，语言游戏是语言与行动交织在一起的整体，呈现为语言的活动性、言语行为。他认为，哲学不是一种理论，乃是一种活动。维氏的美学不是理论的美学，而是活动的美学，是类似法庭辩论的对事件情景的厘清。这就是分析美学著名的"语境"论。

（一）对传统美学的批判：反本质主义

第一，"美学"一词被误解，有澄清之必要。

他说："（美学）这个题目太大了，据我所见，它完全被误解了。对诸如'美的'（beautiful）这一词语（word）的使用，甚至更容易被误解，如果你看它所出现的那个句子的语言形式（linguistic form），那么，这种误解情况就较之其他多数的词语更容易发生。"[2]在他看

---

①［英］路德维希·维特根斯坦：《维特根斯坦笔记》，许志强译，复旦大学出版社2008年版，第135页。

②［英］路德维希·维特根斯坦：《美学、心理学和宗教信仰的演讲与对话集（1938—1946）》，刘悦笛译，中国社会科学出版社2015年版，第1页。

来,传统美学关于美学是感性认识的完善的科学、美学是艺术哲学等看法,问题很大。首先在于语言的使用不当,具有某种抽象性,与生活实际距离很远,也离开了语言的使用实际。他认为,如果从日常生活中"美的"一词的使用来看,美学只是一种形容词或感叹词,而绝对不是"感性认识"或"艺术哲学"那样的名词。而且,包括美学在内的任何概念都必须在语言的使用中把握,没有抽象的、不变的所谓"美学"。

第二,所谓"美的科学"是荒谬可笑的。

他说:"美学就是一门告诉我们什么是美的科学——就词语而言这几乎是最荒谬的了。我假定美学也应该包括何种咖啡的味道更好些。"[1]这就告诉我们,美学与传授知识的科学相距甚远,传统美学说"美学是一种科学",这是最荒谬可笑的事情。因为他认为,美学不传授任何科学知识,在具体的语言使用中它只与美味、美言与美食密切相关,而不传授知识。

第三,美学是心理学的观点是极度愚蠢的。

他说:"人们经常说,美学是心理学(psychology)的一个分支。这种观点认为,一旦我们是更为先进的,每个事物——一切的艺术的神秘(the mysteries of art)——都可以通过心理学实验(psychological experiments)来加以理解。诸如此类的观点是极度愚蠢的,可是它偏偏就是如此。"[2]在他看来,既然美学不是科学,那么它也就不是心理学,因为心理学属于科学的范围。而且,他认为这种将

[1]〔英〕路德维希·维特根斯坦:《美学、心理学和宗教信仰的演讲与对话集(1938—1946)》,刘悦笛译,中国社会科学出版社 2015 年版,第 17 页。
[2]〔英〕路德维希·维特根斯坦:《美学、心理学和宗教信仰的演讲与对话集(1938—1946)》,刘悦笛译,中国社会科学出版社 2015 年版,第 26 页。

美学看作心理学的观点极为愚蠢。他在讲演中多次阐述这个观点。他认为,审美问题与心理学实验毫不相关,心理学作为科学是讲究因果律的,但审美没有因果律问题,更不是实验室可以解决的。

(二)关于美学:语言分析

第一,哲学的目的是命题的明晰。

首先,维特根斯坦将哲学定位到了语言分析的位置。他说:"哲学的目的是对思想进行逻辑澄清(the logical clarification of thoughts)。哲学不是一种理论,乃是一种活动(activity)。一部哲学作品本质上是由诸多阐明(elucidations)所构成的。哲学的结果,并不是得到一些'哲学命题',而是使这些命题明晰。哲学应使那些不加澄清就变得暗昧而模糊不清的思想得以清晰,并为其划定明确的界限。"①而"我的语言界限就意味着我的世界的界限"②。在这里,维特根斯坦已经走向了反本质主义,将哲学的根本目的指向了逻辑的澄清、命题的明晰与界限的划定。而这是需要进行语言的分析的,因为语言的界限就是世界的界限。总之,哲学已经走向反本质主义,走向语言分析,美学当然也走向反本质主义和语言的分析。

第二,美学所要做的事情就是给出语言使用的理由。

维特根斯坦认为:"美学所要做的事情……就是给出理由,例

---

① 转引自刘悦笛:《维特根斯坦的"大美学"·译者前言》,载《美学、心理学和宗教信仰的演讲与对话集(1938—1946)》,中国社会科学出版社 2015 年版,第 7—8 页。
② 转引自刘悦笛:《维特根斯坦的"大美学"·译者前言》,载《美学、心理学和宗教信仰的演讲与对话集(1938—1946)》,中国社会科学出版社 2015 年版,第 14 页。

如，在一首诗歌的一处特别的地方为何用这个词而不是那个，或者在一段音乐当中为何用这个音乐素材而不用那个。"①也就是说，他已经将美学具体到实际艺术中词语与素材使用的研究。这就是一种语言分析的方法。

第三，美学研究的"描述"方法。

维特根斯坦认为："当时将美学视为一种严格意义上的科学的建构方式是走错了路，因为'美在哪里'就像'好吃在哪里'一样只能描述，而难以给出某种科学化的规则。"②在这里，他道出了现代美学与古典美学的根本区别。古典美学因为将美学看作"科学"，所以美学研究的方法是一种科学的逻辑的方法，而现代以来则将美学回归到人文学科，是人学，走出了美学是科学的禁锢，从而将美学的方法回归到"描述"。所谓"描述"，就是回到事情本身后对于事物的形象化阐述。现象学是回到"意向性"本身，存在论是回到"存在"本身，实用主义是回到"经验"本身，而分析美学则是回到"语言分析"本身。所谓"审美"，就是再对这种"语言分析"进行形象的阐述。维特根斯坦在语言分析的阐述中使用最多的是举例。他说："要解决审美之谜，我们真正所要的，就是将特定的例证放到一起形成群落——并进行特定的比较。"③他在演讲

---

① 转引自刘悦笛：《维特根斯坦的"大美学"·译者前言》，载《美学、心理学和宗教信仰的演讲与对话集（1938—1946）》，中国社会科学出版社 2015 年版，第 31 页。

② 转引自刘悦笛：《维特根斯坦的"大美学"·译者前言》，载《美学、心理学和宗教信仰的演讲与对话集（1938—1946）》，中国社会科学出版社 2015 年版，第 25 页。

③〔英〕路德维希·维特根斯坦：《美学、心理学和宗教信仰的演讲与对话集（1938—1946）》，刘悦笛译，中国社会科学出版社 2015 年版，第 44 页。

中举了裁缝、音乐欣赏、绘画、法庭与舞曲等一系列例子，说明美学研究回归语言的可能。他认为，这里描述的都是各种特定情况下的审美反应，"描述"就是对于审美反应的描述。他说："欣赏音乐是人类生活的一种表现形式。对于某些人我们将如何描述这一形式呢？现在，我想我们首先必须描述音乐，然后我们才能描述人对它是如何反应的。"①

第四，描述必须在一定的情境之中。

维特根斯坦认为："美学的讨论就类似于'法庭上的辩论'。在法庭辩论当中，你尽量去'弄清那种意欲去做的行为的情境'，希望最后将你所说的'诉诸法官的判决'。"②在这里，他形象地将美学讨论比喻为法庭审判，而法庭审判的一个重要特点就是回归到事件发生的具体"情境"，同样的事件在不同的语境中其内涵是不同的。这说明，维特根斯坦的语言分析就是回归语言的使用情境，并客观地描述这种情境。这种"语境论"成为分析美学的某种共识，并发展为此后的文化形式与生活形式，是分析美学语言走向生活的表征。他说，"意义及用法"将语言的意义完全归结为"使用"，是分析美学"语境论"的典型表述。

第五，美学与伦理学都是不可言传的。

维特根斯坦说："伦理显然是不可言传的。伦理是超验的

---

① 转引自刘悦笛：《维特根斯坦的"大美学"·译者前言》，载《美学、心理学和宗教信仰的演讲与对话集（1938—1946）》，中国社会科学出版社 2015 年版，第 44 页。

② 转引自刘悦笛：《维特根斯坦的"大美学"·译者前言》，载《美学、心理学和宗教信仰的演讲与对话集（1938—1946）》，中国社会科学出版社 2015 年版，第 23 页。

(transcendental)。（伦理与美学是一回事）"①维特根斯坦将世界
分为可以言传的与不可言传的两类：一类是可以言传的世界，这
是"事实世界"，它与语言、命题、逻辑相关；一类是不可言传的世
界，是神秘的世界，伦理学与美学属于此类。这就为他在美学领
域反对科学化提供了理论前提，也为美学研究的语言分析与描述
方法提供了理论的根据。

（三）"美的"出现：语言游戏

在什么是美的问题上，维特根斯坦无疑是反本质主义的，尽
管他早期曾经提出过"美是使人幸福的东西（And the beautiful is
what makes happy）"②。但这是在否定各种传统的有关美的本质
的理论前提下，是在充分考虑到分析美的语言使用的情况下做出
这个论断的。这个论断仍然是将审美与伦理连接在一起加以阐
释的。他早期侧重于运用语言分析的方法批判传统美学，重在对
于传统美学的语言分析，后期则侧重于审美过程中语言的使用。
此时他对于审美的最基本的观点则是："美的"是语言游戏中的
出现。

第一，所谓"美的"只有在"语言游戏"中才能出现。

维特根斯坦认为，"美的""好的"经常是以感叹词出现的，
"是什么使得这个词成为同意的感叹词的？这是它所呈现出的

---

① 转引自刘悦笛：《维特根斯坦的"大美学"·译者前言》，载《美学、心理学和
宗教信仰的演讲与对话集（1938—1946）》，中国社会科学出版社 2015 年
版，第 15 页。

② 转引自刘悦笛：《维特根斯坦的"大美学"·译者前言》，载《美学、心理学和
宗教信仰的演讲与对话集（1938—1946）》，中国社会科学出版社 2015 年
版，第 10 页。

游戏,而不是语词的形式"①。在这里,他将"美的"与"好的"这种特殊的感受归结为"语言游戏"。这里所谓的"游戏",就是一种动作、过程与自由的状态,表明了语言的多义性与非稳定性,"美的"也是其多义性与非稳定性的表现,是非本质的与非概念的。

第二,"语言游戏"的背景是一种整体的文化。

维特根斯坦认为,语言的游戏是在一种情境中发生的,由此发现这种语言的游戏也需要一种"整体文化"。他说:"我们所谓的审美判断的表现(expressions of aesthetic judgement)的词语扮演了非常复杂的角色,而且是一种非常明确的角色,我们称之为一个时期的文化(a culture of a period)。描述它们的用法,就要去描述你所意味的一种文化趣味(cultured taste),你必须得描述一种文化。我们现在所谓的一种文化趣味,或许在中世纪并不存在。不同的时代玩着完全不同的游戏。"②在这里,他将审美的语言游戏放到整体文化的背景之上,从而赋予审美以浓郁的人文色彩。他明确地认为,审美恰恰是人与动物的根本区别之一,"不能称当音乐演奏时一只摇尾巴的狗有乐感"③。这种审美的人文性揭示了审美的文化特征及其广阔的背景。

第三,语言的游戏与生活方式紧密相连。

维特根斯坦认为,文化最后指向人的生活方式,他说:"为了

①[英]路德维希·维特根斯坦:《维特根斯坦全集》第12卷,江怡译,河北教育出版社2002年版,第324页。
②[英]路德维希·维特根斯坦:《美学、心理学和宗教信仰的演讲与对话集(1938—1946)》,刘悦笛译,中国社会科学出版社2015年版,第12页。
③[英]路德维希·维特根斯坦:《美学、心理学和宗教信仰的演讲与对话集(1938—1946)》,刘悦笛译,中国社会科学出版社2015年版,第10页。

澄清审美语词，你必须得描述生活方式。"①"生活方式"是时代的、具体的，具有广阔的内涵与丰富的内容，将审美牢牢地奠定在生活的基础之上。

第四，语言的游戏着重于差异性。

维特根斯坦认为，语言的游戏着重于差异性。对于差异性的重视，是他后期哲学与美学的重要特征。他曾引用《李尔王》中的一句台词——"我将教给你们差异"，将之作为其后期著作《哲学研究》的开篇题词。这也是他在审美的语言游戏中所贯彻的原则。他说："'正确地''有魅力地''微细地'等起着截然不同的作用。譬如，布丰（Buffon）——一个可怕的人——论写作风格的著名演说；他作出了许多区分，而我只能模糊地理解，但他的意思并不模糊——所有各种细微差别，像是'巨大的''有魅力的''好的'等。"②总之，差异性是审美的语言游戏的一个重要特点。

第五，语言游戏的"规则性"。

审美除了差异性，非常重要的还要有共通性，而规则性就是共通性。没有规则就难以建立共通感，那也就不是审美。维特根斯坦以裁缝为例说明此事："裁缝知道一件外套应当是多长，袖子应当是多宽，等等。他学习了规则——他受过训练——就像你在音乐中学会了和声和对位。……另一方面，如果我并没有学习这些规则，我就不会作出审美判断。通过学习规则，你就得到了越

----

① ［英］路德维希·维特根斯坦：《维特根斯坦全集》第12卷，江怡译，河北教育出版社2002年版，第334页。
② ［英］路德维希·维特根斯坦：《维特根斯坦全集》第12卷，江怡译，河北教育出版社2002年版，第331页。

来越精细的判断。"①他认为,这样的"规则"不同于技术性的"规则",而是一种"经验"的规则,审美判断力的规则。他继承康德美学,运用了审美判断力的概念,并将康德的审美判断力的共通性也继承下来。康德的共通性是一种心理的共通性,但维特根斯坦则是一种"经验"的共通性。他说:"这里习得的不是一种技术;是在学习正确地判断。这里也有规则,但这些规则不构成系统,唯富有经验的人能够正确运用它们而已。不像计算规则。"②这说明,维特根斯坦认为,审美的语言游戏必须有规则,因为只有有规则才具有审美的共通性。但这种规则又不是计算的科学的规则,而是一种"经验"的规则。这就将审美的语言游戏与共通性归结到了"经验"上,只是这是一种语言游戏的经验。

(四)关于艺术:家族类似

第一,艺术具有一种永恒性。

维特根斯坦是不承认艺术具有某种本质的,他的反本质主义在艺术理论上表现得很明显。但他并没有否定艺术的超越性的内涵,他说:"艺术品是在永恒的观点下看到的对象;善的生活(good life)是在永恒的观点下看到的世界。这才是艺术和伦理学的联系。"③可见,在他看来,"永恒性"是艺术与伦理学的共同本

---

① [英]路德维希·维特根斯坦:《维特根斯坦全集》第12卷,江怡译,河北教育出版社2002年版,第328页。
② [英]路德维希·维特根斯坦:《哲学研究》,陈嘉映译,上海世纪出版集团2001年版,第274页。
③ 转引自刘悦笛:《维特根斯坦的"大美学"·译者前言》,载《美学、心理学和宗教信仰的演讲与对话集(1938—1946)》,中国社会科学出版社2015年版,第20页。

性，是一种"无法言传的"世界，具有某种神秘性。这正是艺术与伦理学具有某种超越性之处。

第二，艺术的特点——家族类似。

艺术作为与审美有关的概念，当然也是艺术语言的游戏。但艺术品作为一种可以面对的实体，尽管没有共同本质，但总还有某种其他的共通性，这样才能统称为"艺术"。维特根斯坦将之概括为"家族类似"，他说："我不能想出较之'家族类似'这种相似性特征的更好的表现；对于同一家族成员之间的各式各样的相似性(the various resemblances)：体态、容貌、眼睛的颜色、步态、气质等，以同样的方式相互重叠和相互交叉(overlap and criss-cross)——我要说：'游戏'形成了一个家族。"①在这里，可以说维特根斯坦找到了一个他自认为非常好的比喻来表现艺术的非本质的共通性，这个比喻就是"家族类似"，同一个家族的人很难说有一个特别共同的特征，但都有某种类似。甲与乙的鼻子类似，而乙又与丙的眼睛类似，而丙则与丁步态相似等，由此断言这是艺术。其实，这种家族类似就是语言的游戏。应该说，只有在这一点上，艺术才具有某种共通性。

第三，更加宽泛的比喻——工具箱。

维特根斯坦还有一个更加宽泛的比喻，那就是将语言比喻为"工具箱"。他说："我已常常把语言同一个工具箱做比较，这个工具箱里面装着锤子、凿子、火柴、钉子、螺丝钉和胶。所有这些东西都不是偶然地被装在一起的——但是在不同的工具之间却有

---

① 转引自刘悦笛：《维特根斯坦的"大美学"·译者前言》，载《美学、心理学和宗教信仰的演讲与对话集（1938—1946）》，中国社会科学出版社2015年版，第48页。

着重要的区分——它们被用于一个方法的家族当中(a family of ways)——尽管没有什么会比在胶与凿子之间差异更大。"①这说明,维特根斯坦认为,语言好比"工具箱",这个工具箱只有一个共同的目标——工具,然后各种用品均可归入其中,尽管内中的工具之间差异极大。因为他将艺术比喻为语言,所以工具箱也可看作对艺术的一种更加宽泛的比喻。

　　总之,无论是"家族类似",还是"工具箱",都在说明艺术是一个开放的概念,但它们之间仍然具有某种永恒性,来作为其共通性。但这里仍然缺乏了历史主义的内涵,因为艺术是在历史中形成的,早期的、中期的与晚期的艺术概念都是不相同的,不同国家与地区的艺术也是不同的,它们都与产生它们的社会、经济、历史、文化紧密相连,脱离经济社会与历史的所谓"家族类似"与"工具箱"是难以概括一切艺术门类的。这个概念倒较为适合当代各种新兴艺术,在文化与艺术的边界被打破之后,某种家族的类似倒能够解释这些新兴艺术的属性。但运用于古典艺术就不合适了。不过,维特根斯坦的美学与艺术理论的突破性与局限性是共在的。在给我们启示的同时,也有许多值得反思的内容。

二、纳尔逊·古德曼的《艺术的语言》:符号分析

　　纳尔逊·古德曼(Nalson Goodman,1906—1998),美国著名

————————

①转引自刘悦笛:《维特根斯坦的"大美学"·译者前言》,载《美学、心理学和宗教信仰的演讲与对话集(1938—1946)》,中国社会科学出版社2015年版,第48—49页。

分析美学家。1941年获得哈佛大学哲学博士学位，先后在宾夕法尼亚大学、布兰迪斯大学和哈佛大学任教。他曾经在波士顿一家艺术画廊工作，培养了对艺术的兴趣。古德曼在哈佛教育学院创建了著名的"零点计划"，探索文化艺术素质教育，并以"零"比喻一切从头开始。该计划投入巨大，培养了多元智能教育的倡导者，如霍华德·加德纳这样的教育理论家。古德曼于1962年受邀于牛津大学，主持约翰·洛克讲座，在此期间，他将积累下来的材料经过组织，进行六次演讲。此后，他在此基础上于1968年出版了《艺术的语言——通往符号理论的道路》，这是其最著名的美学与艺术论著。该书继承了分析美学着重于分析的传统，但与早期的语言分析有别的是，该书更侧重于符号的分析。他说："一件艺术品，无论怎样脱离再现抑或表现，也仍然是符号。"[1]

以下围绕着"符号分析"这个主题，对古德曼符号论分析美学予以评述。

（一）方法：符号分析

古德曼说道："我的研究方法，毋宁说是通过对于诸多符号和符号体系的类型和功能的一种分析研究来实现的。"[2]这就道明了他的学术目标是对符号和符号系统的分析研究。在《艺术的语言》一书中，古德曼着力运用符号的理论对各种艺术现象进行自己的符号论分析。可以说，该书就是符号分析方法在艺术与审美中的实际运用。在这里，需要特别说明的是，所谓符号，即是表示某种意义的标记，符号分析即是意义分析。古德曼特别提出"指

---

[1]转引自刘悦笛：《分析美学史》，北京大学出版社2009年版，第195页。
[2]转引自刘悦笛：《分析美学史》，北京大学出版社2009年版，第166页。

谓"分析方法。他说："明显的事实是：一幅图画如果要再现一个对象，就必须是这个对象的一个符号，代表（stand for）它，指向它；……再现一个对象的绘画，就像描述一个对象的段落一样，指称（refers）这个对象，更严格地说是指谓（denotes）这个对象。指谓是再现的核心，而且它独立于相似。"①也就是说，再现一个对象就是这个对象的符号，并且也是指谓这个对象。所谓"指谓"，就是符号指向多种意义。因此，符号分析也就是"指谓"分析中对于符号多重意义的分析。

符号分析首先是指谓分析方法。卡西尔认为，能为知觉揭示出意义的现象都是符号。古德曼认为，《艺术的语言》一书是一本符号分析的书，而不是定义艺术的书；不是论艺术本体的书，而是论艺术作品本体的书。艺术与语言，是 20 世纪分析美学的重要话题，它是建立在反对传统美学的立场之上的。古德曼认为，审美不是传统的直觉、愉快、想象与移情，而是对于艺术符号表达方式的识别，是一种对于何种情况下成为艺术品的分析，这是科学认识的领域。

我们先来看看古德曼是怎样运用符号理论对图像与情感关系进行分析的。图像本来是无知觉的，不带感情色彩的，但经过隐喻（暗喻）就可以使得图像具有了感情色彩，隐喻是联系图像与感情的关键。例如，"她是一个铁石心肠的女人"，运用"铁石心肠"的隐喻来"指谓"这个女人（艺术符号）的冷酷无情。古德曼说，"一幅图像在字面意义上（literally）是灰色的（gray），而只有在隐喻的意义上（metaphorically）是悲伤的（sad）""像'冷色

①［美］纳尔逊·古德曼：《艺术的语言——通往符号理论的道路》，彭锋译，北京大学出版社 2013 年版，第 7—8 页。

调'或'高音调'之类的词语，是一种凝固的（frozen）隐喻，不过它是不同于年纪（age）上的年轻的（fresh）隐喻，而是和温度（temperature）上的零度保鲜的（fresh）隐喻一样"①。一幅艺术的图像（符号）只有色彩和图形的表征，并不包含情感，但通过隐喻（指谓）则可以使之带有感情色彩，这就是通过图像与音调的冷热和高低的特征，借助于隐喻使之带上感情色彩。比如，冷色调可以通过将之（符号）暗喻（指谓）为"尸体般的冰冷"，而高低音调则可以暗喻（指谓）为"出殡仪式般的噪声"等来隐喻"悲伤"。这样的隐喻（指谓），在心理学上常常以"异质同构"来加以说明。

古德曼还以符号理论展开了真品与赝品优劣的分析。这可以说是艺术理论之中一个争论不休的论题。古德曼认为，知识是构成真品与赝品区别的主要依据。他说："这种事实的知识（1）清楚地表明它们之间可以存在一种我能够学会去感知的差异，（2）赋予现在的观看以一种作为对那种感知辨别力的训练的角色，（3）最终要求修正和细分我现在观看那两幅图像的经验。"②知识、训练和经验成为辨别真伪的主要依据，包括后面讲到的对于确认作者身份的知识。当然，古德曼还确定了审美感知力在辨别真品与赝品时的重要作用。不过，古德曼提出了在审美上真品不一定高于赝品的重要观点。他说："我们已经发现，原作与赝品之间的区别在审美上是重要的，这并不意味着原作一定比赝品优

①［美］纳尔逊·古德曼：《艺术的语言——通往符号理论的道路》，彭锋译，北京大学出版社 2013 年版，第 55 页。
②［美］纳尔逊·古德曼：《艺术的语言——通往符号理论的道路》，彭锋译，北京大学出版社 2013 年版，第 86—87 页。

秀。一幅有灵感的复制品可能比一幅绘画原作更值得奖赏;一幅损坏的原作可能已经失去了绝大部分它以前的优点;一幅从破旧不堪的蚀刻版上印下来的图像,可能比一幅好的照相复制品在审美上更逊于早先印下来的图像。"①他举例说,伦勃朗画的一幅拉斯曼绘画的复制品就可能比原作好得多,因为伦勃朗比拉斯曼有着更高的成就。尽管拉斯曼是伦勃朗的老师,但在绘画成就上伦勃朗要高于拉斯曼,因此在审美上,对于拉斯曼的复制品伦勃朗应高于拉斯曼。这样从知识、训练、经验与审美感知等多个侧面分析绘画符号,就较好地辨别了原作与赝品之间在审美上的优劣,特别是提出赝品不一定比原作在审美上更差的重要观点,值得重视。

(二)艺术:艺术即符号

古德曼认为,艺术即是符号。他说:"一件艺术品,无论怎样脱离再现抑或表现,也仍然是符号,即使其符号化的并不是事物、人物抑或情感,而是以特定形式呈现的形、色和质地等等。"②艺术即是符号,无论其指向事物、感情抑或特定的形式,都是符号。这里涉及"特定的形式"是否包含意义的问题,我个人认为,应该是包含数学的、色彩的与物理的意义。古德曼进一步指出,艺术不一定是再现、表现或例示,但如果三者均没有则不可以。他说:"无论何人没有符号去探求艺术,那将毫无发现——如果艺术品的符号化的一切途径都被考虑在内的话。艺术没有再现、表现与

---

①[美]纳尔逊·古德曼:《艺术的语言——通往符号理论的道路》,彭锋译,北京大学出版社 2013 年版,第 97 页。
②转引自刘悦笛:《分析美学史》,北京大学出版社 2009 年版,第 195 页。

例示——可以;艺术三者都没有——不可以。"①这里,古德曼坚持了艺术即符号、符号即意义的学术立场。对于"再现"与"表现",古德曼进行了深入的符号论分析,当然均包含着意义的分析,这是毫无疑问的。他还引入了一个"例示"的新的概念。他说:"再现和描述将符号联系到它所应用的事物上去;例示将符号联系到指谓它的标记上去,因而间接地将符号联系到在那个标记的范围内的事物(包括符号本身)上去。表现将符号联系到隐喻地指谓它的标记上去,因而不仅间接地将符号联系到那个标记特定的隐喻范围上去,而且间接地将符号联系到那个标记特性的字面范围上去。"②在这里,古德曼将再现、表现与例示进行了区分,基本上是再现与描述归于一类,均指向事物,而表现与例示则归于另一类,指向标记。前者的意义是直接的,后者的意义是间接的。而表现则是诉诸隐喻,所以,"并不是所有的例示都是表现,但是所有的表现都是例示"③。古德曼的这一说法不能说是对艺术的定义,因为分析美学是不赞成为艺术定义的,但却给了艺术一个更加宽泛的界说或者说描述。这种描述告诉我们,古德曼的符号论艺术观认为,艺术作为符号无论是再现、表现抑或例示或者是其中之一,都是包含意义的。

　　古德曼还以这种符号即意义的理论提出了文学艺术中的"风格"一词。他不同意传统的"风格即人"的界定,认为那是将"风

---

①转引自刘悦笛:《分析美学史》,北京大学出版社2009年版,第178页。
②[美]纳尔逊·古德曼:《艺术的语言——通往符号理论的道路》,彭锋译,北京大学出版社2013年版,第73页。
③转引自刘悦笛:《分析美学史》,北京大学出版社2009年版,第182—183页。

格"界定在创作主体的范围之内，古德曼从符号论的角度，将风格界定为表达意义的特征。他说："一个风格特征，就是所言说的、所例示的、所表现的东西的特征。"①又说："风格就是一件艺术品的符号功能的诸多特征，这些作者的、时期的、地域的或者学派的特征。"②这里，已经将风格特征扩大到主体的、历史的、空间的与学术的众多领域，但都没有脱离"符号功能"即意义这个大的前提。

　　古德曼以符号理论对欧洲传统美术的"透视理论"进行了批判性的分析。传统透视理论是凭借传统光学与几何学原则对绘画的一种运用，要求"图像必须从正面，从一定距离、闭上一只眼睛而保持另一只不动、通过一个小孔来观看"。这样，"它与由对象本身提供的光线一致。这种一致是一种纯粹客观的东西，可以由仪器来测量。而这种一致就构成了再现的逼真性"③。古德曼对传统的透视理论进行了批判。他认为，艺术图像（符号）的形成并非是按照透视理论设定的，这种传统透视理论关于闭上一只眼睛的逼真性是极为荒唐可笑的。他说："根据照在一只闭上的眼睛上的光线来衡量逼真性，也是荒唐可笑的。"④他认为，图像（符号）的形成并非是僵化的再现，而是一种传递与转译，需要借助于习惯与训练。他说："这种转译如何才能最好地实现，取决于无数变化的因素，而这些因素当中，观看者那里根深蒂固的观看习惯

---

①转引自刘悦笛：《分析美学史》，北京大学出版社 2009 年版，第 187 页。
②转引自刘悦笛：《分析美学史》，北京大学出版社 2009 年版，第 187 页。
③［美］纳尔逊·古德曼：《艺术的语言——通往符号理论的道路》，彭锋译，北京大学出版社 2013 年版，第 12 页。
④［美］纳尔逊·古德曼：《艺术的语言——通往符号理论的道路》，彭锋译，北京大学出版社 2013 年版，第 13 页。

和再现习惯是相当重要的。……不过，借助训练，一个人可以顺利地适应扭曲的景象或以扭曲的甚至反向的透视画出来的图像。"①例如，东方、拜占庭等中世纪的艺术。总之，古德曼认为，对于图像的形成与解读的最重要因素是文化习惯与训练，而非欧洲传统的"透视"，并承认了非西方艺术的合理性。

古德曼还从符号论的视角对各种艺术门类进行了描述。他说："在绘画中，作品是一个单独的对象；在蚀刻版画中，作品是一类对象。在音乐中，作品是遵从字符的那类演奏。在文学中，作品是字符自身。而我们可以补充说，在书法中，作品是一种独特的铭写。"②而"舞蹈是像没有记谱的绘画一样的视觉艺术，可是又像具有高度发达的标准记谱的音乐一样的瞬时（transient）和时间（temporal）艺术③，"建筑艺术是代笔艺术"④，等等。这些分析，都是从艺术的符号系统来描述各类艺术的，都没有脱离艺术作为符号的意义内涵。

（三）艺术品：审美征候

古德曼作为分析美学家，不是寻求艺术与审美的本质，而是寻求艺术何时成为艺术，或者说是艺术品何时成为艺术品，是一

---

① ［美］纳尔逊·古德曼：《艺术的语言——通往符号理论的道路》，彭锋译，北京大学出版社2013年版，第14页。

② ［美］纳尔逊·古德曼：《艺术的语言——通往符号理论的道路》，彭锋译，北京大学出版社2013年版，第161页。

③ ［美］纳尔逊·古德曼：《艺术的语言——通往符号理论的道路》，彭锋译，北京大学出版社2013年版，第162页。

④ ［美］纳尔逊·古德曼：《艺术的语言——通往符号理论的道路》，彭锋译，北京大学出版社2013年版，第168页。

种艺术品本体论。这在当代美学与艺术理论中是一种普遍的理论倾向。欧洲现象学美学是从主体构成的角度论述艺术品何时成为艺术品这样的问题的，于是认为艺术品只有在审美对象之中，或者说只有在审美之中才成为艺术品，而日常情况下艺术品只是一种沉睡的展品而已。古德曼也是着重于探索艺术品何时成为艺术品的论题的。他说："在关键的例证当中，真实的问题，并不在于'什么（永远）是艺术品'，而是'何时某物是一件艺术品'——或更简约地说，正如我的标题所示，'何时为艺术?'"①他将这种艺术品本体论的探索看得非常艰难，他否定了传统的对于审美本质以及划分审美与非审美界限的各种努力。他说："在寻找将经验分类为审美经验与非审美经验的简洁表达（就与大致的用法大致相适应来说）上的不断失败，表明需要一种更为复杂的探究。也许我们应该由检验经验中包含的几种不同的符号作用的主要特征的审美适当性开始，由寻找审美的征象或征候开始，而不是由寻找审美的明确标准开始。征候既不是审美经验的必要条件，也不是审美经验的充分条件，而仅仅是倾向于与其他这种征候联合起来呈现在审美经验之中。"②这里告诉我们诸多信息：其一，他认为，传统美学对于审美与非审美界限之划分探索是失败的；其二，他想进行一种更复杂的探究；其三，探索的着眼点是从"符号作用的重要特征"开始的，这说明其对于符号论艺术思想的坚持；其四，寻找审美的征象或征候，这不是审美的必要条件，也不是充分条件；其五，认为只有在各种征候联合起来呈现在

①转引自刘悦笛：《分析美学史》，北京大学出版社 2009 年版，第 189 页。
②[美]纳尔逊·古德曼：《艺术的语言——通往符号理论的道路》，彭锋译，北京大学出版社 2013 年版，第 192 页。

审美经验之时才有其意义。应该说，这是模棱两可的描述，也正是分析美学的特点。他进一步认为，审美其实不是一种固化、稳定的物质与性质，而是一种动态中的创造。审美的创造性就得出审美征候的必然性，审美征候是一种氛围，一种过程。他说："审美'态度'是不停息的、探索的、检验着的——与其说它是态度，倒不如说是行动：创造与再创造。"①

关于审美的征候，古德曼说道："审美存在五种征兆：(1)句法的密度，在此某些方面最微妙的差异构成了不同符号之间的差异——譬如一支无刻度的水银温度计与一支电子读数器的差异。(2)语义的密度，在此符号被提供给由于某些最精妙的差异所辨别的事物上——不仅那只有刻度的水银温度计还有日常英语都可以作为例子，尽管日常英语并不具有句法上的密集。(3)相对饱满度(relative repleteness)，在此某一符号的许多方面相对而言都是有意义的——譬如北斋的工笔山水画的形、线、笔触等的每个特征都是有意义的。相对照的是证券交易所日交易量曲线，其意义就在于基价上的线的高度。(4)例示，在此无论是符号还是所指谓的，都通过其作为本义或隐喻地具有属性的样本而符号化的。最后(5)多元复杂指称，在此某一符号要执行相互整合和互动的指称功能，某些是直接的而某些是以其他符号为中介的。"②他认为："如果列出的四种征候并不分别地都是审美经验的充分条件或必要条件，但它们却可以联合地是审美经验的充分条件，可以联合地是审美经验的必要条件。也就是说，当一种经验具有所有这些属性而且仅当一种经验至少具有一种这些属性的时候，

①转引自刘悦笛：《分析美学史》，北京大学出版社2009年版，第190页。
②转引自刘悦笛：《分析美学史》，北京大学出版社2009年版，第175页。

这种经验就可能是审美经验。"①也就是说,在他看来,以上五种
经验联合起来或者某种经验包含两种以上经验,即可成为审美经
验。对于以上五点审美征候应如何理解呢? 古德曼自己做了解
释,他说:"句法密度是非语言系统的典型特征,而且是将草图区
别于乐谱和手迹的一个特征;语义密度是艺术中的再现、描述和
表现的典型特征,而且是将草图和手迹区别于乐谱的一个特征;
而相对的句法充盈在语义上有密度的系统中将更为再现性的系
统区别于更为图表性的系统,将更少'图式的'系统区别于更为
'图式的'系统。"②这就说明,他所说的审美征候代表着一种非语
言性和艺术性,区别于语言性与图表性。他在《艺术的语言》一书
中更为具体地将密度与例示阐释为"不可言说性"和"直接性"。
很明显,古德曼是在符号论的视域中区分审美与非审美的不同符
号,这里并无明显的界限,但有着模糊的密度与清晰的非密度的
区分。他说:"因此,密度、充盈和例示是审美的标志;清楚表达、
衰减和指谓是非审美的标志。对经验的一种含糊而粗糙的二分
法,让位于对特征、要素和过程的分类。"③这就是古德曼符号分
析的特点所在,他的区分是相异于传统的审美与非审美二分对立
的区分,是一种特征与过程的分类,不是论述,而是描述。就是
说,在他看来,艺术与审美都是符号创造进行中的过程,一旦符号
生成,具有了以上审美征候联合之情形时,即进入审美经验的范

---

① [美]纳尔逊·古德曼:《艺术的语言——通往符号理论的道路》,彭锋译,
　　北京大学出版社 2013 年版,第 193 页。
② [美]纳尔逊·古德曼:《艺术的语言——通往符号理论的道路》,彭锋译,
　　北京大学出版社 2013 年版,第 192 页。
③ [美]纳尔逊·古德曼:《艺术的语言——通往符号理论的道路》,彭锋译,
　　北京大学出版社 2013 年版,第 193—194 页。

围,反之则不是。审美既是有密度的符号的生成过程,也是艺术品成为艺术品的过程,不存在任何的二分对立,也不存在任何的非此即彼。这就是古德曼在其符号分析论艺术理论与审美理论中对于什么是审美、什么是艺术品的回答。

(四)审美与科学:审美认知

古德曼的符号论艺术观最终走向了科学认知主义。他认为,审美与科学尽管有着差异,但并不是对立的,有学者认为,这是古德曼美学与艺术观的"认识论转向"。古德曼说:"艺术与科学并不是彻底背道而驰的。"①又说:"我也看不到这些精细的、短暂的和独特的心灵状态,能够标明审美的与科学的之间的任何有意义的差别。"②在他看来,情感与认知是紧密相关、难以划分的,"情感的和认知的之间的分界线,并不比将某些审美对象和审美经验从其他的审美对象和审美经验之中划分出来更能够将审美的从科学的之中完全划分出来"③。又说:"情感在认识上不是作为分离的部分起作用,而是在互相联系中以及在与其他认识手段的联系中起作用。"④这是非常重要的,因为传统理论是将情感与认知相分离的,但分析美学则将两者联系起来。前已说到,这种联系

---

① [美]纳尔逊·古德曼:《艺术的语言——通往符号理论的道路》,彭锋译,
　 北京大学出版社2013年版,第194页。
② [美]纳尔逊·古德曼:《艺术的语言——通往符号理论的道路》,彭锋译,
　 北京大学出版社2013年版,第185页。
③ [美]纳尔逊·古德曼:《艺术的语言——通往符号理论的道路》,彭锋译,
　 北京大学出版社2013年版,第187页。
④ [美]纳尔逊·古德曼:《艺术的语言——通往符号理论的道路》,彭锋译,
　 北京大学出版社2013年版,第190页。

的途径是通过"隐喻"这样一个中介。这就是非常重要的音乐美学之中的"情感认知主义"。彼得·基维的音乐美学思想以其著名的"轮廓理论"与"升级的形式主义"将情感与认知联系起来,建构了音乐美学的情感认知主义。这是古德曼情感认知主义在音乐美学之中的发扬与运用。总之,古德曼最终将审美导向了科学认知主义,他指出,"审美经验就是一种认知经验"①。

古德曼的符号论审美观与艺术观开辟了审美与艺术理论的众多新的领域,引起长久的争论,导致学术的新发展。但其内在的矛盾性还是非常明显的,诸如审美与非审美、认知与情感、艺术与非艺术、科学与审美等存在着较为复杂的关系,有着难以克服的矛盾,并非仅仅依靠符号理论即可加以解决。

三、艾伦·卡尔松的《从自然到人文》:环境欣赏模式分析

20世纪中期以来,分析美学随着时代的潮流而转型,对传统的"艺术美学"一统天下的状况有了新的突破,以赫伯恩的《现代美学及其对自然美的遗忘》一文的发表为标志,环境美学应运而生。环境美学最重要的代表即是加拿大著名美学家艾伦·卡尔松(Allen A. Carlson 1943—)。他是加拿大阿尔伯塔大学哲学系教授,西方环境美学的开创者和拓展者之一,著有多种环境美学论著,影响深远。2012年1月,南开大学哲学系教授薛富兴翻译的卡尔松的环境美学论文集《从自然到人文》出版,该书比较全面地收集了卡尔松的环境美学论文,并得到卡尔松本人的认可。此

①转引自刘悦笛:《分析美学史》,北京大学出版社2009年版,第191页。

外,还附有卡尔松所作的序言及访谈录,为我们全面了解卡尔松的环境美学提供了文献基础。

卡尔松是从英美分析哲学立场进行环境审美分析的最重要的理论家,他最具代表性的论著是1979年发表的《欣赏与自然环境》一文,它标志着卡尔松环境美学的正式成立。在该文中,卡尔松否定了传统的从艺术美学出发的自然环境欣赏模式——对象模式与景观模式,认为这种模式仍然是艺术的欣赏模式,是传统自然美学的特点与弊端之所在。为此,他提出"环境是自然的,自然是环境的"的观点以及自然环境是"居所"的欣赏原则,并致力于建构环境欣赏模式。他的这些看法,标志着新自然美学即环境美学的成立,解决了自然审美中欣赏什么与如何欣赏的问题,同时也确立了他的环境美学的"知识促成了欣赏的恰当界线"的科学认知主义的基础。

卡尔松的环境美学集中体现了分析美学作为科学美学的特点,着力于运用分析的方法对各种环境欣赏模式进行深入的分析,其彻底性与新颖性可谓蔚为大观,充分体现了分析美学在新时代的风采。

(一)历史的反思与环境美学的理论原则

第一,历史的反思。

1. 对风景管理实践的反思

卡尔松紧密结合整个北美自然美学领域,以其"如画风景"之观念对风景景观管理的深刻影响进行了深入的反思。这种"如画风景"之观念的最大的问题是使得各个风景区只按照形式主义的原则进行建设,从而背离了生态价值与伦理价值的人文原则。他说:"体现在传统自然美学中的审美价值在许多方面已经不能与当代环境运动的价值保持一致。事实上,根据某些当代环保主义者的意见,传统自然美学至少有五种主要缺陷。简言之,传统自然美学受到批评,是因为它认可自然审美欣赏是:(1)人类中心主义的;(2)景致迷恋的;(3)肤浅和琐碎的;(4)主观的;(5)道德缺场的。"①这五个缺陷基本彻底否定了传统自然美学在风景景观管理上的作用,从而从实践的角度否定了传统自然美学的"如画风景"理论的价值意义。

2.对大地艺术的反思

从20世纪60年代中期持续到20世纪70年代和80年代,大地艺术出现在北美大地之上,引起普遍关注。这种大地艺术通过对于自然的刻意改变而形成某种所谓"艺术品"。例如,瓦特·德·曼拉的《拉斯维加斯的组件》,是四个2.4米高、1609—2414米长的组件,竖立在距离拉斯维加斯东北95公里处的沙漠中,是推土机在沙漠中留下的印记。再如,奥本海姆的《山边烙印》,是通过用热焦油毁灭众多植物而获得的印迹。可见,这种大地艺术实际上是对大自然的破坏,但被美其名曰对自然的"重新定义"。卡尔松说:"如果这种对自然所属范畴的'重新定义'必然涉及审美冒犯,那么,环境艺术也就必然构成对自然的审美冒犯。"②他指出:"冒犯是一种类似于伤害,而不只是影响之类的东西。即使一种伤害是暂时性的,它也仍然是一种伤害,而且可能与永久性伤害同样严重。"③

---

① [加]艾伦·卡尔松:《从自然到人文——艾伦·卡尔松环境美学文选》,薛富兴译,广西师范大学出版社2012年版,第286页。

② [加]艾伦·卡尔松:《从自然到人文——艾伦·卡尔松环境美学文选》,薛富兴译,广西师范大学出版社2012年版,第146页。

③ [加]艾伦·卡尔松:《从自然到人文——艾伦·卡尔松环境美学文选》,薛富兴译,广西师范大学出版社2012年版,第147页。

3.对分析美学的反思

卡尔松认为，1966年赫伯恩发表的文章《当代美学及其对自然美的遗忘》，标志着20世纪后期环境美学的诞生，是对分析美学的深刻反思。他说，在"意识到目前的美学在本质上是将整个美学简化为艺术哲学，意识到分析美学实际上忽略了自然界之后，赫伯恩提出，艺术审美欣赏经常对自然欣赏提供错误的模式"①。卡尔松在赫伯恩的基础上"接着说"，着力于对分析美学的自然欣赏的批判与环境欣赏模式的探索。曾经有学者根据环境美学家对于分析美学的反思而主张环境美学是对分析美学的突破，我们认为无论是环境美学家本人的自供，还是其理论所呈现的分析特点，都说明环境美学是分析美学的新发展。

第二，环境模式分析的理论原则。

1.自然是一种环境，自然是自然

环境分析模式是卡尔松对自然欣赏模式分析之后所做出的选择，他在自然欣赏之对象模式、景观模式与环境模式中选择了环境模式。之所以选择环境模式，他是有其理论原则的，那就是"自然是一种环境，是自然的"②。卡尔松在其著名的《欣赏与自然环境》一文中分析了自然欣赏模式，并提出了"自然是一种环境，是自然的"的著名理论原则，同时对于"环境"概念进行了阐释。他说："我得出的结论是：与对象模式一样，景观模式作为自然欣赏的范例同样不合适，但其不合适的原因引人深思。说景观

①［加］艾伦·卡尔松：《从自然到人文——艾伦·卡尔松环境美学文选》，薛富兴译，广西师范大学出版社2012年版，第309页。
②［加］艾伦·卡尔松：《从自然到人文——艾伦·卡尔松环境美学文选》，薛富兴译，广西师范大学出版社2012年版，第53页。

模式不合适,是因其不适于自然环境之特征,可能还不适于解决面对自然环境看什么、如何欣赏的问题。我们必须更为细致地考察自然环境的特征。就此,我想强调两个更为明显的方面:其一,自然环境是环境;其二,它是自然的。"①这里,卡尔松突出强调了欣赏什么与如何欣赏的问题。所谓"自然是一种环境",是指欣赏什么,认为环境模式所欣赏的,既非形式主义的对象,也非如画的"风景",而是环境。环境自身具有某种模糊性,边界是不清晰的。边界一旦清晰,那就不是环境。所谓自然"是自然的",是指如何欣赏,指出自然不是艺术那样的人造物而是自然的,不能像人造物(艺术)那样凭借视觉保持距离的欣赏,而应是如自然那样全身心融入的欣赏。同时,卡尔松还对"环境"概念做出自己的界定。他说:"环境是一片我们生存于其中的作为'感知部分'的居所。它是我们的周遭物。如斯巴尚特所指出的:作为我们的周遭物,我们的居所、环境是已为我们认可了的东西,我们很少意识到——它必然很不醒目。若环境中任一部分变醒目了,它便处于将被视为对象或风景的危境,而不再是我们的环境。"②这里,环境是"居所"的论断无疑是深刻的,而环境是"周遭物"的看法则难以摆脱主客二分对立的窠臼。

2. 当代环保主义对于自然欣赏的五项要求

卡尔松立足于当代环保主义的理论高度,提出了环保主义对于自然欣赏的五项要求:(1)非人类中心,而非只是人类中心的;

---

① [加]艾伦·卡尔松:《从自然到人文——艾伦·卡尔松环境美学文选》,薛富兴译,广西师范大学出版社2012年版,第48页。

② [加]艾伦·卡尔松:《从自然到人文——艾伦·卡尔松环境美学文选》,薛富兴译,广西师范大学出版社2012年版,第48—49页。

(2)环境聚焦,而非景致迷恋的;(3)严肃的,而非肤浅和琐碎的;(4)客观的,而非主观的;(5)伦理参与的,而非伦理缺场的。[①] 卡尔松概括的上述五项要求内涵十分深刻,道出了当代环境美学的哲学与美学要旨,成为其在自然欣赏模式中进行鉴别与区分的重要依据与原则。

(二)自然欣赏模式分析

卡尔松在其著名的《欣赏与自然环境》一文中分析了自然环境欣赏之模型,他说:"我将讨论一些审美欣赏的具体案例。根据初步印象,这些案例似乎适用于作自然环境欣赏之模型。根据传统,这些案例在一定程度上提供了自然环境审美的适合范例。"[②] 卡尔松对这些案例一一进行了具体的分析。

第一,对象模式分析。

所谓对象模式,即是将自然物作为雕塑那样的对象进行欣赏。卡尔松认为,这种欣赏模式是不适合、不恰当的。他说,自然景观欣赏的"限制标志着欣赏自然与欣赏自然对象之区别。只要我们意识到以对象模式欣赏自然之困难,便可以发现此区别之重要性。比如,依对象模式欣赏自然,自然对象就变成一种'现成品'(ready mades)或'发现艺术'(found art)。艺术世界认可对一段浮木作'艺术的阐释',就像我们曾对杜尚(Duchamp)的便盆所作的阐释,或丹图(Danto)对真实的布里留包装盒(Brillo cartons)

---

① [加]艾伦·卡尔松:《从自然到人文——艾伦·卡尔松环境美学文选》,薛富兴译,广西师范大学出版社2012年版,第288页。

② [加]艾伦·卡尔松:《从自然到人文——艾伦·卡尔松环境美学文选》,薛富兴译,广西师范大学出版社2012年版,第43页。

所作的讨论那样。如果这一魔术成功了,其结果就是艺术。欣赏什么、如何欣赏的问题在理论上已得到回答,但回答的只是艺术,而非自然,关于自然欣赏问题在混乱中迷失了"①。以上论述,集中回答了对象模式将自然变成艺术,从而在欣赏什么与如何欣赏之根本问题上混淆了艺术与自然界限的根本弊端。卡尔松对于对象模式是否定的。

第二,景观模式分析。

这种模式要求我们像欣赏风景画那样欣赏自然环境,曾经在北美的旅游业中起到很大作用。但卡尔松则否定了这一环境欣赏模式。他说道:"这种模式之可疑,不仅在其伦理基础,也因其美学基础。这一模式要求我们将环境视为一幅静态画面,这种画面实质上是'两维的'。它要求将环境简化为风景或视角。但我们必须意识到:环境并不是一幅风景,不是画面,不是静态的,也不是两维的。问题在于:这种模式要求我们欣赏环境,并不依环境之本然与特性,而是依据某种自身并非如此、并无此特性的东西来欣赏。实际上,这种模式对实际自然对象和欣赏并不适合。"②在这里,卡尔松已经很好地回答了这种景观模式的不适合性,因为这种模式把环境变成了静态的两维的风景画,离开了自然环境欣赏之本然性。

第三,环境模式分析。

卡尔松最后推荐的,是他认为最适合自然环境之本然性的环

————————

①[加]艾伦·卡尔松:《从自然到人文——艾伦·卡尔松环境美学文选》,薛富兴译,广西师范大学出版社2012年版,第44页。

②[加]艾伦·卡尔松:《从自然到人文——艾伦·卡尔松环境美学文选》,薛富兴译,广西师范大学出版社2012年版,第48页。

境模式。他说："我在此处所呈现的自然审美欣赏模式也许可称之为环境模式（the environmental model）。它强调：自然是一种环境，它是这样一种我们生存于其中，每天用我们全部的感官体验它，将它视为极平常生活背景的居所。但是，作为审美经验，它要求将这种极平常的背景体验为一种醒目的前台物，结果便成了一种'盛开的花朵与嗡嗡的虫鸣之混合'经验。为了欣赏，必须通过我们从自然环境中所获得的知识将这种经验调节。……这样，我们就有了一种模式，该模式足以回答自然环境欣赏中欣赏什么、如何欣赏的问题。这一模式充分顾及自然环境的特征。"①又说："最重要的是，要承认自然是一种环境，是自然的，并将这种认识置于自然环境欣赏的核心位置。"②非常清楚，卡尔松根据自己的理论原则，以"自然是一种环境，是自然的"理论为指导，充分肯定了自然欣赏的环境模式。

第四，自然欣赏模式分析界限之区分。

卡尔松对自然欣赏模式的分析是有其界限的，这种界限的区分其实也是其模式分析的进一步发展。这一界限之划分，对他来说，实际上也是又一种性质的模式划分。他从两个方面来确立其模式分析的界限。

其一，分离与联系两种模式的区分。

卡尔松在分析对象模式时，对分离与联系两种模式进行了区分。这两种模式实际上是艺术之分离性与环境之联系性的区分，

①［加］艾伦·卡尔松：《从自然到人文——艾伦·卡尔松环境美学文选》，薛富兴译，广西师范大学出版社2012年版，第52页。
②［加］艾伦·卡尔松：《从自然到人文——艾伦·卡尔松环境美学文选》，薛富兴译，广西师范大学出版社2012年版，第53页。

划清了艺术与环境两种模式的区别,也可以说是传统美学与自然分离之特点与当代环境美学与自然联系之特点的区分。他说:"即使并未要求将自然对象当作艺术对象看待,对象模式对自然对象欣赏也强加了一些限制。此限制是将对象从其环境中分离的结果。对象模式要求这样的分离,以便从开始就能明了欣赏什么和如何欣赏。但是,要求此种分离时,对象模式便有了问题。对象模式最宜于那种能成为自足审美单元的艺术对象。……但是,自然对象与其创造环境具有一种我们可称之为有机性的联系。此类对象乃其环境要素之一部分,并经由尚有作用的自然力从其环境要素中发展出来。"①这说明,对象模式与自然环境的分离实际上是一种具有独立自足性的艺术的特点,而自然环境与环境具有一种有机的联系性,是自然要素之组成部分。分离与联系是艺术与环境在审美欣赏中的区分,两者如果混淆,便会导致审美的偏差。这就是对象模式的弊端所在。

其二,认知与参与两种模式的区分。

卡尔松的环境美学涉及最多的是认知与参与两种模式的关系,这其实是卡尔松与另一位著名环境美学家伯林特长期争论的论题。前者持认知立场,而后者则持参与立场。两者长期争论,最后走向互补。认知模式是卡尔松所力主的,认为科学知识是环境审美的最关键因素,而伯林特则主张环境审美是一种感官的全方位的参与。卡尔松认为,认知模式稍稍强于参与模式,指出:"从总体上看,在满足环境保护五项要求方面,后者(按:指'科学认识主义'——引者注)比前者得分更高。"但他最后还是认为,应

---

① [加]艾伦·卡尔松:《从自然到人文——艾伦·卡尔松环境美学文选》,薛富兴译,广西师范大学出版社2012年版,第45页。

该"最好的选择是将这两种主张结合在一起"。① 他说："这是因为，每一种主张可以被理解为只是呈现了恰当自然审美欣赏的必要条件。参与及相关的科学知识可以被视为是必要的；但是对这样的欣赏而言，此二者并没有被要求成为充分条件。由于在自然环境内一方面要全面参与，同时又要考虑对这种恰当欣赏而言的相关知识，这是困难的，这两种方法在实践上可能会产生一些紧张。可是，这种情感与知识、情感与认知的融合与平衡正是审美欣赏的核心部分。"②

（三）日常生活美学模式分析

卡尔松的分析方法可以说无处不在，他不仅对艺术与环境进行了区分，并进行了不同模式的分析。而且，他对环境也进行了区分，并进而进行了模式分析。具体言之，他将环境区分为自然环境、人类影响环境与人类环境。他将人类环境的审美称之为"日常生活美学"，指出"对我们大部分人而言，日常生活美学(the aesthetics of everyday life)首先是那些我们工作、娱乐或者任何其他组成我们日常生活环境的美学。我在此将这些环境称为人类环境。这样，日常生活美学的一个核心问题是如何审美地欣赏我们的人类环境"③。卡尔松所说的"日常生活美学"，包括建筑、园林、农业、工业、城市等一切与人类生活、娱乐、工作有关的环境

---

① [加]艾伦·卡尔松：《从自然到人文——艾伦·卡尔松环境美学文选》，薛富兴译，广西师范大学出版社2012年版，第296页。
② [加]艾伦·卡尔松：《从自然到人文——艾伦·卡尔松环境美学文选》，薛富兴译，广西师范大学出版社2012年版，第296页。
③ [加]艾伦·卡尔松：《从自然到人文——艾伦·卡尔松环境美学文选》，薛富兴译，广西师范大学出版社2012年版，第237页。

之美学。在 21 世纪到来之际,他对这些人类环境进行了自己的模式分析。让我们看看他的具体阐释。

第一,建筑之审美欣赏模式分析。

其一,建筑与艺术作品迥异。

通常的观点认为,建筑是艺术之一种,称之为建筑艺术,或者称之为凝固的音乐等。但卡尔松则认为,这是对于建筑的误读。他说:"建筑的典范作品与典型的艺术作品迥异。"①在他看来,我们通常是将艺术如雕塑一般孤立起来欣赏的,关注其独立自足的形式与结构等,但建筑并非是孤立的,而是与周边的环境景致以及人类的生活息息相关。因此,"抽象的'建筑作品'概念就很难有牢固基础。挑出特殊的'建筑作品'在人们眼里就开始变成一种武断的过程。简言之,一旦我们开始观察和思考建筑,便会意识到:建筑很难与类似于我们所钟情的艺术作品观念相适应,那是一种独特、非功能,且通常是指审美欣赏便当对象的观念"②。很明显,卡尔松是在将建筑与艺术的区分中来阐释建筑的审美特征、确立建筑审美模式的特点,以及对其欣赏的特殊方法的。这是将建筑与艺术加以区分,尽管它们都是人类的产品。

其二,建筑之审美欣赏的生态学方法。

卡尔松认为,建筑其实是一种自然环境,是人类的栖息地,人类的居所与生活的空间。因此,对于建筑的审美欣赏,不适合运

①［加］艾伦·卡尔松:《从自然到人文——艾伦·卡尔松环境美学文选》,薛富兴译,广西师范大学出版社 2012 年版,第 135 页。
②［加］艾伦·卡尔松:《从自然到人文——艾伦·卡尔松环境美学文选》,薛富兴译,广西师范大学出版社 2012 年版,第 135 页。

用通常运用于艺术审美的孤立的二维的欣赏方法。卡尔松提出了特殊的生态学方法。他说："如果建筑存在于自然与艺术之间——'审美的无人地带'，取代传统的立足于艺术的立场，我提倡一种立足于自然的立场。我将这一立场称之为生态学方法，是因为生态因素在自然环境审美欣赏中起核心作用。然而我在此强调生态因素，仅就如此认识而言：建筑作品并非一种艺术品的类似物，而是人类生态系统的有机部分，就像组成自然环境生态系统的那些要素一样。"[1]上述论述表明，卡尔松认为，建筑作品尽管是人类环境，但却是紧紧联系于人类的生存，是人类栖息的家园。因此，它与一般的人类产品不同，是一种人类生态系统的有机组成部分，必须运用生态学的方法才能理解建筑产品，对其进行审美的欣赏。可见，卡尔松的建筑之审美欣赏的生态学方法，正是其"自然是自然的"理论原则的体现。这是将艺术的审美欣赏与建筑作品的欣赏方法加以区分，将之与对一般的自然环境一样运用生态学的方法进行审美的欣赏。

其三，形式服从功能。

接着，卡尔松又将建筑与一般的自然环境加以区分，认为建筑作为人工制品具有形式服从功能的特点，这也是建筑的审美特性之一。他引述沙利文的观点指出："沙利文的评论强烈地宣示：建筑依其本性是一种功能艺术，这样，它提醒我们任何一件建筑作品所提出的最明显问题：它做什么？再者，'形式服从功能'的口号概括了这一问题的意义，如沙利文所指出：'形状、形式、外在的表达、设计，或任何我们可以为一件建筑作品所选择之物'，应

---

[1]［加］艾伦·卡尔松：《从自然到人文——艾伦·卡尔松环境美学文选》，薛富兴译，广西师范大学出版社2012年版，第136页。

当服从该作品之功能。"①建筑作品的功能是什么呢？卡尔松认为,建筑是为人类服务的,是作为人类的生存的"处所",发挥好这种"处所"的功能就是美的建筑作品。在这里,卡尔松指出了建筑作品的自身特点是其区别于一般自然环境之处。

其四,体验中实现的欣赏之道。

建筑作为人类的居所,如何进行审美呢？卡尔松认为,欣赏建筑有一种"整体的方法",这种整体的方法就是需要欣赏者进入并通过感官体验的"欣赏之道"。他说:"一件建筑作品的功能并不能通过静态观照而体验之,……它就不能由欣赏者仅通过对作品的静态观照而获得。而且,它是一种欣赏者必须通过体验功能自身才可获得的功能。再者,仅仅知道它的功能是什么,根据这样的知识观照它,也不完全恰当。审美经验是在对作品的体验中实现的。"②这是一种由外而内的运动,是一种动态的过程,是一种凭借感官的感受。这就将建筑作品的审美欣赏的特点进一步强化。

第二,居住者与观光者两种审美欣赏模式之区分。

卡尔松将建筑作品之审美欣赏进一步区分为居住者与观光者两种欣赏模式,他说,这是"环境审美经验这两种基本方式的区别"③。他借用斯巴尚德的观点指出:"对观光者来说,他所看到的,仅仅是一些没有内在之物,也没有历史的面;对居住者而言,

---

①[加]艾伦·卡尔松:《从自然到人文——艾伦·卡尔松环境美学文选》,薛富兴译,广西师范大学出版社 2012 年版,第 202 页。

②[加]艾伦·卡尔松:《从自然到人文——艾伦·卡尔松环境美学文选》,薛富兴译,广西师范大学出版社 2012 年版,第 207 页。

③[加]艾伦·卡尔松:《从自然到人文——艾伦·卡尔松环境美学文选》,薛富兴译,广西师范大学出版社 2012 年版,第 259 页。

他所见之物乃是环境历史演化的成果,以及有着内在之物的外部空间。"①外在与内在,这就是观光者与居住者对于环境欣赏模式的差异。居住者的欣赏是一种居住环境与生存之地的欣赏,观光者的欣赏则是一种景观的欣赏,只管外在形式与暂时的价值,而不管其与人的生态环境的关系,即便造成生态灾难也不予考虑。他说:"在最后的分析中,不管环境建筑审美维度的意义是什么,这些维度都应当与伦理的维度结合起来考虑,如果必要的话,后面的考虑应当优于前者。"②

第三,农业景观审美欣赏模式分析。

20世纪初期以来,北美的农业经历了革命性的变革,传统农业被现代农业迅速取代,那种绵延的农田、袅袅的炊烟、盛开的野花、围着栅栏的农屋,这些传统的农村景象被现代农业划一的景观所取代。从传统的审美眼光看,现代农业是审美的荒原。而卡尔松则以"形式服从功能"之原则,"以土地生产食物与纤维"之功能的圆满完成为标准,改变了审美的眼光,对于现代农业予以新的审美评价。他说:"现代农业功能性景观的审美欣赏就得到很大提升,因为就其所完成的功能而言,它们在整体上设计得很好,经多年的试验与失败教训,连同生产方面的压力,使农业景观可以作为良好设计之典范而欣赏——外观清晰、洁净、整齐,同时又体现了精巧、效率和经济等性能。"③在这种新的审美眼光之下,

① [加]艾伦·卡尔松:《从自然到人文——艾伦·卡尔松环境美学文选》,薛富兴译,广西师范大学出版社2012年版,第259页。
② [加]艾伦·卡尔松:《从自然到人文——艾伦·卡尔松环境美学文选》,薛富兴译,广西师范大学出版社2012年版,第265页。
③ [加]艾伦·卡尔松:《从自然到人文——艾伦·卡尔松环境美学文选》,薛富兴译,广西师范大学出版社2012年版,第129页。

取代传统农村景象的现代农业被赋予新的审美评价,诸如忠实的汗水、持久的辛苦与最后的报偿等。

第四,园林审美欣赏模式分析。

卡尔松具体分析了西方园林的种类与特点,提出了多种园林艺术模式,例如,法国园林的"艺术作为自然"的模式,英国园林的"自然作为艺术的一种方式",也有灌木修剪公园那种艺术与自然相区别的园林模式,等等。但卡尔松认为,最好的园林模式是日本园林,置身其中,不费力气地进入一种平静和安宁的观照状态。在他看来,日本园林是以一种人工因素安置在自然语境中的方式达到艺术与自然的统一。他说:"日本园林虽然确实表现出人工和自然因素间的辩证关系,但是它如何能如此成功地解决审美欣赏中的困难和困惑问题? 这一问题总是与这种辩证关系密切相关。它在使人工因素服从于自然因素的意义上,通过追随自然之引导做到这一点。它在创造自然的理想化版本过程中应用了人工因素,这种自然强调自然的本质。"①卡尔松认识到了日本园林化人工于自然的本质特征,但却没有看到日本园林的成功恰是其追求"象外之象"之"意境"美的东方审美精神之指导的结果。

(四)科学认知主义是卡尔松环境审美模式分析的理论根基

第一,科学认知主义是环境审美模式的基本立场。

卡尔松的环境美学理论的立足点是科学认知主义。总体上说,卡尔松的环境模式分析是一种科学主义的美学,因为分析美学本身就是科学主义的。的确,分析美学之分析应该有其相对稳

①[加]艾伦·卡尔松:《从自然到人文——艾伦·卡尔松环境美学文选》,薛富兴译,广西师范大学出版社2012年版,第218页。

定性，这个相对稳定性就是科学认知主义，成为其基本命题。卡尔松首先将科学认知主义作为其环境模式分析的基本立场，他在为《从自然到人文》一书所写的"序"中说道："在所有这些文章中，我都坚持与我在自然环境美学所发展的相类似的立场：对特定认知资源的依赖对于恰当的审美欣赏至为关键，虽然对人类环境与人类影响环境而言，这些资源典型地并非只源于自然科学，亦源于社会科学，特别是历史学、地理学与人类学。"①他曾经不止一次地重申他的这种立场，指出："对有意义的自然审美欣赏而言，有些东西，诸如知识及博物学家们的经验至关重要。"②并认为，科学认知主义处于他整个理论的"核心地位"。他甚至认为，"'如其本然'地欣赏自然"，即将自然环境作为自然环境来欣赏，"就是依自然科学所揭示者来欣赏自然"③。科学主义的立场就是卡尔松环境美学的核心所在，也是我们把握其环境美学的关键所在。

第二，科学认知主义与环境审美的客观性。

薛富兴教授认为，自然环境审美的客观性与环境模式一起成为卡尔松环境美学的理论基石。他说："这样，与'环境模式'一起，'客观性'也成为卡尔松自然美学理论中的一个重要理论元素。"④当然，卡尔松强调自然环境审美应该是"如其本然"地欣赏

①［加］艾伦·卡尔松：《从自然到人文——艾伦·卡尔松环境美学文选》，薛富兴译，广西师范大学出版社2012年版，第1—2页。
②［加］艾伦·卡尔松：《从自然到人文——艾伦·卡尔松环境美学文选》，薛富兴译，广西师范大学出版社2012年版，第81页。
③［加］艾伦·卡尔松：《从自然到人文——艾伦·卡尔松环境美学文选》，薛富兴译，广西师范大学出版社2012年版，第295页。
④［加］艾伦·卡尔松：《从自然到人文——艾伦·卡尔松环境美学文选》，薛富兴译，广西师范大学出版社2012年版，第3页。

自然,而只有科学知识才能保证"如其本然"地欣赏。这种"如其本然"地欣赏就是一种客观的欣赏。目前的问题是:科学知识为何能提供这种"如其本然"的欣赏呢?卡尔松认为,科学知识具有某种独立的真理性,并以此对自然环境审美的客观性问题进行了回答。他多次论述过自然环境审美的客观性问题,其中2010年发表的《当代环境美学与环境保护》一文最具全面性、权威性和说服力。他说:"科学事实上是非人类中心的典型范例,因此,它所揭示的真理不管是人类的,还是非人类的,都独立于任何独特的理解之外。同样,科学认知主义强调对环境的科学式欣赏,而不是风景式欣赏。没有一种关于风景的生态科学,或是关于线条、形状和色彩的生态学!此外,通过全面、深入地关注自然的真实状态及其所拥有的特性,科学认知主义强调:科学知识促进那种'真实地对待自然'意义上的严肃欣赏。再者,它也促进一种客观视野,因为科学是客观性的典范之一。建立在科学知识基础上的审美判断并不必然地与知识本身同样客观,但是,比之于那些主要地以情感感兴或融入为基础的审美判断,以科学知识为基础的审美判断有更大的客观性基础。对于最后一项要求,科学认知主义并未获得显著成功。因为虽然其客观性使它在环境问题上可能采取一种参与式的强有力的伦理立场,但它并没有要求自己这样做。它认为,比之于想象性虚构,科学知识的真实性特点可以产生对自然更具环境关切的反应。因此,它为伦理判断提供了坚实基础。"①以上论述,从如下四个方面较好地回答了自然环境欣赏的客观性问题:其一,科学知识是一种真理,具有某种独立性,

---

① [加]艾伦·卡尔松:《从自然到人文——艾伦·卡尔松环境美学文选》,薛富兴译,广西师范大学出版社2012年版,第295—296页。

因而具有客观性；其二，自然环境审美对自然环境是一种客观的科学式欣赏，而非主观的风景式欣赏；其三，科学视野是一种客观性视野，因为科学是客观性的典范之一；其四，科学认知主义对自然是一种具有客观而真实特点的环境关切，而非风景欣赏的想象性虚构。

第三，科学认知主义与肯定美学。

卡尔松在1984年发表专文《自然与肯定美学》，专门论述了他的环境美学的肯定美学特点。首先，他认为，所谓肯定美学即是"自然全美"。他说："尚未为人所染指的自然环境主要拥有积极的审美品质，它们主要体现为优雅、精致、强烈、统一和秩序，而非乏味、迟钝、平淡、混乱和无序。简言之。所有野生自然物，本质上均有审美之善。对自然界恰当、正确的欣赏基本上当是积极的，消极的审美判断在此无立锥之地。"①与此同时，他又认为，人是自然的破坏者。他特别指出，自然环境欣赏的肯定性特点不是从宗教领域而是从科学知识中获得。他说："要发现一种对肯定美学的论证，我们可能需要到其他领域——不是宗教领域，而是如罗曼耐克引文所建议的，在宗教长期庇护下尚处于幼儿阶段的领域——科学中寻找。"②在他看来，科学认知主义是肯定美学的根据。他认为，自然环境之美不是创造而是一种发现，科学知识的正确性决定了发现的自然的审美之善。他说："依此方式创造的范畴仍是正确范畴，它们与恰当的审美欣赏相关，体现出我们

①［加］艾伦·卡尔松：《从自然到人文——艾伦·卡尔松环境美学文选》，薛富兴译，广西师范大学出版社2012年版，第86页。
②［加］艾伦·卡尔松：《从自然到人文——艾伦·卡尔松环境美学文选》，薛富兴译，广西师范大学出版社2012年版，第99页。

所欣赏自然的审美特性与价值。"①他还认为,科学依据秩序、规律、和谐、平衡、张力、稳定等特性解释自然界,"这些对我们来说使世界变得更可理解的特性也是一些使我们于世界中发现了审美之善的特性"②。最重要的是,他认为,科学逐渐进步使得人类进一步了解自然世界的美丽与奥妙。他说:"随着地质学和地理学的发展,人们开始以肯定美学的眼光欣赏先前不喜欢的景观,比如山脉和森林。同样,对先前不喜欢的生命形式,如昆虫和爬行动物,似乎也随着生物学的发展,被人们以肯定美学的眼光进行欣赏。"③当然,卡尔松自己对于肯定美学也是没有完全的把握,或者说还是处于犹疑之状态。他在与薛富兴的访谈中就表现了这种犹疑性。他说:"肯定美学认为所有自然对象只有积极而非消极的审美价值,是反直觉、容易引起争论的。有些环境哲学家已经从许多不同的角度对它提出批评,但仍有另一些人接受它。因此,我以为,它的合理性问题尚未解决。究其部分原因,我以为这是因为肯定美学的准确特性并不很清楚。"④

第四,科学认知模式与非认知模式的区分与综合。

卡尔松充分肯定科学认知模式,但也十分关注非认知模式。他将非认知模式概括为参与模式、感兴模式、神秘模式与想象模

---

① [加]艾伦·卡尔松:《从自然到人文——艾伦·卡尔松环境美学文选》,薛富兴译,广西师范大学出版社 2012 年版,第 108 页。

② [加]艾伦·卡尔松:《从自然到人文——艾伦·卡尔松环境美学文选》,薛富兴译,广西师范大学出版社 2012 年版,第 108 页。

③ [加]艾伦·卡尔松:《从自然到人文——艾伦·卡尔松环境美学文选》,薛富兴译,广西师范大学出版社 2012 年版,第 109 页。

④ [加]艾伦·卡尔松:《从自然到人文——艾伦·卡尔松环境美学文选》,薛富兴译,广西师范大学出版社 2012 年版,第 330 页。

式四种，并力主科学认知模式与非认知模式的综合与统一。他说："这种创新、综合的途径可能是最成功的道路，它们不仅为环境运动诸目标与实践拓展出更宽广的领域，也可以培育对我们所生活的这个世界的审美潜能更深入地理解与欣赏。"①可见，卡尔松的环境分析不仅在于区分，而且在于综合，走向各种环境审美欣赏模式的综合。这是卡尔松环境美学的发展前景，也是分析美学的发展前景。当然，分析美学的基本特点仍然在于区分，可以说没有区分就没有分析哲学与分析美学。

总之，卡尔松的环境美学是有得有失的。

从其"得"即贡献来说：

第一，卡尔松参与创立了西方环境美学，为西方环境美学贡献了重要理论成果。尽管人们都将赫伯恩1966年发表的《现代美学及其对自然美的遗忘》作为西方环境美学的发轫之作，但真正使其成为体系的，则是1979年卡尔松发表的《欣赏与自然环境》一文。正是卡尔松从自然环境、日常生活环境，包括建筑、农业、园林等各个不同的侧面全面研究并阐发了环境美学问题，提出自然环境、人类影响环境与人类环境等不同领域的环境美学，使得环境美学成为西方当代美学之重要一翼。卡尔松与伯林特培养教育并影响了西方几代环境美学家，包括当代著名环境美学家瑟帕玛等。

第二，推动了分析美学的当代发展，使得分析美学发展到一个新的阶段。卡尔松的环境美学研究突破了分析美学局限于艺术美学的研究范围，将其发展到自然环境与人类环境，并以新的

①〔加〕艾伦·卡尔松：《从自然到人文——艾伦·卡尔松环境美学文选》，薛富兴译，广西师范大学出版社2012年版，第316页。

视角重新审视自然环境与人类环境，从而将分析美学推进到时代的新高度。

第三，提出了自然环境审美的新理论原则，为西方当代美学发展贡献了新的理论元素。这些理论包括："自然是一种环境，是自然的""非人类中心主义"，环境保护"五项要求"等，是对传统工具理性思维的重要突破。

第四，很好地运用了分析美学的分析方法，将之在环境欣赏模式分析中运用到极致，成为科学主义美学的当代典范之一。

第五，以科学主义的建立模型的方法，为美学理论的运用提供了范例。以卡尔松为代表的西方环境美学理论家以其理论与景观建设的实际紧密结合，突破旧有的如画式模型，建立了新的环境融入式模型。同时，在建筑、农业、园林与城市等领域建立了欣赏模型，具有理论与实践的价值，为美学走向现实提供了实践范例。

就其"失"，即其局限来说：

第一，科学认知主义哲学立场造成西方环境美学一系列无法避免的内在矛盾。首先是科学与审美的矛盾。科学认知主义的科学性、概念性与审美的情感性是难以相融的。康德认为，科学概念一旦发生，审美体验必将结束。而卡尔松则将科学认知作为审美的恰当性的标准，这就以科学认知代替了审美，是极为片面的。其次是科学认知主义与生态的矛盾。卡尔松的科学认知主义的科学决定论必将导致人类中心主义，这是与生态环境保护无法兼容的。再次是科学认知主义与人文精神的矛盾。科学本身是中性的，不是任何科学活动都能造福人类，只有充分考虑到人类利益的科学活动才能造福人类，过分夸大科学主义的绝对性是与人文精神不相融的。卡尔松试图通过综合认知与非认知、认知与参与的不同模式来化解这种内在矛盾，但这是无济于事的，因为哲学与美学的理论立场是难以调和的。

第二，卡尔松的自然环境美学是一种认识论的客观美学，自身具有重要局限。认识论美学是一种客观论美学，而客观论简化了审美活动之中非常复杂的情感体验关系，而卡尔松对于美的客观性的论述将之归结为科学知识的真理性，本身也是难有说服力的。因为科学的真理都是相对真理，都是发展中的，不能完全以科学的真理性来论证物质的客观性，那样即可以科学代替哲学。

第三，科学认知主义必然导致对科学的盲目崇拜，走向科学决定论。这样的理论观点在卡尔松的论述中不难见到，这是错误的。

卡尔松的科学进步论，即愈是后来的科学愈进步，美学愈发达，这样的结论对于中国古代美学是无法解释的，说明其不甚了解中国古代美学，特别是古代中国生态审美智慧的无比丰富性，而其科学认知主义又必将使中国古代美学成为不恰当的审美，显然是不妥当的，卡尔松的理论必然走向西方中心论。

尤其需要指出的是，分析美学将审美与艺术的动因归结为科学认知，但却忽略了一切意识形态的根本动因都是经济与社会生产，从而使其理论的科学性受到极大影响。

主要参考书目

1.《柏拉图文艺对话集》,朱光潜译,人民文学出版社 1982 年版。

2.亚里士多德:《诗学》,罗念生译,人民文学出版社 1982 年版。

3.朗吉努斯:《论崇高》,《缪朗山文集·古代卷》,中国人民大学出版社 2007 年版。

4.《礼记·中庸》。

5.宗白华:《艺境·中国美学史中重要问题初步探索》,北京大学出版社 1987 年版。

6.刘纲纪:《周易美学》,武汉大学出版社 2006 年版。

7.《圣经》。

8.奥古斯丁:《忏悔录》,北京出版社 2008 年版。

9.严国忠:《中世纪神学美学》,上海社会科学出版社 2003 年 8 月版。

10.巴尔塔萨:《神学美学导论》,生活·读书·新知三联书店 2002 年版。

11.杨慧林:《基督教的底色与文化延伸》,黑龙江人民出版社 2001 年版。

12.蒋孔阳:《德国古典美学》,安徽教育出版社 2008 年版。

13.鲍姆加登:《美学》,王旭晓译,文化艺术出版社 1987年版。

14.康德:《判断力批判》,宗白华译,商务印书馆 1964 年 1月版。

15.谢林:《艺术哲学》,魏庆征译,中国社会科学出版社 2005年版。

16.黑格尔:《美学》,商务印书馆 1996 年 4 月版。

17.叔本华:《作为意志和表象的世界》,商务印书馆 1982年版。

18.尼采:《悲剧的诞生》,生活·读书·新知三联书店 1986年版。

19.弗洛伊德:《精神分析引论》,商务印书馆 1986 年版。

20.克罗齐:《美学原理:美学纲要》,外国文艺出版社 1983年版。

21.柏格森:《创造进化论》,姜志辉译,商务印书馆 2002年版。

22.柏格森:《笑》,徐继曾译,北京十月文艺出版社 2005年版。

23.威廉·詹姆斯:《实用主义》,陈羽伦、孙瑞禾译,商务印书馆 1979 年版。

24.杜威:《艺术即经验》,高建平译,商务印书馆 2005 年版。

25.舒斯特曼:《实用主义美学》,彭锋译,商务印书馆 2002年版。

26.理查德·罗蒂:《哲学和自然之镜》,李幼蒸译,商务印书馆 2009 年版。

27.《胡塞尔选集》"编者引论""第十二编　现象学与美学",

上海三联书店 1997 年版。

　　28.杜夫海纳:《审美经验现象学》,文化艺术出版社 1996 年版。

　　29.伽达默尔:《真理与方法》,辽宁人民出版社 1987 年版。

　　30.海德格尔:《存在与时间》,商务印书馆 1987 年版。

　　31.海德格尔:《荷尔德林诗的阐释》,商务印书馆 2000 年版。

　　32.梅洛-庞蒂:《知觉现象学》,姜志辉译,商务印书馆 2001 年版。

　　33.梅洛-庞蒂:《塞尚的疑惑》《意义与无意义》,商务印书馆 2018 年版。

　　34.德里达:《书写与差异》,生活·读书·新知三联书店 2001 年 9 月版。

　　35.德里达:《论文字学》,上海译文出版社 2005 年版。

　　36.福柯:《词与物》,上海三联书店 2001 年版。

　　37.福柯:《性经验史》,上海世纪出版集团 2005 年版。

　　38.维特根斯坦:《美学、心理学和宗教信仰的演讲与对话集(1938—1946)》,刘悦笛译,中国社会科学出版社 2015 年版。

　　39.纳尔逊·古德曼:《艺术的语言——通往符号理论的道路》,彭锋译,北京大学出版社 2013 年版。

　　40.艾伦·卡尔松:《从自然到人文》,薛富兴译,广西师范大学出版社 2012 年版。

　　41.罗纳德·赫伯恩:《当代美学与自然美的遗忘》,李莉译,《山东社会科学》2016 年第 9 期。